iOS 14
程式設計開發
與應用

—— 游鴻斌 著 ——

使用
Xcode 12 &
iOS 14 &
Swift 5
開發

奠定基礎概念➕活用開發技巧➕
引領新手輕鬆上手

| 掌握 Swift 基本語法 | 了解可選型別 | 建立 UI 元件 | 學習自動佈局 |

| 認識畫面控制器 | 使用 UITableView 建立表格式畫面 | 認識 JSON |

| 靈活運用 UICollectionView 建立複雜畫面 | 學習錯誤處理 | 網路存取 |

| 客製化 UIView | 認識 Closure 特性 | 上架 App | 第三方套件管理工具 |

博碩文化

iOS 14 程式設計開發與應用

奠定基礎概念＋活用開發技巧＋引領新手輕鬆上手

作　　者：游鴻斌
責任編輯：曾婉玲

董 事 長：陳來勝
總 編 輯：陳錦輝

出　　版：博碩文化股份有限公司
地　　址：221 新北市汐止區新台五路一段 112 號 10 樓 A 棟
　　　　　電話 (02) 2696-2869　傳真 (02) 2696-2867
發　　行：博碩文化股份有限公司
郵撥帳號：17484299　戶名：博碩文化股份有限公司
博碩網站：http://www.drmaster.com.tw
讀者服務信箱：dr26962869@gmail.com
訂購服務專線：(02) 2696-2869 分機 238、519
（週一至週五 09:30 ～ 12:00；13:30 ～ 17:00）

版　　次：2021 年 3 月初版

建議零售價：新台幣 690 元
I S B N：978-986-434-738-4（平裝）
律師顧問：鳴權法律事務所 陳曉鳴 律師

本書如有破損或裝訂錯誤，請寄回本公司更換

國家圖書館出版品預行編目資料

iOS 14 程式設計開發與應用：奠定基礎概念＋活用開
發技巧＋引領新手輕鬆上手 / 游鴻斌著 . -- 初版 . -- 新
北市：博碩文化股份有限公司 , 2021.03

　面；　公分

ISBN 978-986-434-738-4(平裝)

1. 系統程式 2. 電腦程式設計 3. 行動資訊

312.52　　　　　　　　　　　　　110002957

Printed in Taiwan

博碩 粉絲團

歡迎團體訂購，另有優惠，請洽服務專線
(02) 2696-2869 分機 238、519

序言
PREFACE

　　Swift 從 2014 年發表後，發展至今已經成為 iOS App 開發不可或缺的程式語言，蘋果公司為了讓開發者能夠更專注於設計品質良好的 App，透過 Swift 將老舊且複雜的 Objective-C 取代，並且增加了許多現代化的程式架構，以及平易近人的程式語法，因此學習門檻降低不少，如果你過去使用過其他程式語言，那麼你會感受到 Swift 的強大；如果你是初學者，那麼你將會非常愉快的進行學習。

　　我希望透過這本書可以讓你從 Swift 的基礎學起，當你熟悉 Swift 程式語法後，接著就可以認識不同的 iOS 畫面元件，下一步你將客製化屬於你自己畫面，最後搭配網路與資料儲存，完成你心目中的 App。

　　除了範例外，我也為你提供了許多課後練習，透過作業你可以檢視學習狀況，並且加強對語法的熟悉度，期待你完成每次的作業，一點一滴的進步，最後你會發現你已經是一個有能力開發 App 的工程師了。

　　最後，希望你會喜歡這本書，如果你想分享你所做的 App，可以透過此 Email：Aiur3908@gmail.com 來告知我，或者是作業與書籍內容有所疑惑，也可以與我聯絡，期待收到你的消息。

游鴻斌　謹識

目 錄

CONTENTS

01

CHAPTER

進入iOS App開發之門

1.1　iOS 基本介紹

iOS 是蘋果公司為其公司的行動裝置所開發的作業系統，支援的裝置包含 iPhone、iPad 以及 iPod touch，iOS 是僅次於 Android 後，全球第二大受歡迎的行動作業系統，市占率約 25%，蘋果公司每年都會為 iOS 進行一次改版，並且發售新一代的行動裝置，是一個不斷進步且創新的作業系統，至今依然受到廣大消費者所喜愛。

1.2　Swift 簡介

過去開發 iOS App 是一件門檻很高的技術，因為你必須使用老舊且不好理解的程式語言，Objective-C，Objective-C 誕生於 1980 年代，至今已經過了非常多年，許多不直覺的程式語法，讓開發者感到十分痛苦。

隨著 iPhone 市占率的提升，開發 iOS App 的需求也逐漸增加，蘋果公司為了讓開發者可以專注於開發 App，因此於 WWDC2014 中發表了全新的程式語言—Swift。

圖 1.1　蘋果宣布新的程式語言—Swift

Swift 是強大且直覺的程式語言，因為是新誕生的程式語言，因此借鑒了許多較為現代的程式語言語法，整體來說十分方便且易學，從發表至今已經過了多年，Swift 也逐漸穩定，成為開發 iOS App 不可或缺的程式語言。

Swift 問世後的隔年，蘋果進行了一次大改版，並且開放了 Swift 的程式碼，所有喜歡 Swift 的人都可以給予建議與討論，Swift 除了可以開發 iOS App 以外，也可以運用於其他的領域，像是前端網頁製作、架設後端以及 AI 領域的相關研究。

> 🎯 **說明** WWDC（Apple Worldwide Developers Conference，蘋果全球開發者大會）通常於每年的六月舉辦，蘋果會分享今年新的技術與實作方式，相關的簡報與演講過程會放到網路上給大家學習。

1.3 開發 App 前的準備

🔷 Mac

開發 iOS App 時，你必須要有一台 Mac 才可以開發，你可以根據預算選擇較便宜的 Mac mini 或低階款的 MacBook。根據筆者開發的經驗，若是預算許可的話，可以選擇更高階的配備，模擬器以及專案可能會占去電腦許多空間，建置與測試專案時，高階的 CPU 與大容量的記憶體都對速度有顯著的提升，更重要的是你應該不會希望因為電腦卡頓而壞了開發時的好心情。

🔷 Apple ID

如果你已使用過蘋果相關的產品，並且曾在 App Store 下載過 App，那麼你應該會有一組 Apple ID，也就是蘋果的帳號；若是你過去完全沒有使用過任何蘋果的產品，那麼你必須到蘋果官方網站進行註冊（URL https://www.apple.com），因為下載開發環境時，必須透過 App Store 來進行下載。

🔷 iOS 裝置

開發 iOS App 時，建議還是要準備至少一種 iOS 裝置，像是 iPhone 或者是 iPad，雖然 Xcode 有提供模擬器的功能，但是有些問題可能在實體裝置上較容易被發現，此外有些功能必須依賴實際裝置才能進行測試，而且 App 最終還是得安裝到實體裝置之上，因此有一台裝置也是必須的。

🔷 安裝 Xcode

Xcode 是蘋果公司提供的 IDE（Integrated Development Environment），也就是整合開發環境，它提供你開發 iOS App 所需要的所有一切，包含程式編輯器、畫面建置介面，以及各式各樣開發者會使用到的功能。此外，Xcode 也有提供 iPhone 與 iPad 的模擬器，讓你即使沒有該型號的裝置，也能讓 App 試著運行於該裝置之上。

我們可以透過 App Store 進行安裝 Xcode，首先開啓 Mac 的 App Store，接著搜尋「Xcode」，並且按下「取得」按鈕進行下載。

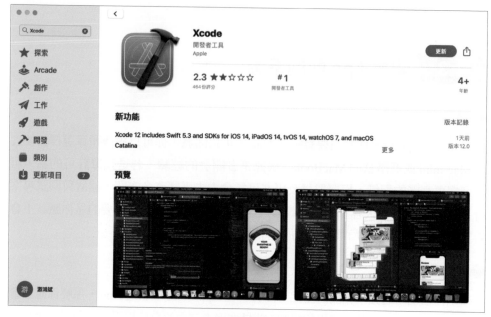

圖 1.2　下載 Xcode

安裝完畢後，你可以於 Launchpad 中看到 Xcode 的圖示。

圖 1.3　Xcode

通常 Xcode 都必須搭配最新的 macOS 使用，如果搜尋後發現無法安裝的話，你必須要先更新 macOS，更新完畢後應該就可以進行下載與安裝了。

⬢ Apple Developer Program（自行選擇）

如果你要上架 App 到 App Store 的話，就必須加入開發者計畫，但是我建議先不用申請，因爲開發者計畫並不便宜（約 99 美金），而且每年都必須續約才能持續使用，如果你只是剛加入 iOS 開發的領域的新手，我會建議先將這筆錢省下來，甚至等後續 App 開發完畢後，要提交到 App Store 時再加入也不晚。

1.4　Hello, World!

「Hello, World!」是學習一種新的程式語言的第一堂課，就是於螢幕顯示「Hello, World!」，這是最基本也是最簡單的程式，同時它也可以確認程式的開發環境是否安裝妥當。

我們開啟 Xcode 後，會看到「Welcome to Xcode」的畫面，如圖 1.4 所示。

圖 1.4　歡迎畫面

Xcode 的歡迎畫面可以選擇建置一個專案，或者選擇你過往的專案，我們將視線移到最上方的工具欄，接著選擇「File → New → Playground」，並且選擇「Blank」樣式，隨意命名與選擇檔案儲存路徑即可，如圖 1.5 所示。

圖 1.5　建立一個 Playground

Playground 是蘋果提供開發者進行測試與練習的工具，你可以使用 Playground 來熟悉有關 Swift 程式語言的基礎，未來即使你相當熟悉 Swift，也會有許多機會可以使用 Playground 來進行測試，是一個十分方便的工具。

建立完 Playground 後，你會看到以下的介面。

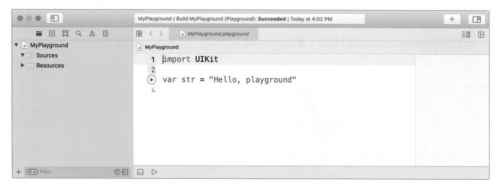

圖 1.6　Playground

你可以點選左上方按鈕將檔案區塊收起來，並且點選下方按鈕將終端機輸出介面展開，如此一來，可以有較大的螢幕空間來觀看程式碼以及確認當前輸出結果。

圖 1.7　調整後的 Playground

接著我們試著將資訊輸出到終端機之中，我們輸入以下的程式碼：

```
print(str)
```

這行程式碼的意思是，將 str 這個字串輸出到終端機之中，接著按下程式碼左邊的箭頭來進行執行程式碼的動作。

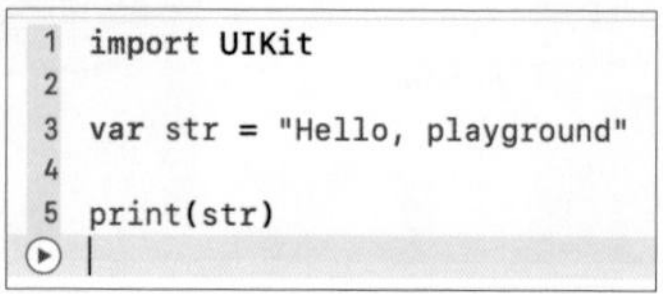

```
1  import UIKit
2
3  var str = "Hello, playground"
4
5  print(str)
```

圖 1.8　點選左方箭頭執行程式碼

此時，你應該會看到以下的畫面。

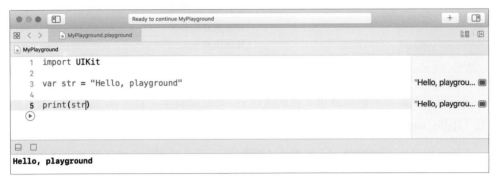

圖 1.9　執行結果

「Hello, playground」輸出到終端機之中了，右方也有程式碼的即時結果，接下來你可以試著把「Hello, playground」改成「Hello, World!」，這樣就算完成了學習程式語言的第一堂課。

1.5 程式碼基本介紹

我們完成了「Hello World」之後，接著我們來看一下程式碼的內容：

```
import UIKit

var str = "Hello, world"
print(str)
```

你會發現程式碼有各種顏色，這是 Xcode 特別為了開發者所設定的，為了區分不同的定義而給予不同的顏色，透過顏色的幫助可以讓你更有效率地閱讀程式碼。

寫程式並不是天馬行空隨便寫，而是使用該語言提供的關鍵字，加上自己的文字組合而成的，舉例來說，以這行程式碼來說明：

```
var str = "Hello, world"
```

我們將拆分成以下四個區塊：

文字	說明
var	變數的系統關鍵字。
str	自定義變數名稱。
=	指派運算子。
"Hello, world"	自定義字串。

這行程式碼翻譯的結果就是，我們透過 var 系統關鍵字，宣告 str 爲變數，並且指派「Hello, world」字串給 str。

系統所提供的系統關鍵字，必須大小寫相符，因此以下的程式碼是無法運作的，因爲 var 三個字都必須是小寫的：

```
Var str = "Hello, world"
VAR str = "Hello, world"
Var str = "Hello, world"
```

此外，正常來說，程式碼的執行方式是由上往下、一行一行來執行，所以要注意先後順序，舉例來說：

```
var str = "Hello, world"
print(str)
str = "Hello, swift"
print(str)
```

以上的程式碼總共做了四件事情：

- 宣告一個字串變數，名爲 str，並且賦值「Hello, world」。

- 印出字串變數 str。

- 將字串變數的值更改成「Hello, swift」。

- 印出字串變數 str。

1.6　程式碼自動補完功能

　　學程式都會擔心是不是要背許多英文單字才寫得好，其實不一定，因為 IDE 通常都會提供程式碼自動補完功能，Xcode 當然也不例外，你只需要稍微記一些關鍵字，靠自動補完功能就可以省下背整段程式碼的時間了。

　　拿前一章的例子來說，我們知道 var 是系統關鍵字，但是你可能會忘記該怎麼拼，只依稀記得是 va 開頭的，這樣其實就夠了，我們只要輸入「va」，Xcode 就會列出所有關於 va 的程式碼供你選擇。

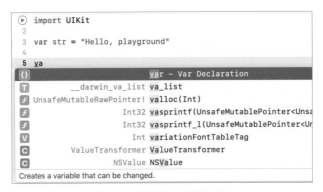

圖 1.10　程式碼自動補完功能

　　接著，我們選擇第一個選項並按下 Enter 鍵後，讓 Xcode 自動產生宣告變數的程式碼區塊。

圖 1.11　Xcode 自動產生程式碼

　　可發現 Xcode 很貼心的把整體的框架都列出來，我們只需要將 name 與 value 填入即可，因此寫程式其實不需要將所有程式碼都記在腦中，而是把大概的關鍵字記起來，透過程式碼自動補完機制，這樣學習起來會更加輕鬆。

1.7 註解程式碼

有時候會需要將程式碼暫時拿掉，可是又不希望直接刪掉，你可以使用註解，使用兩個以上的斜線「 / 」就可以將程式碼註解掉：

```
var str1 = "Hello1"
// var str2 = "Hello2"
```

註解掉的程式碼並不會被執行，你也可以透過註解來寫一些備註事項。

```
// 用於存放名字的變數
var name = "Jerry"
var age = 10 // 用於存放年齡的變數
```

此外，如果你需要多行註解的話，可以使用 command + / 鍵來註解，指定你要註解的程式碼後，按下快捷鍵就會自動註解。此外，你可以一口氣註解許多程式碼，將你要註解的程式碼反白之後，按下快捷鍵即可。

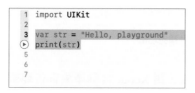

圖 1.12 　將要註解的程式碼反白

圖 1.13 　按下 command + / 快捷鍵

1.8 本章小結與課後練習

恭喜你已經進入了 iOS 開發的大門，你對於 iOS 以及 Swift 的歷史應該有一定程度的了解，這邊我為你提供了作業一，你可以存取以下的網址來看到作業一的內容：URL https://aiur3908.gitlab.io/iosbook/。

每過數個章節，我就會提供對應的作業，我會建議儘可能的練習，如此一來，除了可以檢視自我學習的狀況，還能激發更多開發 App 的想法，學習程式語言最重要的就是要實作，否則只觀看程式碼是很難有所突破的。

02

常數、變數與資料型態

「資料型態」用於定義資料的類型，程式語言中所有的資料都有其類型，就如同現實生活一樣。舉例來說，小明向大家自我介紹：「大家好，我是王小明，綽號是小明，身高 180.3 公分，體重 80 公斤，今年 30 歲」，這段自我介紹中提供了許多的資訊，每個資訊都有對應的資料型態，例如：綽號是小明，是用文字來表達的，而身高為 180.3，則是用有小數的數值，最後年齡 30 歲則是使用整數。

資料有不同的資料型態外，你也可以決定它可否被改變，以上面的例子來說，姓名可能比較不會改變，而身高體重則是隨時變化的，因此你可以將姓名宣告為不可改變的常數，而身高體重則使用可以改變的變數。

2.1 常數與變數

● 常數 (Constants)

常數是不可變的，一旦設定了值就不可以改變，如果你期望某些值是不變的，那麼你可以將它宣告成常數，你可以使用 let 關鍵字來宣告常數：

```
let pi = 3.14
```

如果你試著更改常數，那麼 Xcode 會發出警告訊息：「常數是無法更改的」。

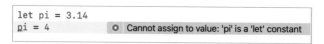

```
let pi = 3.14
pi = 4          ⊘ Cannot assign to value: 'pi' is a 'let' constant
```

圖 2.1　常數無法更改

🎯 說明　只要寫出不合規定的程式碼，Xcode 會很聰明的告知開發者錯誤，學習閱讀 Xcode 提供的錯誤訊息，也是成為 iOS 開發者很重要的一堂課。

● 變數 (Variables)

變數是可變的，如果你希望某些值是可變的，可以將它宣告成變數，你可以使用 var 關鍵字宣告變數，而且變數是可以改的，因此你可以對它進行更改：

```
var age = 15
age = 16
```

2.2　常數與變數的命名

常數與變數的名稱可以使用任何字元，包含中文、英文、數字，甚至是 Emoji 表情符號。

```
let π = 3.14159
var 你好 = " 你好世界 "
let 🐬 = " 海豚 "
```

不過仍有一些狀況是不被接受的：

說明	範例
數字開頭為命名。	var 123abc = "123"
包含空白字元。	var st r = "123"
包含數學符號。	var st+r = "123"
與系統保留字相符。	var var = "123"

Swift 是有區分大小寫的，若是使用與當初命名不符合的大小寫來存取常數變數是不行的。

```
var age = 10
Age = 11                          ❶ Use of unresolved identifier 'Age'
```

圖 2.2　與當初命名不同的名稱就無法使用

一旦使用了某個名稱來定義常數或變數，你就不能使用相同的名稱來進行重複定義。

```
let name = "Jerry"
let name = "Tom"                  ❶ Invalid redeclaration of 'name'
```

圖 2.3　無法重複定義相同名稱

程式語言通常會預留一些關鍵字作為特殊用途，例如：前面所提到的 let 與 var，如果想使用系統關鍵字當變數名稱，你必須使用「`」符號將你的名稱包起來。

```
let `let` = 123
var `var` = 123
`var` = 456
```

除非有特別需求，否則不推薦使用系統關鍵字來當命名。

2.3 小駝峰式命名法

雖然上一章提到可以用各種文字來當名稱，但是實務上通常是使用英文命名，並且依循小駝峰式命名法（lower camel case）來命名。

小駝峰式命名法的定義為：「第一個單字為小寫字母開始，第二個單字以後的字首使用大寫，單字與單字之間不需要空白、連線、底線等。」

```
let firstName = "Jerry"
let lastName = "You"
```

命名儘量有意義，且不要使用縮寫，程式碼當下也許自己看得懂，但是未來若是需要與他人合作，或者過了一陣子後回來看，無意義的變數名稱會造成很大的困擾，因此養成良好的命名習慣是相當重要的一件事。

寧可用不一定正確的英文，也不要用無意義的英文。舉例來說，假設這個頁面需要顯示休旅車的數量，我們也許不知道休旅車的英文，但是車子的英文應該知道，因此我們可能這樣宣告：

```
var carCount = 10
```

也許意義上有一些差異，但是至少能理解這邊是在統計車子的數量，總比以下的命名還要好很多。

```
var a = 10
```

2.4 分號

如果你寫過其他程式語言，可能會很習慣在每行程式碼的最後加上分號「;」，Swift 是不需要分號的，不過你如果真的要加也不會怎麼樣，大部分熟悉 Swift 的開發者基本上都會省略不寫，因此你可以改變你的習慣，把分號省略不寫吧！

```
var str1 = "Hello, World";
var str2 = "Hello, World"
```

2.5　資料型態

如果你完全沒寫過程式，可以看一下以下的程式碼，並猜想兩個值會是多少。

```
let a = 1 + 1
let b = "1" + "1"
```

事實上，這兩個常數是不一樣的東西，第一行的 1 是數字，第二行的 "1" 則是文字，數字相加與文字相加是不同的，了解這個基本觀念後，就可以接著看以下的內容。

資料型態的定義通常於你所定義的名稱後方加上一個冒號「:」後空白一格，接著定義所指定的資料型態：

常數 / 變數 名稱 : 資料型態

例如：

```
var name: String = "Tom"
var age: Int = 10
```

這兩行程式碼分別代表：

- 定義 name 這個變數的資料型態為 String，並賦予 Tom 這個值給它。
- 定義 age 這個變數的資料型態為 Int，並賦予 10 這個值給它。

接著你可以將程式碼改成以下的樣子：

```
var name = "Tom"
var age = 10
```

這兩行程式碼其實與上方相同，因為 Swift 會使用型別推斷（type inference）來判斷資料型態，因此你可以省略定義資料型態。

此外，如果你想要同時定義多個值，可以使用逗號作為區隔：

```
var x = 0, y = 0, z = 0
var red, green, blue: Double
```

2.6 整數

● 整數（Int）

用於表示整數的資料型態，並無小數點，且有正負之分。

```
var age: Int = 20
```

如果你定義為整數時，指派有小數的值時，Xcode 會自動告知錯誤。

```
var age: Int = 20.1433    ⊗ Cannot convert value of type 'Double' to specified type 'Int'
```

圖 2.4　無法將浮點數（Double）轉換成整數（Int）

● 正整數（UInt）

用於表示整數的資料型態，並無小數點，且只有正數。

```
var age: UInt = 20
```

顧名思義，「正整數」只有正數，因此你只要指派負數的數值，Xcode 同樣的會自動告知錯誤。

```
var age: UInt = -4    ① Negative integer '-4' overflows when stored into unsigned type 'UInt'
```

圖 2.5　負數無法存放於正整數（UInt）

當你輸入 Int 時會發現，有許多變種的 Int，如圖 2.6 所示。

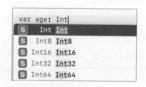

```
var age: Int
 S  Int   Int
 S   Int8  Int8
 S   Int16 Int16
 S   Int32 Int32
 S   Int64 Int64
```

圖 2.6　各種不同儲存範圍的 Int

這些的差異其實只有儲存的範圍，整數的儲存範圍是有極限的，以上面的例子來說，Int8 指的就是使用 8-bit 來進行儲存，可儲存的空間就是 2^8=256，我們可以透過以下的程式碼來驗證資料型態的極限值：

```
let int8MaxValue: Int8 = Int8.max    // 127
let int8MinValue: Int8 = Int8.min    // -128
```

Int8 的最小值為 -128，而最大值為 127，正數與負數的數量總和為 127+128=255，最後再加上 0，也就是 256 個數字。

資料型態	最大值	最小值	總和
Int8	127	-128	2^8
Int16	32767	-32768	2^16
Int32	2147483647	-2147483648	2^32
Int64	9223372036854775807	-9223372036854775808	2^64

可以依照需求選擇 Int 的型態，你可能會想知道，一般的 Int 的儲存範圍應該是多少，這個其實是取決於裝 App 的手機是屬於 32-bit 還是 64-bit，如果是 32 的話，那麼 Int 其實等同於 Int32；反之，如果是 64 的話，則為 Int64，不過現在大部分都是 64-bit 了。

若你比較偷懶的話，可以將所有整數都宣告成 Int，基本上不會有太大的問題。

> 🎯 說明 如果你玩過遊戲，可能會發現很多數值的上限是 21 億，像是玩家擁有的金幣總上限，這是因為用於儲存金幣的資料型態可能是 Int32，而最多可保存的值就是 2137383647。

2.7 浮點數

可以存放小數點的資料型態，有 Float 與 Double 兩種可供選擇。

● Double（倍精數）：表示 64 位元（bit）的浮點數。

● Float（單精數）：表示 32 位元（bit）的浮點數。

```
let a: Float = 1.0
let b: Double = 2.0
```

基本上，兩者的性質相同，差異是可儲存範圍與精度，倍精數（Double）為單精數（Float）的一倍。

2.8 字串

字串（String）是用於存放文字的資料型態，左右兩邊必須使用雙引號「"」來標示：

```
var name: String = "Jerry"
```

● 字串串接

透過加法運算子，可以將兩個字串合併：

```
let firstName = "Jerry"
let lastName = "You"
let fullName = firstName + lastName
print(fullName) // JerryYou
```

● 字串中包含值

你可以使用反斜線「\」以及括號「( )」來將常數或變數加入到字串中：

```
let apples = 3
let banana = 5
let appleSummary = " 我有 \(apples) 個蘋果 "
let fruitSummary = " 我有 \(apples + banana) 個水果 "
print(appleSummary) // 我有 3 個蘋果
print(fruitSummary) // 我有 8 個水果
```

● 轉換大寫

uppercased() 可將字串內容全部轉換成大寫：

```
let hello = "Hello, World!"
let newHello = hello.uppercased()
```

● 轉換小寫

lowercased() 可將字串內容全部轉換成小寫：

```
let hello = "Hello, World!"
let newHello = hello.lowercased()
```

◆ 字串長度

如果你想要取得字串的長度，可以透過存取 count 屬性來得知：

```
let hello = "Hello, World!"
print(hello.count) // 13
```

◆ 多行文字

有時你可能會有多行文字，這時可以透過三個雙引號來標示「"""」，如此可以很方便的輸入多行文字。

```
let hello = """
Hello,
  World!!
    你好,
       世界!!
"""
```

2.9 資料型態的轉換

我們有時會需要將資料型態轉換成另外一種資料型態。舉例來說，現在有一個整數（Int），你想將它轉成浮點數（Double），你只需要透過該資料型態將其值包起來即可：

```
let intValue = 3
let doubleValue = Double(intValue)
```

當然你要轉換成字串也是可以的：

```
let intValue = 3
let stringValue = String(intValue)
```

不過要注意的是，如果你是想要將字串轉換成數字，你會發現資料型態後方會多一個問號「?」。

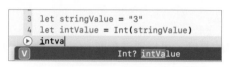

圖 2.7　轉型後變成可選型別的 intValue

這是後面章節會提到的可選型別（Optional），可選型別代表該值可能有值，但也可能沒值的狀態。舉例來說，我們使用一個沒辦法轉換成數字的字串，透過型別轉換將它轉換：

```
let stringValue = " 我不是數字 "
let intValue = Int(stringValue)
```

上面的例子中，「我不是數字」這個字串並不是一個合理的整數，因此透過型別轉換時會失敗，此時的 intValue 會爲 nil，也就是沒有任何值。

Swift 並不能肯定你的字串是不是一定可以轉換成整數，轉換後它只能說這大概是整數，因此使用可選型別來當資料型態。有關可選型別的觀念，會在往後的章節做介紹，這邊可以先稍微了解一下觀念即可。

如果你很確定該值一定能成功轉換成整數，你可以在最後面加上驚嘆號「!」來進行一個解包（Unwrapped）的動作，讓它從可選型別（Optional）變成一般型別。

圖 2.8　進行解包後的 intValue

2.10　型別別名

「型別別名」（Type aliases）就是給已存在的資料型態定義另一個名稱，使用關鍵字 typealias 來定義型別別名，有時比起原本的資料型態名稱，使用自定義的型別別名可以讓程式碼更加好懂：

```
/// 定義一個型別別名，資料型態為 Int
typealias Age = Int
```

```
/// 使用型別別名來取代原本的資料型態名稱
var age: Age = 10
```

2.11 元組

元組（Tuples）是將多個值分組成為一個複合值，元組中的值可以是任何資料型態，彼此間的資料型態也不需要完全相同，使用括弧與逗號來進行宣告，例如：

```
let http404Error = (404, "NotFound")
let statusCode = http404Error.0    // 404
let statusMessage = http404Error.1 // NotFound
```

元組中，取出對應的值是使用數字，第一個位置就是 0，第二個則是 1，依此類推。此外，你可以將任意數量的值宣告到你的元組中。

```
2
3 let myTuples = (1, 2, 3, 4, 5, 6, 7)
4 myTuples.
                                    Int 0
                                    Int 1
                                    Int 2
                                    Int 3
                                    Int 4
                                    Int 5
                                    Int 6
```

圖 2.9　擁有多個值的元組

元組使用起來很方便，但是使用數字當辨識會有點麻煩，你可以使用文字為你的元組內容命名，這樣使用起來會更加方便。

```
let http404Error = (statusCode: 404, statusMessage: "NotFound")
print(http404Error.statusCode)    // 404
print(http404Error.statusMessage) // NotFound
```

你也可以將元組分解成單獨的常數或變數，如同往常般使用它：

```
let http404Error = (statusCode: 404, statusMessage: "NotFound")
let (statusCode, statusMessage) = http404Error
```

```
print(statusCode)    // 404
print(statusMessage) // NotFound
```

如果你只需要單個值，忽略某個元組內的值，可以使用底線「_」來進行宣告：

```
let http404Error = (statusCode: 404, statusMessage: "NotFound")
let (statusCode, _) = http404Error
print(statusCode)    // 404
```

2.12 亂數

有時你可能會需要產生亂數，舉例來說，你想要設計一款骰子遊戲，你可能就會需要產生隨機的骰子點數，也就是 1~6 隨機一個值，這時就可以使用亂數來達成這個要求。

Swift 於整數與浮點數中都有提供亂數的方法，而且使用起來十分的簡單，你只需要輸入亂數的範圍，程式碼執行就會依照你的範圍產生隨機的亂數，舉例來說：

◉ 整數亂數

```
let randomIntValue = Int.random(in: 1...6)
print(randomIntValue)
```

這麼一來，它就會產生 1~6 之間的隨機亂數，你只要於 random(in:) 函式中輸入要指定的範圍即可。

◉ 浮點數亂數

浮點數的部分也是一樣的使用方式：

```
let randomDoubleValue = Double.random(in: 1.0...6.0)
print(randomDoubleValue)
```

2.13 實體與靜態

這個章節我們介紹了許多屬性與函式，屬性與函式又分為「實體」與「靜態」兩種，實體屬性與函式代表你必須透過實體才能存取，舉例來說：

```
let string = "Hello World"
let count = string.count
let newString = string.uppercased()
```

我們產生了 string 實體，並且存取實體屬性 count 以及呼叫實體函式 uppercased。

靜態屬性與函式的話，則是直接透過該資料型態來進行存取，舉例來說：

```
let intMax = Int.max
let randomValue = Int.random(in: 1...5)
```

以上的範例就是存取 Int 的靜態屬性以及呼叫靜態函式，我們不需要產生實體，直接就可以使用。

有關實體的相關說明，會於後續的章節做更詳細的說明，這邊可以先稍微理解一下即可。

03

集合型別

上一個章節我們學會了基本的資料型態，接著我們來談談集合型別。「集合型別」是用於儲存多筆相同資料型態的一種資料結構，舉例來說，你想製作一個班級成績的 App，這時你可以將每個同學的分數儲存到陣列（Array）之中，之後再依照需求取出對應的成績。

Swift 提供了幾種集合型別給開發者使用，如透過索引存取的「陣列」、保證資料不重複的「集合」（Set）以及使用 Key 存取的「字典」（Dictionary）。

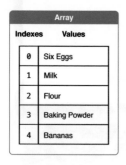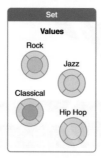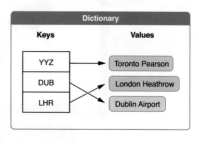

圖 3.1 集合型別

3.1 陣列

「陣列」（Array）是屬於有序的集合型別。陣列的存取是使用索引（index），索引的起始值為 0，意思是如果你想要存取陣列內的第一個資料，索引的值就是 0，第二個資料的索引值則是 1，依此類推，因此陣列內資料的順序是有意義的。

陣列的宣告方式是使用中括號「[ ]」，在中括號中指定這個陣列要儲存的資料型態，初始化給予值時，也是使用中括號進行指派，並且使用逗號「,」來給予多個值：

```
var score: [Int] = [80, 88, 90]
```

當然，陣列也是支援型別推斷的，因此上方的程式碼可以簡化成以下的樣子：

```
var score = [80, 88, 90]
```

如果你想要建立一個空的陣列，你可以這樣寫：

```
var score: [Int] = []
```

此外，以下的寫法也是屬於陣列的寫法，不過大部分的開發者都是使用中括號進行宣告，這邊就只需要稍微認識一下即可：

```
var score: Array<Int> = [88, 80]
```

前面有提到陣列是使用索引存取的，因此如果你要取出裡面的值，你必須這樣使用：

```
var score = [80, 88, 90]
print(score[0]) // 80
print(score[1]) // 88
print(score[2]) // 90
```

這邊要特別注意的是，陣列的起始索引是 0，以及如果存取的索引超出了陣列的範圍，執行時可是會崩潰（Crash）的，也就是你的 App 會當機閃退，如圖 3.2 所示。

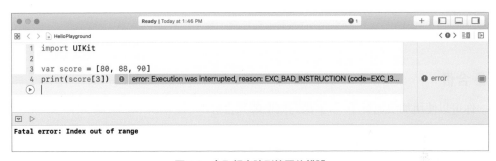

圖 3.2　存取超出陣列範圍的錯誤

3.2　陣列的操作

新增

使用 append 函式來進行新增，新增後的資料會放在陣列的最尾端：

```
var score = [80, 88, 90]
score.append(100)
print(score[3]) // 100
```

⬡ 刪除

使用 remove(at:) 函式來進行刪除，根據索引來刪除該筆資料。假設我們要刪除第一個值 80，它的 index 則是 0：

```
var score = [80, 88, 90]
score.remove(at: 0) // score = [88, 90]
print(score[0])     // 88
```

因為陣列的特性是刪除一個後，後面的會往前補位，因此原本位於 index 0 的 80 不見了，就變成 index 1 的 88 往前遞補，因此新的 index 0 就會變成 88。

⬡ 修改

直接透過索引來更改該索引內的值：

```
var score = [80, 88, 90]
score[0] = 100
print(score[0]) // 100
```

⬡ 合併

你可以使用加法運算子「+」來將兩個陣列合併：

```
let score1 = [80, 88, 90]
let score2 = [100, 120]
let score = score1 + score2 // [80, 88, 90, 100, 120]
print(score[3]) // 100
```

⬡ 排序

如果你需要將陣列依照大小排序，則可以使用 sorted(by:) 函式，並且輸入大於或小於的符號「>」或「<」，你將會得到排序後的陣列：

```
let array = [6,2,4,1]
let sortedArray1 = array.sorted(by: >)
let sortedArray2 = array.sorted(by: <)
print(sortedArray1) // [6, 4, 2, 1]
print(sortedArray2) // [1, 2, 4, 6]
```

◆ 多維陣列

學了以上的觀念會知道，陣列可以存放相同資料型態的一種集合型別，這邊你可能會想問，那麼陣列裡面可不可以放其他的陣列，答案當然是可以的，不過你要小心使用，因為多維陣列會比較複雜一些。舉例來說，這邊宣告了一個陣列，資料型態則為整數陣列：

```
var array: [[Int]] = [[0], [0,1]]
print(array[0])    // [0]
print(array[0][0]) // 0
```

3.3 字典

「字典」（Dictionary）是屬於無序的集合型別，是使用 Key 來進行存取的一種集合型別，字典內的順序是無意義的，通常 Key 是使用字串（String）來當存取的資料型態。

字典宣告的方式是使用中括號「[ ]」，並於中括號中使用冒號「:」，以將 key 與 value 的資料型態定義，而初始化給予值時，也是使用中括號進行指派，並且使用逗號「,」來給予多個值：

```
var dictionary: [String: Int] = ["A": 10,
                                  "B": 15,
                                  "C": 20]
```

當然，字典也是支援型別推斷的，因此你可以簡化成這個樣子：

```
var dictionary = ["A": 10, "B": 15, "C": 20]
```

存取時，是使用當初指派的 Key 來做存取，以上面的例子來說，我們存放了三個值，分別是 10, 15, 20，它們的 Key 是字串的 A, B, C，我們可以利用 Key 來存取值。

```
print(dictionary["A"]) // Optional(10)
```

這邊要注意的是，因爲 Swift 並沒有辦法確定你丟的 Key 是否有值，因此你丟入 Key 取出值時，Dictionary 會回傳可選型別（Optional），因爲可能有值，也可能沒值，有關可選型別的介紹會於後面的章節做解說，這邊我們直接於後方加入驚嘆號即可。

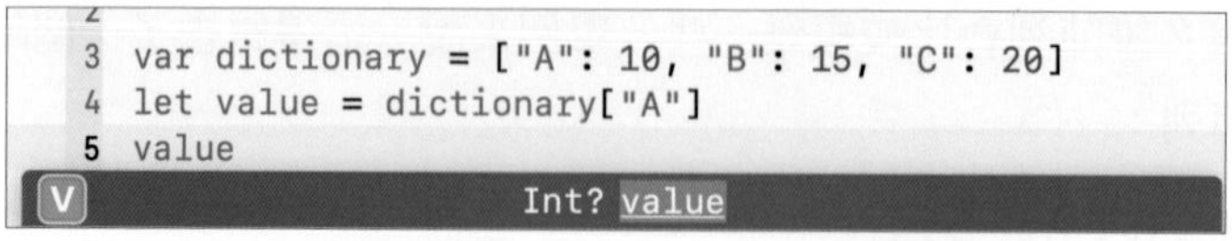

```
 2
 3 var dictionary = ["A": 10, "B": 15, "C": 20]
 4 let value = dictionary["A"]
 5 value
 V                          Int? value
```

圖 3.3　**存取 Dictionary 時，Value 爲可選型別。**

與陣列不同的是，字典所回傳的值爲可選型別，因此你即使隨意丟入一個 Key 去存取，也不會有 Crash 的情況發生。

3.4　字典的操作

◆ 新增與修改

因爲字典是使用 Key 做存取，因此新增與修改是相同的。假設你的 Key 原本並不包含於字典中就是「新增」，如果 Key 已經存在則是「修改」：

```
var dictionary = ["A": 10, "B": 15, "C": 20]
/// 新增
dictionary["D"] = 30
/// 修改
dictionary["A"] = 20
```

◆ 刪除

使用 removeValue(forKey:) 函式來進行刪除的動作，填入你要刪除的 Key 到函式之中即可：

```
var dictionary = ["A": 10, "B": 15, "C": 20]
dictionary.removeValue(forKey: "A")
```

◆ Keys 操作

字典內所有的 Key：

```
var dictionary = ["A": 10, "B": 15, "C": 20]
let keys = dictionary.keys
```

● Values 操作

字典內所有的 Value：

```
var dictionary = ["A": 10, "B": 15, "C": 20]
let values = dictionary.values
```

3.5　集合

集合與陣列十分類似，適用於儲存相同資料型態的集合型別，但是有兩點不同的是，集合內的值是不可重複的，集合內的順序是無意義的。

這邊介紹一下如何宣告一個整數集合：

```
let numbersSet: Set<Int> = [1, 2 ,3]
```

如果你宣告的集合有重複的值，Set 也只會儲存一筆資料：

```
let numbersSet: Set<Int> = [1, 1]
```

若是你想要取出集合內的值，可以使用 for-in 迴圈來進行取用：

```
for number in numbersSet {
    print(number)
}
// 1
// 3
// 2
```

我們曾提到集合的順序是無意義的，因此每次取出值的順序有可能不相同，這次是 1,3,2，下次可能是 1,2,3。

3.6 集合的操作

● 新增

可以使用 insert 函式來進行新增：

```
var numbersSet: Set<Int> = [1, 2 ,3]
numbersSet.insert(4)
print(numbersSet) // [1, 2, 3, 4]
```

● 刪除

可以使用 remove 函式來進行刪除：

```
var numbersSet: Set<Int> = [1, 2 ,3]
numbersSet.remove(1)
print(numbersSet) // [2, 3]
```

● 集合與陣列轉換

有時你會需要將陣列內重複的值去除，這時你可以將陣列轉換成集合，之後再把集合轉換成陣列，這麼一來，你會得到一個沒有重複值的陣列。

```
var numberArray = [1, 2, 3, 3]
let numberSet = Set(numberArray)
numberArray = Array(numberSet)
print(numberArray) // [1, 2, 3]
```

說明 因為集合是屬於無序的集合型別，當你的陣列轉換成集合時，順序就已經失效了，當集合轉換成陣列時，陣列的順序會與當初不太相同，所以轉換完可以依照需求排序，整理成你所需要的資料型態。

04

基本運算子與控制流程

這個章節我們會介紹運算子與控制流程，在先前的章節中已經介紹部分的運算子了，像是陣列的合併、字串的合併以及簡單的數學相加等，而控制流程則是依照設置的條件重複或執行特定程式碼，是程式設計中十分重要的一部分。

4.1　基本運算子

如同數學一樣，你可以使用下的運算子來進行數學運算：

```
let value1 = 1 + 1 // 1+1 = 2
let value2 = 3 - 1 // 3-1 = 2
let value3 = 3 * 3 // 3*3 = 9
let value4 = 4 / 2 // 4/2 = 2
```

計算順序也是與數學相同，先乘除後加減，若是要更換順序，則是需要加上括弧「( )」：

```
let value1 = 1 + 2 * 4   // = 9
let value2 = (1 + 2) * 4 // = 12
```

前面章節有提過的，字串與陣列都可以使用加法運算子「+」來進行合併：

```
let string = "Hello" + "World"  // HelloWorld
let array = [0, 1, 2] + [3, 4] // [0, 1, 2, 3, 4]
```

◆ 餘數運算

Swift 也有提供餘數運算子，使用百分比符號「%」，當一個值無法被整除時，會有餘數，若是你需要這個值，就可以使用餘數運算來取得。舉例來說，4 除與 3 會餘 1，因此 4%3 = 1，當可以被整除時，則會回傳 0。

```
let value1 = 4 % 3 // 1
let value2 = 4 % 4 // 0
```

先前的章節中有提到各種不同的資料型態，其中整數與浮點數都是用於處理數字的，但是雖然它們都是數字，但是因為資料型態的不同，是沒辦法進行運算的，舉例來說：

```
let a: Int = 3
let b: Double = 1.5
print(a ± b)   ❶ Binary operator '+' cannot be applied to operands of type 'Int' and 'Double'
```

圖 4.1　資料型態不同則無法使用加法運算子

要解決這個問題，你必須將資料型態轉換成同一個：

```
let a: Int = 3
let b: Double = 1.5
print(Double(a) + b)
```

透過轉型將 a 的資料型態轉換成 Double，如此一來，a 與 b 的資料型態都是 Double，便可以進行加法運算。

🎯 **說明**　數學中，被除數的除數（分母）若為 0，則是沒有意義的，而程式設計中當遇上數值除與 0 時，程式會終止運作，你可以試試看將任意一個數值去除與 0，看看會發生什麼樣的事情。

⬢ 複合賦值運算子

Swift 可以將賦值「=」與另外一個操作符結合在一起。舉例來說，加法賦值運算子「+=」的意思是做完加法運算後，將值賦予給常數/變數：

```
var a = 1
a += 1 // a = 2
```

「-=」的例子：

```
var b = 1
b -= 1 // b = 0
```

⬢ 被移除的 ++ 與 --

如果你過去有學過其他的程式語言，應該會知道 ++ 其實與 += 是相同的意思，Swift 於 3.0 版本將 ++ 與 -- 運算子移除了，因為蘋果認為如果初學者將 Swift 當成第一個入門的程式語言來學習的話，會對這兩個運算子感到負擔，因此將它移除，這是一個還不錯的決定，因為「++」所表達出來的感覺並沒有像「+=」來得好理解。

4.2 布林值與關係運算子

「布林值」是用來表達真（true）與假（false）的資料型態，你可以把它想成對與錯，總共有兩種型態：

```
var bool1: Bool = true
var bool2: Bool = false
```

當然，布林值也是支援型別推斷的：

```
var bool1 = true
```

我們可以透過關係運算子來得到布林值，假設我們有兩個值：

```
let a = 10
let b = 13
```

透過以下的關係運算子來得到對應的布林值：

- 等於（a == b）。
- 不等於（a != b）。
- 大於（a > b）。
- 小於（a < b）。
- 大於等於（a >= b）。
- 小於等於（a <= b）。

```
let boolValue1 = a == b  // false
let boolValue2 = a != b  // true
let boolValue3 = a > b   // false
let boolValue4 = a < b   // true
let boolValue5 = a >= b  // false
let boolValue6 = a <= b  // true
```

想想看，以下的結果會是 true 還是 false：

```
let a = 0
let boolValue1 = a >= 0
let boolValue2 = a <= 0
```

接下來，我們來介紹有關布林值的一些函式：

random

產生隨機的布林值，可能是 true 或是 false：

```
let bool = Bool.random()
```

toggle

將當前的布林值轉換成另一個值，true 變 false，false 變 true：

```
var bool = true
bool.toggle() // false
```

contains

Swift 為某些資料型態提供了 contains 函式，你可以透過這個函式來確認有沒有包含某些值，舉例來說：

● String：判斷該字串是否有包含某些文字：

```
var string = "Hello World"
var bool = string.contains("Hello") // true
```

● Array：判斷該陣列是否有包含某個元素：

```
var array = [1, 2, 3]
var bool = array.contains(1) // true
```

🎯 **說明** 　過去，Objective-C 的布林值是使用 YES 與 NO 代表對與錯，不過大部分的程式語言都是以 true 與 false 來區分，因此 Swift 將這點改成與大家相同的文字，這樣比較符合大眾認知。

4.3 條件判斷式

「條件判斷式」是使用 if-else 與布林值來判斷要執行的程式碼。當條件成立，bool 為 true 時，則執行程式碼；當條件不成立，則執行其他程式碼。舉例來說：

```
let a = 10

if a > 0 {
    // 條件成立
    print("a > 0")
} else {
    // 條件不成立
    print("a <= 0")
}
```

以上的程式碼透過關係運算子來判斷 a 是否大於 0，當 a 大於 0 的時候會回傳 true，則進入上半部使用大括號「{}」的區塊；若是 a 不大於 0 會回傳 false，則進入下半部 else 使用大括號「{}」的區塊。

如果你有很多個可能性要判斷，這時就可以使用「else if」語法。當你第一個條件判斷失敗後，就可以使用第二個條件判斷，因此你可以將程式碼延伸成以下的樣子，程式碼是由上往下執行，若是有任何一個條件符合，後面的將不會執行：

```
let a = 10

if a > 10 {
  print("A 比 10 大 ")
} else if a > 5 {
  print("A 比 5 大 ")
} else {
  print(" 其他 ")
}
```

並不是每個條件判斷式都一定要包含 else，舉例來說，你可能只需要為真時的判別：

```
let a = 10
if a > 10 {
```

```
  print("A 比 10 大 ")
}
```

因為條件判斷式是使用 true 或 false 來進行判斷，所以你當然可以直接拿 bool 來進行判斷：

```
let a = 10
let bool = a > 10
if bool {
  print("A 比 10 大 ")
}
```

條件判斷式可以搭配「或」（Or）與「和」（And）來使用。

● 或（Or）

如果多個條件只需要成立一個時，就可以使用或（Or），使用方法是兩個豎線「||」：

```
let a = -11

if a > 10 || a < -10 {
    print("a 的絕對值 > 10")
}
```

● 和（And）

如果需要多個條件成立時，可以使用和（And），使用方法是兩個 & 符號「&&」：

```
let gender = " 男 "
let age = 18
if gender == " 男 " && age >= 18 {
    print(" 需要當兵了 ")
}
```

● 巢狀條件判斷式

有時會需要巢狀判斷式，也就是條件判斷式裡面又有其他的條件判斷式，如果有需要則可以撰寫，但是使用上要小心，因為太多層的話，看起來會十分混亂：

```
if bool1 {
    if bool2 {

    }
}
```

🔷 三元運算子

有時我們會想簡化條件判斷的寫法，這時你就可以使用「三元運算子」（Ternary Conditional Operator）來簡化，三元運算子的基本格式如下：

條件 ? 條件成立時結果 : 條件失敗時結果

我們這邊以一個例子來說明，假設使用者是使用 iPhoneX 的話，將 height 變數設定成 100，否則設定成 50，透過條件判斷式來寫的話，會像是以下這個樣子：

```
var height = 0
var isPhoneX = true

if isPhoneX {
    height = 100
} else {
    height = 50
}
```

如果透過三元運算子，你可以將程式碼簡化成以下這個樣子：

```
var isPhoneX = true
let height = isPhoneX ? 100 : 50
```

三元運算子的使用通常會搭配在賦值上，如果你覺得寫 if-else 來定義某些常數或變數的值很麻煩，這時你就可以改使用三元運算子來簡化程式碼。

4.4　For 迴圈

「For 迴圈」可以用來執行特定次數的一種語句，Swift 提供了幾種迴圈的語法：

⬡ For-in

可以用來迭代序列，像是陣列、Range、字串等，基本的架構如下：

```
for 元素名稱 in 集合型別 {

}
```

舉例來說，我們可以使用 for-in 來迭代陣列內所有的元素：

```
let names = ["Anna", "Alex", "Brian", "Jack"]
for name in names {
    print("Hello, \(name)!")
}
// Hello, Anna!
// Hello, Alex!
// Hello, Brian!
// Hello, Jack!
```

透過 for in 將陣列內的元素存放到 name 之中，每次執行會拿出陣列內的元素，直到最後一個元素為止，因此上面的例子會將所有名字都取出並印出。

⬡ 數字範圍

for-in 也可以迭代數字範圍。舉例來說，你想要從 1 執行到 5，就可以像這樣來使用：

```
for index in 1...5 {
    print(index)
}
// 1
// 2
// 3
// 4
// 5
```

透過三個點「…」來定義一個範圍，三個點的左邊放上起始值，右邊放上終止值，終止值必須大於起始值。若是起始值與終止值相同，則只會執行一次：

```
for index in 1...1 {
    print(index)
}
```

你也可以將第三個點改成小於符號「<」，代表直到小於這個值為止：

```
/// 1 ~ 小於 5 等同於 1...4
for index in 1..<5 {
    print(index)
}
// 1
// 2
// 3
// 4
```

如果你只是需要重複執行次數，然後不需要每次迭代的值，你可以於 for 的後面加上底線「_」，代表不需要迭代的值：

```
for _ in 1...5 {
    print("Hello")
}
```

你也可以將 Dictionary 使用於 for-in 之中，我們都知道 Dictionary 是使用 key-value 的一種集合型別，因此迴圈也會將 key-value 都取出。

```
let dictionary = ["A": 1, "B": 2, "C": 3]
for (key, value) in dictionary {
    print("key = \(key), value = \(value)")
}
// key = C, value = 3
// key = A, value = 1
// key = B, value = 2
```

這邊要複習一下，Dictionary 是屬於沒有順序的集合型別，因此取出來的值可能是任意排序的。

此外，你可以使用 stride(from:to:by:) 函式來獲得一個序列，讓 for-in 來使用。舉例來說，你想要從 3 開始，15 結束，每次 +3，也就是會得到 3,6,9,12 這樣的結果：

```
/// 從 3 到 15 每次 +3，當值達到 15 則結束，但是剛好等於 15 不會印出
for index in stride(from: 3, to: 15, by: 3) {
    print(index)
}
// 3
// 6
// 9
// 12
```

如果你希望結束的值也是必要的，可以改成 stride(from: through:by:) 函式：

```
/// 從 3 到 15 每次 +3，當值達到 15 則結束，剛好等於 15 會印出
for index in stride(from: 3, through: 15, by: 3) {
    print(index)
}
// 3
// 6
// 9
// 12
// 15
```

🎯 **說明** 如果迴圈中擺放其他迴圈，這種情況下就稱為「巢狀迴圈」，你可以試著練習使用巢狀迴圈來印製出九九乘法表的內容。

4.5 While 迴圈

「While 迴圈」是執行到條件變成 false 為止的一種迴圈，基本的架構如下：

```
while 條件 {
    要執行的程式碼
}
```

舉例來說：

```
var index = 0
while index < 5 {
    index = index + 1
    print(index)
}
```

index 從 0 開始，每次 +1，當 index 等於 5 時，index<5 的條件就不成立，因此跳脫 while 迴圈。

repeat-While 迴圈

「repeat-while 迴圈」與 while 迴圈相當類似，但是不管條件是不是 false，都會先執行一次迴圈內的程式碼，之後直到條件不成立後，才會結束迴圈，架構如下：

```
repeat {
    要執行的程式碼
} while 條件
```

舉例來說：

```
var index = 0

repeat {
    index = index + 1
    print(index)
} while index < 0
```

這個條件在第一次為 false，但是 repeat-while 迴圈的特性就是，第一次不管如何，都會先執行一次迴圈的內容；相同的條件若套用於 while 迴圈，將會有不同的結果：

```
var index = 0

while index < 0 {
    index = index + 1
    print(index)
}
```

以上的程式碼什麼都不會印出，因為一開始條件就為 false，所以不會進入到 while 迴圈之中。

4.6　列舉

「列舉」（enum）是用於自訂一組相關的值，可以於程式碼中更安全地使用，舉例來說，我們想定義性別，則可能會使用字串來進行判斷：

```
let gender = "男"
if gender == "男" {
  print("男生")
} else if gender == "女" {
  print("女生")
}
```

這樣的寫法是可行的，但是使用上會有些不便，你必須知道男生代表的字串是「男」，女生代表的字串是「女」，時間久了也許就會忘了，此時如果使用列舉來定義：

```
enum GenderType {
    case male
    case female
}
```

如果要宣告某個常數／變數為列舉值：

```
let gender: GenderType = GenderType.male
```

如果你已經指定資料型態為某個列舉，指定時可以省略列舉名稱，直接使用點「.」來指定是列舉內哪一個值：

```
let gender: GenderType = .male
```

當然，列舉也是支援型別推斷的，因此指派時直接給值也是可以的，但是就不能像上面一樣，省略列舉名稱：

```
let gender = GenderType.male
```

接著你就可以使用條件判斷式來判斷所定義的常數或變數是列舉內的哪一個值：

```
let gender = GenderType.male
```

```
if gender == .male {
    print(" 男生 ")
} else if gender == .female {
    print(" 女生 ")
}
```

若是你要同時定義多個值於列舉之中，可以將它們都寫在一塊，使用逗號「,」區隔開來：

```
enum CompassPoint {
  case north, south, east, west
}
```

判斷列舉除了用條件判斷式以外，大部分情況都是使用 switch case 語句來進行判斷，switch case 的基本結構如下：

```
switch 值 {
case 條件 :
    程式碼
default:
    程式碼
}
```

值就是丟入要判斷的值，條件就是所對應的列舉值，若是你不需要全部都判斷，除了列舉值以外的都會進入到 default 之中，如果你的列舉值全部都有判斷，就不需要寫 default。

只有部分條件加上 default 的 switch case 結構範例：

```
let directionToHead = CompassPoint.north
switch directionToHead {
case .north:
    print(" 往北 ")
default:
    print(" 其他 ")
}
```

擁有全部條件的 switch case 結構範例：

```
let directionToHead = CompassPoint.north
switch directionToHead {
case .north:
    print(" 往北 ")
case .south:
    print(" 往南 ")
case .east:
    print(" 往東 ")
case .west:
    print(" 往西 ")
}
```

使用 switch case 時，一定要將條件完全設定完成，或者只有部分條件並且加上 default，否則 Xcode 會發出錯誤告知，請設定完整的 switch case 條件。

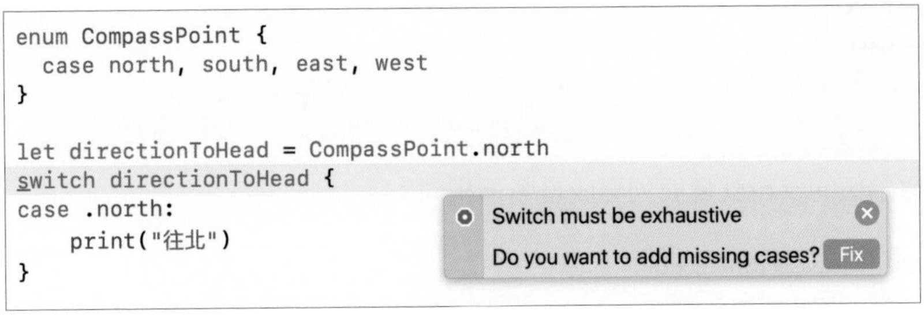

```
enum CompassPoint {
  case north, south, east, west
}

let directionToHead = CompassPoint.north
switch directionToHead {
case .north:
    print("往北")
}
```
Switch must be exhaustive
Do you want to add missing cases? Fix

圖 4.2 Switch 必須詳細設定所有條件的錯誤訊息

◉ 原始值（Raw Value）

我們在定義列舉時，可以爲每個成員定義原始值（Raw Value），這些原始值的型別必須相同，定義的方法爲在列舉名稱後方增加對應的資料型態：

```
enum Weekday: Int {
    case monday = 1
    case tuesday = 2
    case wednesday = 3
    case thursday = 4
    case friday = 5
    case saturday = 6
    case sunday = 7
}
```

當你的列舉有定義原始值時，就可以透過原始值來產生對應的列舉內容：

```
let monday = Weekday(rawValue: 1)!
```

你也可以存取原始值來做一些相關的處理：

```
print(monday.rawValue)
```

如果你的原始值資料型態為字串，且內容與列舉成員名稱相同，你可以省略原始值資料不寫：

```
enum CompassPoint: String {
    case north
    case south
    case east
    case west
}
```

這樣原始值的資料就會與列舉成員名稱相同：

```
let north = CompassPoint.north
print(north.rawValue) // north
```

如果你的 Raw Value 為整數，且是遞增的，那麼你可以只定義第一個選項，後面的值會自動遞增，我們一樣以 Weekday 作為例子來說明，我們只需要定義最上面的 Raw Value 為 1，後續的選項就會依序增加：

```
enum Weekday: Int {
    case monday = 1
    case tuesday
    case wednesday
    case thursday
    case friday
    case saturday
    case sunday
}

let sunday = Weekday.sunday
print(sunday.rawValue) // 7
```

05

函式

「函式」（Function）是用於完成特定任務的獨立程式碼區塊，透過先前的章節你應該可以寫出滿足特定任務的程式碼，你可以將這些程式碼定義成函式，於需要的時機點呼叫。

5.1 函式的定義

定義函式時，你必須定義這個函式的名稱以及是否有傳入值與回傳值，接著於獨立的程式碼區塊撰寫這個函式要完成的任務，如圖 5.1 所示。

圖 5.1　函式的基本架構

● name：函式名稱。

● parameters：傳入的參數。

● return type：回傳值的資料型態。

● function body：函式執行的內容。

```
func sayHello(name: String) -> String {
    let helloMessage = "Hello, " + name + "!"
    return helloMessage
}
```

這邊有兩個新的系統關鍵字：① func 代表函式；② return 代表回傳值。我們定義了一個函式，名為「sayHello」，你必須傳入字串，傳入到函式內部的字串定義成name，接著函式利用加法運算子將字串組裝，最後將結果回傳出去。

接著我們可以使用這個函式，只需要於程式碼使用我們所定義的名稱「sayHello」，並且傳入函式所要求的字串，經過函式處理後，我們會得到組裝後的字串：

```
let message = sayHello(name: "Jerry")
print(message) // Hello, Jerry!
```

如果你所定義的函式有回傳值，你必須要有 return 值才可以，若是沒有定義回傳值，Xcode 會發出警告訊息。

```
func sayHello(name: String) -> String {
```
```
}                                    ⓘ Missing return in a function expected to return 'String'
```

圖 5.2　函式缺少回傳值

　　這邊還有另一個要注意的點，如果你的函式有使用 if 條件判斷式來判斷是否要回傳值，若你只有在成立的情況下才回傳值也是不行的，因為你所定義的函式是有回傳值的，不能有時候有回傳值，有時候沒有回傳值。

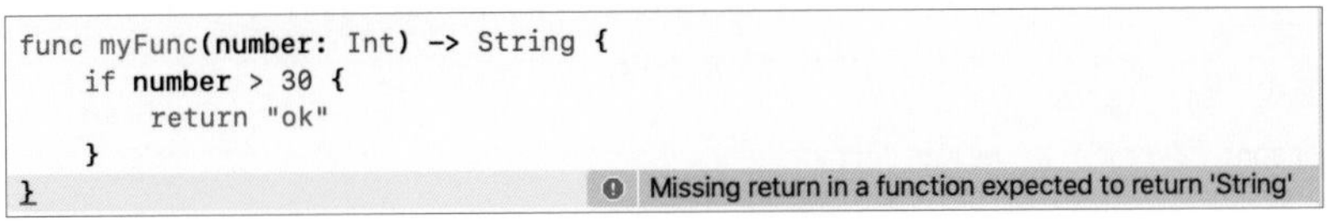

```
func myFunc(number: Int) -> String {
    if number > 30 {
        return "ok"
    }
}                                    ⓘ Missing return in a function expected to return 'String'
```

圖 5.3　函式缺少回傳值

　　並不是每個函式都一定要定義傳入值與回傳值，可以依照需求決定要多少個傳入值，以及需不需要回傳值，接下來介紹以下幾種常見的函式種類。

5.2　函式的種類

　　函式可以依照你的需求定義成不同的形式，主要區分「有無傳入值」及「有無回傳值」，因此可以簡單的分成以下幾個種類：

◉ 無傳入值、無回傳值的函式

```
func greet() {
    print("Hello")
}

// 呼叫函式
greet() // Hello
```

◉ 無傳入值、有回傳值的函式

```
func greet() -> String {
    return "Hello"
}
```

```
// 呼叫函式
let message = greet()
print(message) // Hello
```

有傳入值、無回傳值的函式

```
func greet(person: String) {
    print("Hello \(person)")
}
```

```
// 呼叫函式
greet(person: "Jerry") // Hello Jerry
```

有傳入值、有回傳值的函式

```
func greet(person: String) -> String {
    return "Hello \(person)"
}
```

```
// 呼叫函式
let message = greet(person: "Jerry")
print(message) // Hello Jerry
```

定義需要多個傳入的參數時，使用逗號「,」進行區隔：

```
func myFunc(name: String, age: Int) {
    print(name + "今年 \(age) 歲")
}
/// 呼叫函式
myFunc(name: "Jerry", age: 30) // Jerry 今年 30 歲
```

我們可依照需求來設計函式，傳入值也可以設計成要傳入非常多的參數，一切都依照需求即可，沒有太大的侷限，只是參數太多，則使用起來會有點煩躁。

```
func myFunc(number0: Int, number1: Int,
            number2: Int, name0: String,
            name1: String) {

}

myFunc(number0: 0, number1: 1, number2: 2, name0: "Jerry", name1: "Tom")
```

圖 5.4　定義非常多的傳入值的函式

◉ 多重回傳值函式

　　前面有提到多個參數的函式，可是回傳值好像都只有一個，那麼是不是可以有多個回傳值呢？答案是可以的，你可以將你的回傳值包裝成之前所學過的元組（Tuple）即可：

```swift
func myFunc() -> (Int, Int) {
    return (10, 20)
}
```

◉ 隱式返回函式

　　如果你的函式需要返回值，而你的程式碼又只有單行的話，那麼你可以省略 return 不寫，Swift 會自動將你的程式碼視為返回值：

```swift
func greet(person: String) -> String {
    return "你好呀 \(person)"
}

print(greet(person: "Jerry")) // 你好呀 Jerry
```

　　省略 return 之後，可以變成以下的形式：

```swift
func greet(person: String) -> String {
    "你好呀 \(person)"
}

print(greet(person: "Jerry")) // 你好呀 Jerry
```

5.3　函式的參數

◉ 省略參數名稱

　　如果你不想要呼叫的時候輸入參數的名稱，則可以在宣告函式時，將參數的名稱前方加入下底線「_」，如此一來，你呼叫函式時，就可以簡短許多。

```
func myFunc(_ name: String, _ age: Int) {
    print(name + " 今年 \(age) 歲 ")
}
```

```
myFunc("Jerry", 18) // Jerry 今年 18 歲
```

⬡ 參數外部名稱

參數的外部名稱可以進行修改，你只需要在參數前面加上你想命名的名稱即可，這樣可以在呼叫函式的時候，更加明白所代表的意義，預設的函式外部名稱與函式內部名稱是相同的：

```
func greet(person: String, hometown: String) -> String {
    return "Hello \(person)！  很高興你可以從 \(hometown) 到此地遊玩 "
}
```

```
greet(person: "Jerry", hometown: " 桃園 ")
```

使用參數外部名稱之後，可以改成以下的形式：

```
func greet(person: String, from hometown: String) -> String {
    return "Hello \(person)！  很高興你可以從 \(hometown) 到此地遊玩 "
}
```

```
greet(person: "Jerry", from: " 桃園 ")
```

對外部而言，hometown 參數變成了 from，使用起來更符合口語了，而內部一樣是使用 hometown 來當參數使用。

⬡ 有預設值的參數

有時某些參數可能大部分都是同樣的值，只有少部分是有不同的值，這時你可以將參數加上預設值，呼叫的時候就不需要填入該參數。

```
func myFunc(int1: Int, int2: Int = 10) {
    print(int1 + int2)
}
```

```
myFunc(int1: 10) // 20
myFunc(int1: 10, int2: 20) // 30
```

可變參數（Variadic Parameters）

　　可變參數可以讓函式接收一個或多個相同資料型態的參數，用法與陣列相當的類似，在資料型態後方加上三個點「…」就可以使用，於函式內部會自動轉換成陣列供函式使用，外部呼叫就只需要使用逗號「,」區隔即可：

```
func myFunc(numbers: Int...) {
    var total = 0
    for number in numbers {
        total += number
    }
    print("總計 \(total)")
}


myFunc(numbers: 1)       // 總計 1
myFunc(numbers: 1,2,3) // 總計 6
```

輸入輸出參數（In-Out Parameters）

　　參數輸入到函式之後，會在自動輸出改變原本的參數的值。定義一個輸入輸出參數時，需要於參數前面加上「inout」關鍵字。呼叫函式時，你只能傳入一個變數作為輸入輸出參數，而不能使用常數或者直接給值，因為只有變數可以被修改。

　　當傳的參數作為輸入輸出參數時，你必須在呼叫時於變數名稱前面加上「&」符號，表示這個值是輸入輸出參數：

```
func myFunc(a: inout Int) {
    a = a + 5
}

var myInt = 3
myFunc(a: &myInt)

print(myInt) // 8
```

```
let myInt = 3
myFunc(a: &myInt)                    ⊙ Cannot pass immutable value as inout argument: 'myInt' is a 'let' constant
```

圖 5.5　輸入輸出參數無法使用常數

```
myFunc(a: &3)                                    ⓘ Cannot pass immutable value as inout argument: literals are not mutable
```

圖 5.6　輸入輸出參數無法直接使用值

定義函式如同定義常數與變數一樣，你所定義的名稱不能相同。

```
func greet() {
    print("Hello")
}

func greet() {                                   ⓘ Invalid redeclaration of 'greet()'
    print("哈囉")
}
```

圖 5.7　定義相同名稱的函數發生的錯誤

不過，若是函式名稱相同、但參數或回傳值不同時，會被認定成不一樣的函式，此時就不會有衝突：

```
func greet() {
    print("Hello")
}

func greet(name: String) {
    print(" 哈囉 \(name)")
}

func greet(name: String) -> String {
    return " 哈囉 \(name)"
}
```

使用時，再依照你的需求選擇要呼叫哪個函式即可。

```
ƒ greet()
ƒ greet(name: String) Void
ƒ greet(name: String) String
```

圖 5.8　名稱相同但定義不同的函式

06

可選型別

6.1 可選型別簡介

「可選型別」（Optional）是 Swift 特有的一種型態，它代表的是可能有值，也可能沒值（nil），我們以一個實際的例子來看。

小明銀行的帳戶有多少錢？他可能有錢，也可能沒錢，我們可能會寫出以下的判斷條件：

```swift
let bankBalance = 0

if bankBalance > 0 {
    print(" 有錢 ")
} else {
    print(" 沒有錢 ")
}
```

但是還有一種情況沒有考慮到，也許小明根本沒有銀行帳戶，那麼它的銀行餘額就是空值，也就是 nil，這時我們改成可選型別來更改上面的條件：

```swift
let bankBalance: Int? = 0

if bankBalance == nil {
    print(" 沒有戶頭 ")
} else {
    if bankBalance! > 0 {
        print(" 有錢 ")
    } else {
        print(" 沒有錢 ")
    }
}
```

這樣一來，就算小明根本沒有銀行帳戶，也考慮到了，我們可以根據上面的例子來學習一下有關可選型別的觀念。

可選型別的宣告方式是於資料型態後方加上問號「?」，而這是 Swift 所提供的語法糖，當加上問號後，該資料型態就變成可選型別，此時這個資料型態就可以多儲存一個狀態：「空值」（nil）。

可選型別就像一個包裹一樣，你打開之前並不確定裡面是否有東西，當你確定裡面有東西的時候，就可以使用驚嘆號「!」來進行解包，以取得裡面的資料。

圖 6.1　可選型別的解包

不過這邊要注意的是，若是你的可選型別內容是 nil，這時使用驚嘆號來進行解包，可是會發生問題的。

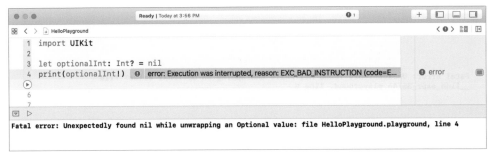

圖 6.2　可選型別解包失敗

因為驚嘆號叫做「強制解包」，除非能肯定解包一定成功，否則最好不要使用強制解包會比較安全，你可能會想，為什麼 Swift 在這點會這麼嚴苛，事實上開發的時候有這種結果反而安全，可以提早知道問題所在，你很肯定這邊應該有值，但是因為不明的原因導致變成空值，這麼一來，你就能於開發階段查知這個問題，並進行處理與修復。

那麼有沒有比較安全的解包方式呢？當然是有的，我們可以之前的例子來說明一下，第 2 章提過字串（String）轉換成整數（Int）時會回傳可選型別，因為字串不一定可以轉換成整數。

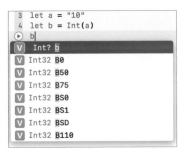

圖 6.3　字串轉換成整數為可選型別

我們知道上面的情況是可以轉換的，但是如果字串是隨便亂打的，那麼轉換就會失敗，像是以下的例子：

```
let a = " 我是字串 "
let b = Int(a)
```

「我是字串」這段文字並不是一個數值，因此轉換成整數會失敗，此時將 b 透過 print 印製出來會發現，它是 nil，也就是空，當你透過驚嘆號來進行強制解包的話，就會發生問題。

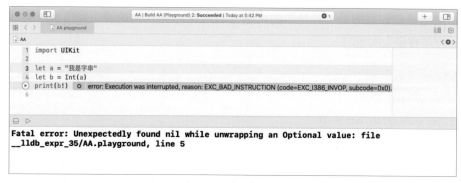

圖 6.4　解包失敗

要如何避免這種情況呢？我們可以透過先前學會的條件判斷式（if）來進行判斷，並且確認當轉換可選型別不等於 nil 的時候，再進行強制解包，如此一來，解包一定會成功，就不會有這種解包失敗產生的問題了：

```
let a = "10"
let b = Int(a)
if b != nil {
    print(b!) // 10
}
```

利用條件判斷式，可以很明確知道可選型別並非為空值（nil），這時使用強制解包就可以相當安心了。

6.2 可選綁定

　　我們可以利用「可選綁定」（Optional binding）來簡化解包的流程，一樣是透過 if 來判斷是否有值，但是我們會將值放到一個常數裡面。當可選型別有值時，將會進入 if 條件成立的區塊；若無值，則會進入條件不成立的區塊。

```swift
let optionalInt: Int? = 10

if let intValue = optionalInt {
    /// 當可選型別有值時
    print("optionalInt 的值是 \(intValue)")
} else {
    /// 當可選型別為 nil 時
    print("optionalInt 是 nil")
}
```

　　透過「可選綁定」可以安全地使用可選型別。此外，可選綁定也可以同時判斷多個可選型別，因此不需要多層條件判斷：

```swift
let optionalInt: Int? = 10
let optionalDouble: Double? = 0.05
let optionalString: String? = nil

if let intValue = optionalInt,
   let doubleValue = optionalString,
   let stringValue = optionalString {
    /// 當可選型別均有值時
} else {
    /// 當可選型別任意一個為 nil 時
}
```

　　不過使用這種多重可選綁定時，若是有任何一個值為 nil 的話，就不會進入條件成立的區塊，必須特別注意。

6.3 提前退出

「提前退出」（Early exit）就是使用 guard else 語法，與條件判斷式（if）相當類似，一樣是依據條件判斷式的布林值來判斷是否能執行，而不同的點在於 guard 一定要接續一個 else 子句，當條件判斷式的布林為 false 時，會執行裡面的內容。

此外，guard 的 else 區塊必須要有控制權轉移的程式碼，且必須退出 guard 語法所存在的代碼區塊。可使用控制權轉移的語句，如 return、break、continue、throw 等，或者可呼叫 fatalError 函式。

「Guard」（守衛）如同單字字面上的意思，Guard 會守護你所定義的條件，若是不通過，則無法繼續執行接下來的程式碼。舉例來說，你的公司想找人，條件是必須滿 18 歲以上，且多益分數必須超過 750 分，可以將以上的條件寫成 guard else 的語法：

```
func interview(age: Int, toeic: Int) {
    guard age >= 18 else {
        print(" 年紀不夠 ")
        return // 提前退出
    }

    guard toeic >= 750 else {
        print(" 沒過英文門檻 ")
        return // 提前退出
    }

    print(" 開始面試 ")
}
```

實際呼叫時：

```
interview(age: 16, toeic: 750) // 年紀不夠
interview(age: 20, toeic: 740) // 沒過英文門檻
interview(age: 20, toeic: 750) // 開始面試
```

如此一來，你應該對 guard else 語法有一定的瞭解了，接著我們也可以將此利用在可選型別的解包上，如同 if let 一樣，guard let 也是類似的作法：

```
func myFunc() {
    let optionalInt: Int? = 10
```

```
    guard let intValue = optionalInt else {
        return
    }

    print(intValue)
}
```

當解包成功時，會將值賦予給 intValue，並且於 guard let 語句之後都可以使用，若解包失敗，會被 Guard（守衛）擋下，利用 return 語法提早結束這個函式，使用這個語法可以更加明確地讓程式碼淺顯易懂。

6.4 致命的錯誤

關於「致命的錯誤」（Fatal Error），上述也有提過可以使用這個語句進行控制權轉移的程式碼。假設你很確定你的 guard let 語法不可能進入到 else 的區塊，使用 fatalError 來轉移控制權也是一個不錯的寫法，若是真的發生了，App 會如同強制解包一樣崩潰（Crash），如同先前所提到的，有時讓 App 崩潰，對於開發會有一定的幫助，可以於開發階段提早知道程式碼哪邊出了問題。

```
func myFunc(string: String) -> Int {
    guard let intValue = Int(string) else {
        fatalError("String 轉換 Int 失敗 ")
    }
    return intValue
}
```

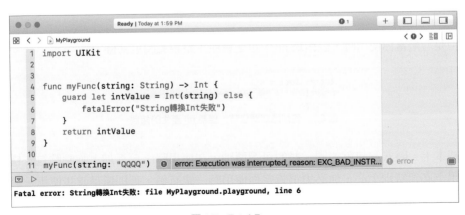

圖 6.5　Fatal Error

6.5 使用兩個問號解包

Swift 提供了有關解包的「語法糖」（Syntactic sugar），讓開發者在解包的時候可方便許多，使用兩個問號「??」來進行解包：

```
let optionalInt: Int? = nil
let intValue = optionalInt ?? 15
print(intValue) // 15
```

兩個問號的左邊放可選型別，右邊放解包失敗時的預設值，當解包成功時，會使用左邊解包後的值，失敗的話則會使用右方的值，既安全又簡潔，可以於程式碼中多多使用。

6.6 隱式解包可選型別

「隱式解包可選型別」（Implicitly Unwrapped Optional）的本質還是可選型別，使用起來有點像是強制解包的概念，它的宣告是於資料型態後方加上一個驚嘆號「!」：

```
let a: Int! = 1
```

這個東西的用途是，當你很肯定你使用的時間點一定可以解包成功，就可以宣告成這個樣子，然後使用時不需要再使用驚嘆號進行解包：

```
let a: Int! = 1
print(a + 1)
```

但是若是當你使用時，該值為 nil，也是會產生錯誤並閃退當機。

```
let a: Int! = nil
print(a + 1)  ❶ error: Execution was interrupted,
```

圖 6.6　使用隱式解包時，值為 nil 產生的錯誤

基本上，隱式解包就如同一般的可選型別，在使用時全部都加上強制解包一樣，使用上必須特別小心，你必須很肯定你使用時一定有值，否則還是建議使用一般的可選型別，搭配可選綁定等較安全的作法。

07
CHAPTER

類別與結構

7.1 類別與結構

　　「類別」（Class）與「結構」（Struct）是程式的基礎，你可以定義常數、變數與函式於其中，接著透過建構子（Initializers）來產生對應的實體，有些程式語言會將類別產生的實體稱為「物件」（Object），但 Swift 的類別與結構相當類似，因此通稱為「實體」（Instance）。

　　簡而言之，類別與結構就如同設計圖，而透過設計圖產生的產品則稱為「實體」。類別與結構有許多相似的部分，如下：

- 可以定義屬性（Properties）。

- 可以定義方法來提供功能（Method）。

- 可以定義下標語法用於存取值（Subscripts）。

- 可以定義建構器來初始化實體（Initializers）。

- 可以透過擴展來增加額外的功能（Extension）。

- 可以遵循協議來提供某些功能（Protocol）。

　　與結構相比，類別還有一些額外的特性：

- 類別可以繼承另一個類別的功能（Inherit）。

- 類別可以轉換或檢查實體的類型為何。

　　這邊提到了許多新東西，不過我們可以先從過往學習過的內容來了解。首先我們先來看一下定義類別與結構的基本架構：

```
struct SomeStructure {
    // 可於區塊內定義 Struct 所需要的東西
}
class SomeClass {
    // 可於區塊內定義 Class 所需要的東西
}
```

　　這邊有兩個新的關鍵字：struct 與 class，分別是用來定義結構與類別的，而後面的名字是可以自由定義的，接著使用大括號「{ }」將區塊圍出來，代表這個區域是屬於你定義的結構或類別。

> 🎯 **說明** 　類別與結構的名稱雖然如同常數變數一樣可以自己取，但通常是「大寫開頭」，因為要與常數
> 變數做區隔，請多加注意。

7.2 類別

我們定義一個類別（Class），裡面有一些屬性、一個函式以及建構子：

```
class Student {
    var name: String
    var age: Int
    var studentID: String

    init(name: String, age: Int, studentID: String) {
        self.name = name
        self.age = age
        self.studentID = studentID
    }

    func sayHello() {
        print("Hello! 我是 \(name)")
    }
}
```

這邊的例子是學生類別，有名字（name）、年紀（age）、學號（studentID）等三
個屬性，並且有一個建構子 init 來進行初始化的動作，而定義完類別後，我們可以使
用類別名稱來當建構子產生對應的實體：

```
let tom = Student(name: "Tom", age: 18, studentID: "A0001")
```

接著你可以存取實體的屬性，於實體名稱後方加上一個點「.」來存取：

```
print(tom.name)     // Tom
print(tom.age)      // 18
print(tom.studentID) // A0001
```

如果你要呼叫實體的函式，也是一樣的作法。

```
tom.sayHello() // Hello! 我是 tom
```

這樣有關類別的基本範例算是完成了，我們回到程式碼來稍微說明一下觀念。類別內的屬性，在類別的區塊內都可以使用，我們拿剛才的 Student 類別來看一下，類別內有 name 這個屬性，於類別內是可以使用的。

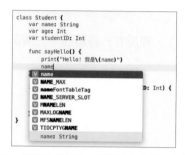

圖 7.1　類別內的屬性，於類別內可以自由使用

類別以外的地方，因為沒有宣告過這個屬性，因此無法使用。

```
class Student {
    var name: String
    var age: Int
    var studentID: Int

    func sayHello() {
        print("Hello! 我是\(name)")
        name
    }

    init(name: String, age: Int, studentID: Int) {
        self.name = name
        self.age = age
        self.studentID = studentID
    }
}

name = "Jerry"                          ⊗  Cannot find 'name' in scope
```

圖 7.2　無法使用類別內定義的屬性

我們可以把左右括號「{ }」當成是一個區塊，類別區塊所定義的函式與屬性都只能在區塊內使用。舉一個生活上的例子：一年 A 班有一個人綽號叫做小明，只要在一年 A 班內叫小明，大家都會知道是誰，但是在一年 A 班以外的地方叫小明，就不知道是在叫誰了，這個一年 A 班就如同區塊一樣，區塊內宣告的屬性與函式都可以存取，而離開了該區塊就沒辦法了，但是如果遇到了一個一年 A 班的人，可以透過他來得知小明是誰，就如同類別產生的實體可以存取類別內的屬性一樣。

　　「建構子」是用於初始化類別時的函式，使用關鍵字 init 當命名，後面可以依照需求傳入參數或者不傳參數。透過建構子可以產生類別的實體，一個類別可以擁有多個建構子。

```
class Student {
    var name: String

    init(name: String) {
        self.name = name
    }

    init() {
        self.name = ""
    }
}
```

　　初始化時，依照你的需求決定要使用哪個建構子，如圖 7.3 所示。

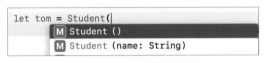

圖 7.3　**擁有兩個建構子的類別**

　　「self 關鍵字」可以用來存取使用類別內的函式與屬性，只要在類別內的某個函式內打上 self，就可以知道有哪些屬性與函式可以存取。

圖 7.4　**存取內部屬性及函式**

　　不過大部分情況下，你可以省略不寫沒關係，直接存取內部屬性及函式就可以，但是如果你所定義的函式傳入值名稱與內部屬性相同時，就需要使用 self 關鍵字來區分是內部屬性還是傳入的屬性，例如：建構子初始化屬性，就時常與內部屬性定義的名稱相同。

```
class Student {
    var name: String
    var age: Int
    var studentID: String

    init(name: String, age: Int, studentID: String) {
        name = name        ⊙ Cannot assign to value: 'name' is a 'let' constant
        age = age          ⊙ Cannot assign to value: 'age' is a 'let' constant
        studentID = studentID  ⊙ Cannot assign to value: 'studentID' is a 'let' const...
    }

}
```

圖 7.5　傳入值與屬性同名，因此無法分辨是指哪個

```
class Student {
    var name: String
    var age: Int
    var studentID: String

    init(name: String, age: Int, studentID: String) {
        self.name = name
        self.age = age
        self.studentID = studentID
    }

}
```

圖 7.6　加上 self 後，很明確知道 self 是內部屬性

　　建立類別時，你必須初始化所定義的屬性，通常是於建構子初始化，也可以一開始宣告的時候就給予初始值，例如：

```
class Student {
    var name = "Tom"
    var age = 10
    var studentID = "A0001"
}
```

　　如果你一開始就定義屬性的值，那麼透過建構子產生的實體的屬性，就會是你所定義的值，可以依照需求將特定屬性直接設定值，其他則依賴建構子傳入來賦值。

　　這邊要注意的是，如果你宣告屬性，卻沒有直接定義值，也沒有依賴建構子來賦值，這樣是不行的，Xcode 會發出錯誤訊息告知說，這個類別並沒有初始化。

```
class Student {                    ⊙  Class 'Student' has no initializers
    var name: String
    var age: Int
    var studentID: String
}
```

圖 7.7　類別 Student 沒有初始化

但是有一種情況是沒有值也不會有警告訊息，那就是你的屬性是可選型別（Optional）的情況下，當你宣告你的變數是可選型別時，那麼它即使是空值，也是合法的，如果有必要，可以將類別內的屬性宣告成可選型別。

```
class Student {
    var name: String?
    var age: Int?
    var studentID: String?
}
```

圖 7.8　宣告成可選型別的屬性，即使沒有賦值也是可以的

簡單的說，類別內的屬性若非可選型別，就一定要有值，透過建構子初始化屬性值，或者於宣告時就賦予值，兩種方法都可以，若為可選型別，給值與否都可以。

如果你的某些屬性在大部分的情況下都是相同的，那麼你可以於建構子增加預設值，這樣就不用每次都輸入一樣的值，而建構方法也會產生使用預設值與不使用預設值等兩種方法。

```
init(name: String, age: Int = 18, studentID: String) {
    self.name = name
    self.age = age
    self.studentID = studentID
}
```

可以看到我們於 age 後方加上預設值 18，使用時就會有兩種建構函式，一種是需要輸入 age 的，一種則是不需要輸入 age 的建構函式。

```
let tom = Student(
    M  Student (name: String, age: Int, studentID: String)
    M  Student (name: String, studentID: String)
    {}          Introduction – Introduction
```

圖 7.9　擁有兩種建構函式

7.3 結構

「結構」（Struct）的宣告與類別相當類似，我們一樣拿 Student 來當範例，宣告一些屬性與方法：

```swift
struct Student {
    var name: String
    var age: Int
    var studentID: String

    func sayHello() {
        print("Hello! 我是 \(name)")
    }
}
```

接著我們一樣可以透過建構子產生對應的實體：

```swift
let tom = Student(name: "Tom", age: 18, studentID: "A0001")
```

你一樣存取實體的屬性，於實體名稱後方加上一個點「.」來存取：

```swift
print(tom.name)      // Tom
print(tom.age)       // 18
print(tom.studentID) // A0001
```

如果你要呼叫實體的方法，也是一樣的作法：

```swift
tom.sayHello() // Hello! 我是 tom
```

到這邊為止，你會發現結構的使用方式與類別是極為相似的，不過有一個不同的地方是，你不需要自己建立建構子，結構會依照你定義的屬性產生對應的建構子，當然你還是可以自己寫建構子，只是如果除了初始化屬性以外沒有其他事情的話，可以省略不寫。

我們試著宣告屬性時就賦值，然後使用建構子來進行產生實體。會發現有兩種不同的產生實體的方式，一種是不需要丟入任何值，另一種則是要丟入結構的屬性，前者代表我們要使用結構預設的屬性，後者則是要自行給予屬性。

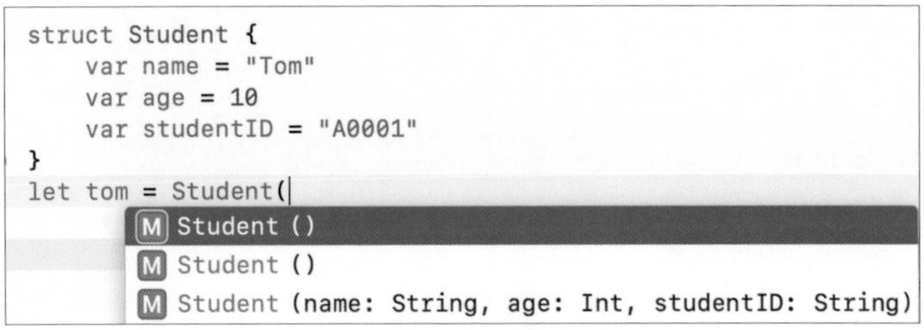

```
struct Student {
    var name = "Tom"
    var age = 10
    var studentID = "A0001"
}
let tom = Student(|
        M  Student ()
        M  Student ()
        M  Student (name: String, age: Int, studentID: String)
```

圖 7.10　有兩種不同的產生實體方式

7.4　類別與繼承

　　「繼承」（Inheritance）是物件導向（Object Oriented Programming）程式設計相當重要的觀念之一，可以將類別相同的部分抽象成父類別，透過繼承的形式來減少重複的代碼，舉例來說，我們有貓與狗的類別如下。

　　貓的類別：

```
class Cat {
    var age: Int
    var name: String
    init(age: Int, name: String) {
        self.age = age
        self.name = name
    }

    func voice() {
        print("喵！")
    }
}
```

　　狗的類別：

```
class Dog {
    var age: Int
    var name: String

    init(age: Int, name: String) {
        self.age = age
        self.name = name
```

```
    }

    func voice() {
        print("汪！")
    }
}
```

　　我們會發現有許多相似的程式碼，這種情況下我們可以將共通的部分抽象化，變成另一個類別，接著透過繼承來減少相同的程式碼：

```
class Animal {
    var age: Int
    var name: String
    init(age: Int, name: String) {
        self.age = age
        self.name = name
    }
    func voice() {}
}

class Dog: Animal {
    override func voice() {
        super.voice()
        print("汪")
    }
}

class Cat: Animal {
    override func voice() {
        super.voice()
        print("喵")
    }
}
```

　　我們將貓與狗相同的部分抽象成動物類別，接著貓與狗類別去繼承它，如此一來程式碼會變得十分簡潔，被繼承的類別通常稱為「父類別」，而繼承者稱為「子類別」，與生活是相同的，兒子最終會繼承父親的某些東西。

　　新的程式碼中只需要關注不同的部分，原本的設計上貓與狗的差異是叫聲，因此我們只要於貓狗類別中去覆蓋叫聲方法。使用 override 關鍵字，代表我們要覆蓋父類別的這個方法。

　　這邊有一個新的關鍵字：super，與 self 其實是相當類似的，不過其代表父類別的屬性或方法，通常 override 父類別的方法後，會先使用 super 來執行一次父類別的方法，因為你雖然要改寫父類別的方法，但是也許父類別有做一些你不知道的處理，因此先執行一次父類別的方法後，再接著執行子類別的方法會比較妥當。

　　總結一下，你可以將類別相同的部分抽象化成父類別，接著建立許多子類別進行繼承，不同的地方在於使用 override 來覆蓋父類別的方法，最後記得執行覆蓋的方法時，要先使用 super 呼叫一下父類別的方法。

　　抽象化的好處是可快速增加子類別，也可簡單增加額外的屬性到每一個類別之中。以上面的例子來說，如果要增加一個豬的類別，也是相當簡單的：

```
class Pig: Animal {
    override func voice() {
        super.voice()
        print("噗")
    }
}
```

　　此外，父類別可以當子類別的通用型別。以上面的例子來說，貓與狗的父類別是動物，動物可以拿來當貓與狗的通用型別：

```
let animal: Animal = Dog(age: 15, name: "阿Q")
```

　　這樣寫是可以的，因為狗是繼承於動物，因此狗也是動物，但是反過來是不行的，

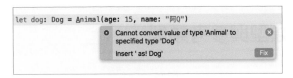

圖 7.11　狗是動物，但動物不一定是狗

　　本章一開始有提到類別可以轉換或確認實體的類型為何。我們一樣拿狗的例子來說明，假設狗類別有另一個函式：玩飛盤。

```
class Dog: Animal {
    override func voice() {
        super.voice()
        print(" 汪 ")
    }

    func playFrisbee() {
        print(" 玩飛盤 ")
    }
}
```

接著使用前面所述的，父類別可以當子類別的通用型別來宣告：

```
let someAnimal: Animal = Dog(age: 4, name: " 阿狗 ")
```

我們可以使用 as? 來進行轉換實體類型：

```
/// 這個動物是一隻狗嗎？
let dog = someAnimal as? Dog
```

此時你會看到，dog 的資料型態是可選型別的狗（Dog?），我們可以透過先前所學的可選綁定來處理，完整的程式碼如下：

```
let someAnimal: Animal = Dog(age: 4, name: " 阿狗 ")
/// 這個動物是一隻狗嗎？
if let dog = someAnimal as? Dog {
    /// 沒錯，他是一隻狗，試著叫牠玩飛盤
    dog.playFrisbee()
}
```

7.5 值類型與參考類型

「值類型」（Value type）與「參考類型」（Reference Type）是用於區分變數儲存時的內容，值類型儲存的內容是「實值」，而參考類型儲存的內容則是「參考」，也就是記憶體位置。

Swift 當中的類別所產生的實體是屬於參考類型，舉例來說，我們有一個類別如下：

```
class Student {
    var name: String

    init(name: String) {
        self.name = name
    }
}
```

我們透過建構子產生實體，並儲存到其中一個變數之中，接著我們在宣告另外一個變數，並且指派相同的實體：

```
let a = Student(name: "Tom")
let b = a
```

因為類別是屬於參考類型，因此 b 儲存的內容其實是 a 的參考，我們可以試著透過 b 更改屬性後，再透過 a 來取出，看一下結果會有什麼樣的變化：

```
b.name = "Jerry"
print(a.name) // Jerry
```

你會發現所修改的明明是 b 的屬性，卻連 a 也一起變化了，這就是參考類型的特性，它們所儲存的是記憶體位置，因此本體是相同的。

值類型則是儲存實值，結構所產生的實體就是這種特性，我們一樣拿學生這個例子，只是改成使用結構來定義：

```
struct Student {
    var name: String

    init(name: String) {
        self.name = name
    }
}
```

接著透過一樣的程式碼，然後來確認一下結果：

```
var a = Student(name: "Tom")
var b = a
```

```
b.name = "Jerry"
print(a.name) // Tom
```

　　因為結構是值類型，因此 b 算是複製一個 a 的實體後，再進行屬性更改，而對 a 並沒有任何的影響，Swift 的基本資料型態（像是 String、Int、Array 等）都是使用結構來進行定義的，因此它們都是屬於值類型。

圖 7.12　Int 的宣告為 struct

```
var a = 10
var b = a
b = 3
print(a) // 10
```

08

CHAPTER

建立iOS App專案

恭喜你完成了比較煩悶的 Swift 基礎，接下來我們要實際建立 iOS App 的專案，接下來會運用到許多先前所學會的基礎，結合畫面設計與 Swift，最終完成你心目中的 App。

8.1　建立 App 專案

先前的練習中，我們都使用 Playground，從這個章節開始，我們要使用專案檔來練習，開啟 Xcode 進入歡迎畫面後，選擇「Create a new Xcode project」。

圖 8.1　選擇「Create a new Xcode project」

接下來選擇建立一個 iOS App 專案樣板。

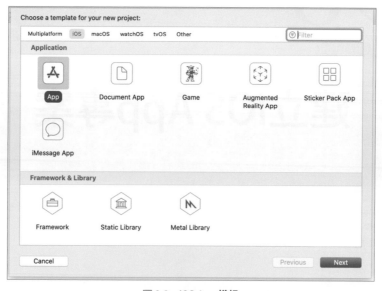

圖 8.2　iOS App 樣板

設定你的專案設定：

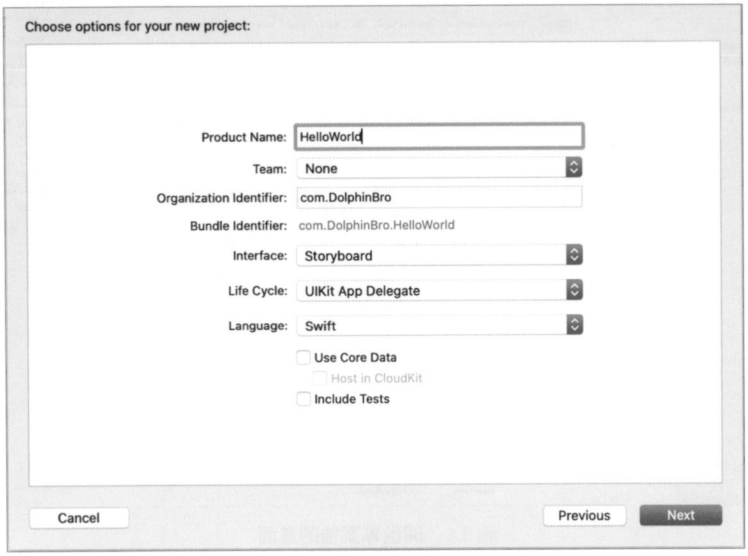

圖 8.3　專案設定

- Product Name：專案名稱，可隨意命名。

- Team：開發者團隊，若有開發者帳號可選擇。

- Organization Identifier：組織代號，可自由輸入，通常會以「com. 組織名稱」來當命名，如果你是個人開發戶，可以隨意取一個喜歡的名稱。

- Bundle Identifier：自動產生，透過組織代號與專案名稱組成，用於上架 App Store 之用，必須是獨一無二的。

- Interface：使用者介面的設計工具，選擇「Storyboard」。

- Life Cycle：App 生命週期的管理，選擇「UIKit App Delegate」。

- Language：開發 App 的主要語言，選擇「Swift」。

- Use Core Data：是否使用 Core Data，目前不需要，將打勾去除。

- Include Tests：是否包含測試，目前不需要，將打勾去除。

　　設定完基本設定後，按下「Next」按鈕。最後選擇你要產生專案的位置，並按下「Create」按鈕即可。

圖 8.4　開啟專案後的畫面

　　接下來我們來說明各個地方的功能，於上方的位置有「播放」與「停止」鍵，可以用於執行專案與停止專案，右邊則是代表要執行於哪個裝置之上，Xcode 有提供不同的模擬器給開發者使用，點選模擬器的圖示後，可以更換模擬器。

圖 8.5　執行與停止專案

圖 8.6　選擇不同的裝置執行專案

左邊的區塊是顯示專案資料夾內的檔案，可以在這個區塊新增 / 刪除檔案，或者選擇要編輯的檔案內容等。

圖 8.7　**專案資料夾**

中間的區塊則是依照所選擇的檔案有所不同，用於顯示所選檔案的內容，如果選到的是專案本身，則會顯示專案設定檔。

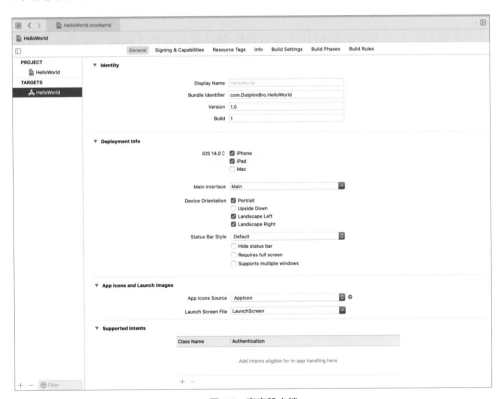

圖 8.8　**專案設定檔**

最右邊的部分則是針對你所選擇的檔案，顯示其他屬性與檔案路徑等。

圖 8.9　其他屬性與路徑等

左上與右上有兩個收合的按鈕，你可以點擊這兩個按鈕，將顯示區塊展開或收合。你可以在開發時，將不必要的區塊收起來，這樣一次可以觀看的程式碼或者畫面可以更大一些。

圖 8.10　收合 / 展開左右區塊的按鈕

下方區塊用於終端機輸出用，如同 Playground 的一樣，我們可以透過 print 方法來輸出訊息到終端機之中，可以很方便得知即時的結果，這樣有助於開發程式。

圖 8.11　終端機輸出區塊

此外，你可以點選紅色圈起的按鈕來收合終端機輸出區塊。

8.2 執行 App 專案

經過以上的介紹，你應該對 Xcode 提供的介面有一些理解了，接著我們試著執行這個 App，點下執行的「播放」鍵，稍微等一下子，應該會出現模擬器以及一片白的畫面。

圖 8.12　專案執行於模擬器結果

這麼一來，你的 App 就執行了，接著你可以試著將這個頁面的背景顏色進行更改，我們選擇 Main.storyboard 檔案，接著選到 View，並且於右方設定 Background 屬性。

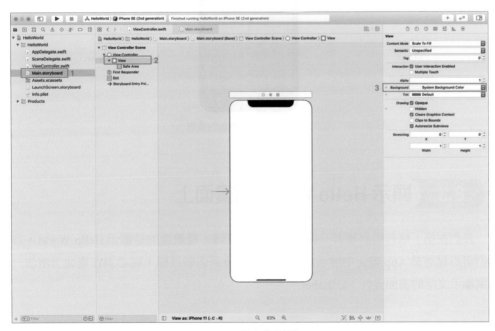

圖 8.13　設定背景顏色

接著我們重新按下「執行」按鈕，Xcode 會發出提示訊息：「是否要停止專案」，因為剛才你的專案已經在執行中了，按下「執行」按鈕後，會先停止之前的專案，而我們選擇「停止」按鈕，因為我們想看顏色更改後的結果。

圖 8.14　是否要停止專案

如果你剛才的步驟都沒有錯，等待一段時間後，你會看到模擬器呈現的畫面是你所設定的顏色了。

圖 8.15　更改顏色後的畫面

8.3　顯示 Hello World 到畫面上

我們在第 1 章有提到學習一個新的程式語言時，最重要的是顯示 Hello World，我們可以試著於 App 畫面中展示該段文字，要達到這個目標，就必須在畫面上增加一個顯示文字的畫面元件：UILabel。

我們回到 Main.Storyboard 的畫面，並且點選右上方的「加號」按鈕。

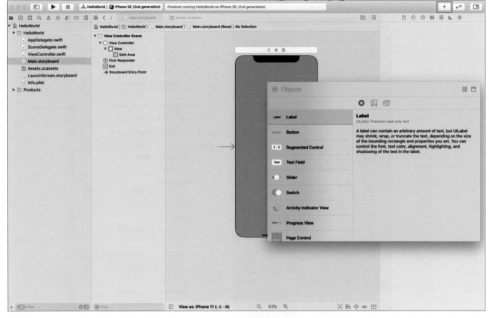

圖 8.16　**點選加號按鈕**

在 Storyboard 設計畫面時，可以點選「加號」按鈕來增加畫面元件到你的畫面之上，你可以在這邊看到許多 iOS 常見的元件，像是 Label、Button、Segmented Control 等，這些都會於後續的章節做介紹。

因為我們要顯示文字，因此你要選擇「Label」。找到 Label 後，使用拖曳的方式將 Label 加入到畫面之中，接著我們可以於右方的屬性設定，將顯示的文字改成「Hello, World」。

你可以馬上執行看看結果如何，如果步驟沒有錯誤，應該會於模擬器中看到你所放置的 Label 顯示出來了，並且顯示「Hello World」。

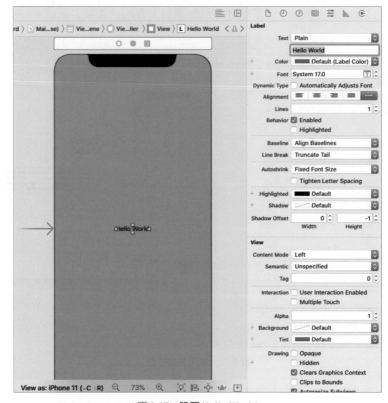

圖 8.17　設置 Hello World

8.4　畫面建構器

「畫面建構器」（Interface Builder）是 Xcode 提供給開發者設計畫面的工具，我們前一章節所使用的 Storyboard 就是畫面建構器，可以很簡單的在畫面上增加元件，並且更改元件的屬性，你可以隨意擺一些元件上去看看結果，元件的詳細使用方式會於後面的章節做介紹，這邊就先不贅述。

接著我們點選另一個檔案「ViewController.swift」，並且看一下裡面的程式碼：

```
import UIKit

class ViewController: UIViewController {
```

```
override func viewDidLoad() {
    super.viewDidLoad()
    // Do any additional setup after loading the view.
}


}
```

08

我們可以看到這是一個類別（Class），並且繼承於 UIViewController，如果對繼承與類別不夠熟悉的讀者們，可以回去複習之前的章節，這邊覆寫（Override）了 viewDidLoad 函式，並且於覆寫後的函式內使用 super 關鍵字，先執行了一次父類別的 viewDidLoad 函式。

viewDidLoad 是 UIViewController 的函式之一，代表當畫面載入完成時，會執行這個函式。你不用特別去呼叫這個函式，因為父類別會於所對應的時間自動呼叫，也就是當畫面載入完成時，你可以在這個函式內撰寫一些程式碼，當畫面載入完成時就會執行，我們試著加入程式碼到 viewDidLoad 函式之中：

```
override func viewDidLoad() {
    super.viewDidLoad()
    print("Hello World")
}
```

接著我們一樣執行專案，如果正確，你應該會在下方終端機輸出介面中看到「Hello World」這個文字被輸出。

圖 8.18　**終端機輸出結果**

這個類別繼承於 UIViewController，顧名思義，就是畫面（View）的控制器（Controller），用於管控畫面的類別。UIViewController 有一個屬性為 view，就是它所管控的畫面：

```
var view: UIView!
```

　　我們可以試著存取這個屬性，像是將它的背景顏色進行修改。於 viewDidLoad 中增加以下的程式碼：

```
override func viewDidLoad() {
    super.viewDidLoad()
    view.backgroundColor = UIColor.red
}
```

　　你可以試著執行專案，應該會看到你的 App 頁面變成紅色了。

　　接著要說明一下 Storyboard 與 ViewController.swift 的關係了，我們回到 Main.Storyboard 檔案中，並且點選「ViewController Scene」，接著於右方的屬性區域可以看到這個 Scene 的 Custom Class 是 ViewController 這個檔案。

圖 8.19　Custom Class

　　Storyboard 之中的畫面與程式碼的關聯，就是依據 Custom Class 來決定的，目前這個畫面對應的 Class 是 ViewController，因此我們可以在這個檔案中對這個畫面做設定與處理。

8.5　故事板

　　「故事板」（Storyboard）是用於設計 App 場景的畫面建構器（Interface Builder），設計 App 就如同說故事一般，你必須設計每個場景（Scene）的畫面（View），因此你會看到每個頁面被稱為「View Controller Scene」。

圖 8.20　Scene

　　不同的頁面之間的切換是透過 Segue 切換到下一個場景，我們可以試著於 Storyboard 中增加新的頁面，你可以試著增加兩到三頁，並且幫它們設定不同的顏色。

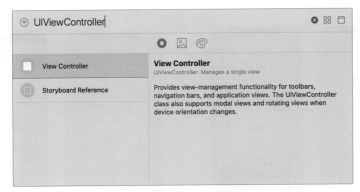

圖 8.21　增加新的 UIViewController

　　增加完其他頁面後，我們可以於每個頁面增加一個 UIButton，並且透過 UIButton 進行場景的切換，你可以將按鈕設定得大一些，並且替換文字與背景，以讓你更好點選它。

圖 8.22　有三個場景與按鈕

接下來，我們點選第一個頁面的按鈕，並且按住 Control 鍵，接著拖曳拉出 Segue 到第二個頁面，並且選擇 Action Segue 的事件為「Show」，如此一來，就會發現兩個頁面中間多了一條線，那條線就是串接兩個場景（Scene）的 Segue。

圖 8.23　**Action Segue**

圖 8.24　**Segue**

恭喜你完成了，你可以試著執行看看，你的畫面應該會有一個按鈕，點選後會切換到第二個頁面。你現在可以試著將第二頁也透過 Segue 切換到第三個頁面。

Storyboard 是設計 App 畫面十分方便的工具，你可以輕易於 Storyboard 中得知這個 App 的轉場與畫面是如何呈現的，試著多增加一些頁面與按鈕，讓你更熟悉它們之間的關係。

此外，如果你執行的模擬器是較小的手機，那麼你的畫面可能會如圖 8.25 所示。

圖 8.25　**按鈕偏移**

會有這樣的現象是正常的，因為每個手機的大小不相同，Storyboard 下方會告知目前預覽的畫面是依據哪一台手機的解析度。

圖 8.26　**iPhone 11**

你可以點選這個按鈕，來切換目前預覽的裝置為何。

圖 8.27　**不同裝置預覽**

關於畫面的處理，我們會於後續的章節做詳細介紹，這邊可以先隨意擺放即可，主要先熟悉整個 App 專案的運作，你可以多放一些常見的元件到畫面中玩玩。

🎯 **說明**　畫面的底層語言其實是使用 xml 來定義的，但是蘋果不希望開發者直接編輯 xml，因此設計了功能強大的畫面建構器，讓開發者可以更加直覺地設計出精美的 App。

09
CHAPTER

UIViewController

9.1 UIViewController

App 的每個頁面都是由 UIViewController 組成的，UIViewController（畫面控制器）是用於管控畫面的呈現以及接收使用者與畫面的事件，UIViewController 中有一個屬性是 view，資料型態爲 UIView，UIViewController 就是針對這個 view 做管理與控制的：

```
var view: UIView!
```

我們也可以從畫面建構器中看到 UIViewController 所管控的 View。

圖 9.1　**UIViewController 管控的 View**

每個 UIViewController 都至少有一個 View，你可以增加其他的畫面元件在這個 view 之中，例如：使用程式碼或是透過畫面建構器增加。

9.2 UIViewController 生命週期

UIViewController 會記錄這個頁面的生命週期，根據不同的時間點會觸發不同的函式，我們建立一個新的 UIViewController 的類別，會發現一開始就預設寫了一個函式：

```
import UIKit

class ViewController: UIViewController {

    override func viewDidLoad() {
        super.viewDidLoad()
    }

}
```

viewDidLoad 就是 UIViewController 的生命週期之一，當畫面載入到記憶體完成之時會觸發這個事件，你可以在這個時間點做一些設定，像是更改顏色、增加額外的 UI 元件等，接下來我們可以看一下這張圖片，這邊列出了 UIViewController 的生命週期。

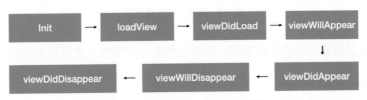

圖 9.2　**UIViewController 生命週期**

- Init：初始化。

- loadView：建立與加載 UIViewController 管控的 View。

- viewDidLoad：當 View 加載到記憶體之中。

- viewWillAppear：當畫面準備要顯示了。

- viewDidAppear：當畫面顯示完成。

- viewWillDisappear：當畫面準備消失。

- viewDidDisappear：當畫面消失完成。

我們可以試著在每個時間點透過 print 印出訊息，觀察一下先後順序：

```
override func viewDidLoad() {
    super.viewDidLoad()
    print("viewDidLoad")
}


override func viewWillAppear(_ animated: Bool) {
    super.viewWillAppear(animated)
    print("viewWillAppear")
}


override func viewDidAppear(_ animated: Bool) {
    super.viewDidAppear(animated)
    print("viewDidAppear")
}
```

接下來我們實際執行專案，你可以看到終端機印出以下的內容。

```
viewDidLoad
viewWillAppear
viewDidAppear
```

圖 9.3　顯示時的生命週期

這三個是畫面載入時的生命週期，接著我們可以試著加入畫面結束時的生命週期：

```
override func viewWillDisappear(_ animated: Bool) {
    super.viewWillDisappear(animated)
    print("viewWillDisappear")
}


override func viewDidDisappear(_ animated: Bool) {
    super.viewDidDisappear(animated)
    print("viewDidDisappear")
}
```

如果要觸發畫面結束的生命週期，你必須切換頁面，我們於 Storyboard 中增加另一個頁面，並且透過按鈕來觸發 Segue 來切換頁面。

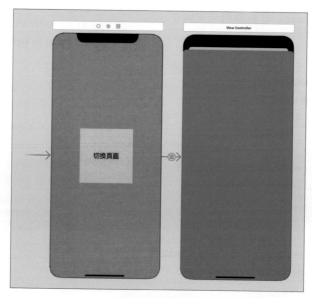

圖 9.4　切換頁面

接著你可以實際執行看看，觀察畫面結束的生命週期。

```
viewWillAppear
viewDidAppear
```

圖 9.5　畫面結束的生命週期

9.3　IBOutlet

我們使用畫面建置器中增加的畫面元件，如果要於程式碼中使用，就必須透過 IBOutlet 進行關聯，舉例來說，我們於畫面中增加一個 UILabel，想要在程式碼中更改顯示的文字。

首先，你增加一個 UILabel 到畫面之中。

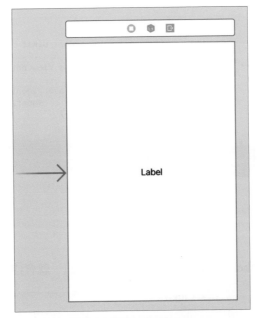

圖 9.6　增加一個 UILabel

接著按下 Control + option + command + Enter 鍵，你的畫面應該就會分割成兩個區塊：程式碼與畫面。

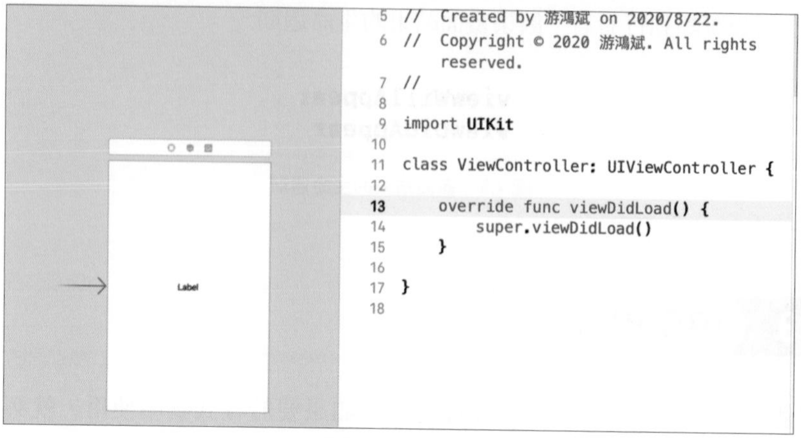

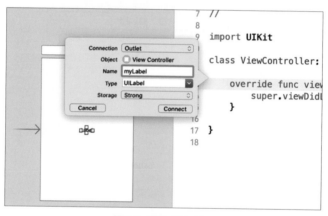

圖 9.7　分割畫面

　　然後點選你剛才加入的 UILabel，並按住 Control 鍵，將線拖曳到程式碼之中，這樣可以建立 IBOutlet。

圖 9.8　建立 IBOutlet

名稱命名為「myLabel」，接著按下「Connect」按鈕，就會建立對應的程式碼。

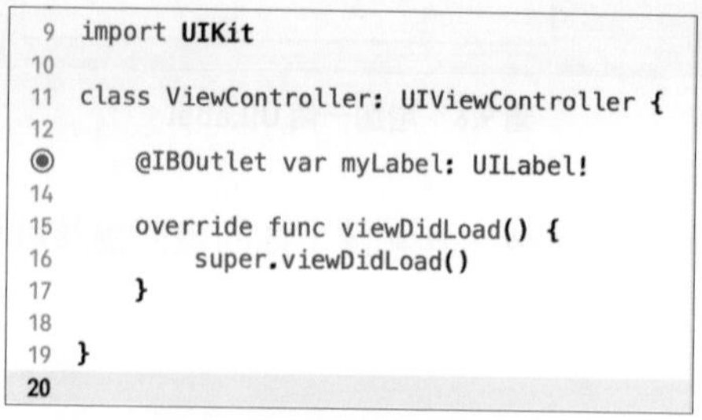

圖 9.9　產生對應的程式碼

你會發現自動產生了 IBOutlet 的程式碼，是一個變數，名稱是你剛才命名的，而資料型態就是 UILabel，這樣一來，畫面的 UILabel 就與程式碼有了關聯，左方有一個實體的圈圈，代表這行程式碼關聯的對象位於 Main.storyboard。

圖 9.10　關聯圖

接著我們就可以在程式碼中使用這個變數了。我們試著存取這個變數去更改 UILabel 的文字：

```
override func viewDidLoad() {
    super.viewDidLoad()
    myLabel.text = "Hello World"
}
```

這麼一來，你應該學會如何讓畫面建構器產生的 UI 元件與程式碼關聯起來了，這邊我們可以做一個實驗，將程式碼中自動產生的程式碼刪除，接著執行專案，此時你會發現 App 閃退了，終端機印出了許多看不懂的錯誤訊息。

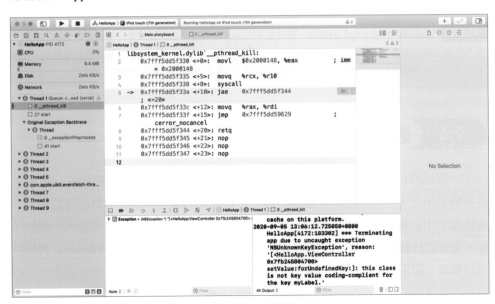

圖 9.11　App 閃退

　　會產生這樣的原因是因爲我們刪除了程式碼，可是 Storyboard 中的關聯卻還留著，這兩邊必須同時存在才可以，所以若是刪除的話，也要兩邊同時刪除，不然就會產生找不到關聯的錯誤，使得 App 當機。我們可以點選 Storyboard 中的 ViewController，接著看一下最右邊的屬性，可以看到所有的 IBOutlet，這邊的 myLabel 還有關聯，可是變成驚嘆號了，表示它找不到對應的程式碼，我們可以在這邊把關聯取消掉。

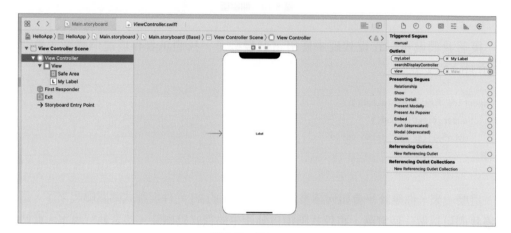

圖 9.12　IBOutlets

🎯 說明　這邊是新手時常會犯的錯誤，有時拉 IBOutlet 時可能命名錯誤，你又重新拉了一條，或者是直接於程式碼中更改 IBOutlet 變數的名稱，這樣會導致關聯失效，因此如果你要刪除或更改的話，記得 Storyboard 的關聯要取消，再進行程式碼的刪除與更新，否則會有關聯失效的問題。

9.4　透過 Rename 修改變數名稱

　　上一節我們有提到 IBOutlet 與程式碼的變數必須相互關聯，若是刪除任一方或者是名稱對不上，則會產生不可預期的錯誤，有時我們建立關聯時，對於變數的命名可能會不小心輸入錯誤或不滿意而想要修改，這時你必須將畫面建構器內的關聯移除，重新進行關聯與命名，這樣的步驟其實有一些麻煩，你可以透過 Rename 將變數進行修改，因爲 Rename 會搜尋專案內相同變數名稱進行統一修改，因此關聯的部分也可以被修改，整體來說，是一個十分方便的功能。

首先，你點選要修改的變數名稱，接著點選右鍵並選擇以下的選項。

圖 9.13　**Rename**

稍待片刻後，Xcode 會搜尋出整個專案內使用此變數的位置，包含畫面建構器的關聯。

圖 9.14　**搜尋結果**

接下來，你就可以重新命名這個變數，如此一來，就不需要重新關聯，因為連關聯的地方都被你修改名稱了，算是一個十分好用的功能。

> 🎯 **說明**　「重新命名」可以運用於整個專案，所有你定義的名稱都可以透過此功能來進行修改，不管是常數變數，或者是類別與結構的名稱等，透過此功能可以安全地進行重新命名。

10

認識UI元件

App 最重要的就是畫面，而 UI 元件就是組成畫面的基礎，蘋果公司提供了一系列畫面元件給開發者使用，你可以透過這些元件組成你的 App，像是按鈕、文字輸入框、表格等，這些畫面元件都包含在 UIKit 之中，我們只需要於程式碼中加上引用的語法，就可以在程式中使用它們：

```
import UIKit
```

UIKit 有一個特點是關於畫面元件相關的，通常會以 UI 為開頭，像是 UIView、UILabel、UIButton 等。

10.1 UIView

UIView 是所有畫面的基礎，UIKit 所提供的畫面元件基本上都是繼承於 UIView，UIView 定義了使用者介面的基礎，包含位置、大小、顏色等，UIView 可以嵌套其他畫面元件，被嵌套的畫面元件被稱為「子視圖」（subview），而嵌套方稱為「父視圖」（superview），父視圖可以擁有任意數量的子視圖，但是子視圖只能有一個父視圖。

> ◎ 說明 ｜ 爸爸可以有多個小孩，但是小孩的爸爸卻只有一個。

UIView 主要用於嵌套其他子視圖，你可以將同系列的畫面元件都放到同一個 UIView 之中做管控，UIView 也可以單純當個矩形的畫面元件。你可以使用畫面建構器產生 UIView，搭配 IBOutlet。

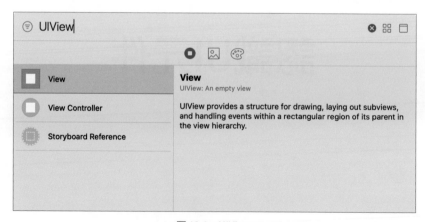

圖 10.1　UIView

```
@IBOutlet var myView: UIView!
```

或者使用程式碼建立 UIView：

```
let rect = CGRect(x: 10, y: 10, width: 100, height: 100)
let myView = UIView(frame: rect)
```

UIView 提供了一個需要傳入 frame 的建構子，而 frame 的資料型態為 CGRect，CGRect 是用於表示大小與位置的結構，要產生 CGRect 的實體需要輸入四個屬性：

● x：x 軸的位置。

● y：y 軸的位置。

● width：矩型的寬度。

● height：矩型的高度。

了解基本的運作原理後，我們可以於 viewDidLoad 中產生一個 UIView，並且透過 addSubView 將我們產生的 UIView 加入到 UIViewController 之中：

```
import UIKit

class ViewController: UIViewController {

    override func viewDidLoad() {
        super.viewDidLoad()
        let rect = CGRect(x: 10,
                          y: 10,
                          width: 100,
                          height: 100)
        let myView = UIView(frame: rect)
        myView.backgroundColor = UIColor.red
        view.addSubview(myView)
    }

}
```

接著你可以實際執行專案，當畫面顯示後，你會看到畫面上多了一個寬高為 100 的紅色區塊。

圖 10.2　紅色的 UIView

　　addSubView 是 UIView 定義的函式，用於將其他的畫面元件成為自己的子視圖，有先後順序之分，越後面加入的會在越上層，與繪圖軟體的圖層是相同的概念。

```swift
func addSubview(_ view: UIView)
```

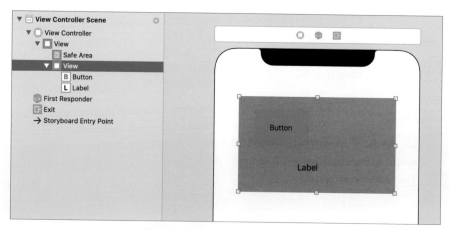

圖 10.3　紅色的 View 有兩個子視圖

　　如果你想要將子視圖從父視圖中移除，可以呼叫 removeFromSuperview 函式：

```swift
myView.removeFromSuperview()
```

接著介紹 UIView 所定義的基礎，因爲大部分的 UI 元件都是繼承於 UIView，所以這邊定義的屬性與函式，在其他的 UI 元件也是適用的：

- init(frame: CGRect)：傳入對應的 Frame，就會依照你定義的大小與位置，產生對應的畫面元件。

```
let rect = CGRect(x: 10, y: 10, width: 100, height: 100)
let myView = UIView(frame: rect)
let myLabel = UILabel(frame: rect)
let myButton = UIButton(frame: rect)
```

- backgroundColor: UIColor：背景顏色，你可以透過設定此屬性來更換背景顏色。

```
myView.backgroundColor = UIColor.red
```

- isHidden: Bool：是否隱藏，當設置爲 true 時，畫面會隱藏，false 則會顯示，預設爲顯示。

```
myView.isHidden = true
```

- alpha: CGFloat：透明度，範圍 0~1 之間，0 爲完全透明，1 爲完全不透明，預設值爲 1。

```
myView.alpha = 0.5
```

- tag: Int：識別號碼，預設爲 0，你可以針對不同的畫面元件設置 tag 值，可以用來判別。

```
myView.tag = 3
```

- frame: CGRect：相對於父視圖的位置與大小，可存取此屬性得知或更改畫面大小與位置：

```
myView.frame = CGRect(x: 20, y: 20,
                      width: 100, height: 100)
```

- superview: UIView?：父視圖，未加入到父視圖之前可能爲空。

```
let superview = myView.superview
```

● subviews: [UIView]：子視圖，可能有多個子視圖。

```
let subviews = myView.subviews
```

　　畫面建構器會提供一些比較常見的屬性設定，你可以直接於這裡進行設定，像是顏色、Tag、是否隱藏等。

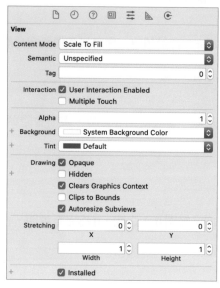

圖 10.4　**設置屬性**

10.2 CGRect

　　CGRect 是用於表示矩形大小與位置的結構，你可以存取對應的屬性來得知位置與大小。

● origin: CGPoint：用於表示矩形的位置。

```
let rect = CGRect(x: 100, y: 100, width: 50, height: 50)
let origin = rect.origin
print(origin.x) // 100
print(origin.y) // 100
```

● size: CGSize：用於表示矩形的大小。

```
let rect = CGRect(x: 100, y: 100, width: 50, height: 50)
let size = rect.size
print(size.width)  // 100
print(size.height) // 100
```

你可以透過存取 UI 元件的 frame 來取得對應的 CGRect：

```
let frame = myView.frame
print(frame.origin.x)   // 取得 x 座標
print(frame.size.width) // 取得寬度
```

處理 UI 元件時，會很常看到 CG 開頭的結構，像是 CGRect、CGFloat、CGSize 等，CG 是 Core Graphics 的簡寫，而 Core Graphics 是用於處理畫面渲染與繪圖相關的 Framework，藉由 2D 繪圖圖形來建立使用者介面。

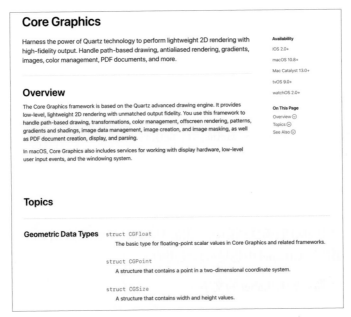

圖 10.5　Core Graphics 官方文件

※Core Graphics 官方文件：URL https://developer.apple.com/documentation/coregraphics

10.3 UILabel

UILabel 是用於顯示文字的 UI 元件，可以包含任意數量的文字。你可以使用畫面建構器產生 UILabel，搭配 IBOutlet。

圖 10.6　**UILabel**

```
@IBOutlet var myLabel: UILabel!
```

UILabel 是繼承於 UIView 的子類別，你一樣可以透過傳入 frame 這個建構子來產生對應的實體：

```
let rect = CGRect(x: 100, y: 100, width: 100, height: 100)
let myLabel = UILabel(frame: rect)
myLabel.text = "Hello"
view.addSubview(myLabel)
```

接下來介紹 UILabel 的屬性與函式，由於 UILabel 是繼承於 UIView 的子類別，因此 UIView 的屬性於 UILabel 中也是可以使用的。

● text: String?：顯示於 UILabel 的文字。

```
myLabel.text = "Hello"
```

● textColor: UIColor：文字顏色。

```
myLabel.textColor = UIColor.red
```

● font: UIFont：文字的字體與字體大小。

```
myLabel.font = UIFont.systemFont(ofSize: 16)
```

● numberOfLines: Int：文字可以顯示的行數，預設為 1 行，如果文字顯示的上限超過你指定的行數，會於尾端變成「…」的形式，若輸入為「0」，則不會有限制，會完全顯示你所輸入的文字，不限制任何的行數。

```
myLabel.numberOfLines = 0
```

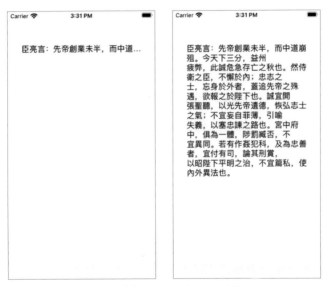

圖 10.7　設置 numberOfLines 的差異

● textAlignment: NSTextAlignment：文字對齊的位置，主要分為靠左、靠右、置中：

```
myLabel.textAlignment = .left
myLabel.textAlignment = .center
myLabel.textAlignment = .right
```

　　這邊運用了以前學會的小技巧，列舉的選項在已經知道是哪一種列舉時，可以直接透過點來存取對應的列舉選項。

● shadowColor: UIColor、shadowOffset: CGSize：你可以透過設置陰影顏色與陰影偏移來設置陰影。

```
myLabel.shadowColor = UIColor.red
myLabel.shadowOffset = CGSize(width: 2, height: 2)
```

QQQQ

圖 10.8　設置陰影的 UILabel

● minimumScaleFactor: CGFloat：最小縮放比例；當你 UILabel 設置的空間有限時，可以透過設定最小縮放比例，來讓系統自動將文字字體縮小。假設原本是 16 的字體大小，設定 0.5，就會依照空間需求縮小，最小到 8。

```
myLabel.minimumScaleFactor = 0.5
```

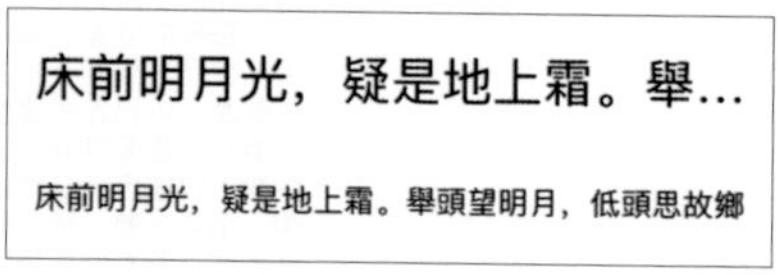

床前明月光，疑是地上霜。舉...

床前明月光，疑是地上霜。舉頭望明月，低頭思故鄉

圖 10.9　設置最小縮放比例

10.4　UIButton ①

「按鈕元件」是當使用者點選按鈕後，可能會產生對應的事件發生，像是彈跳出提示訊息或切換頁面等。我們將按鈕加入到畫面之中後，可以偵測使用者點擊的事件，接著執行某些函式。你可以使用畫面建構器產生 UIButton，搭配 IBOutlet。

圖 10.10　UIButton

```
@IBOutlet var myButton: UIButton!
```

或者使用程式碼建立 UIButton：

```
let rect = CGRect(x: 10, y: 10,
                  width: 100, height: 100)
let button = UIButton(frame: rect)
button.backgroundColor = UIColor.red
view.addSubview(button)
```

利用 frame 產生 UI 元件的語法，相信你已經相當熟悉了，你可以將這段程式碼輸入到 viewDidLoad 之中，當執行完成後，就會有一個按鈕產生在畫面之中。

接著我們試著增加一個函式，當按鈕被點選時，會觸發這個函式：

```
func buttonTapped() {
    print("點選按鈕了")
}
```

我們可以透過這個函式來偵測按鈕點擊事件：

```
func addTarget(_ target: Any?, action: Selector, for controlEvents: UIControl.Event)
```

一共有三個參數：

- target：要執行的函式對象。

- action：執行的函式。

target-action 這兩個是要一起綁定的，以現在的例子來說，我們希望執行 ViewController 的 buttonTapped 函式，因此這兩個參數必須輸入：

```
self, action: #selector(ViewController.buttonTapped)
```

target 輸入「self」，代表對象為 ViewController 本身。

action 輸入「#selector(ViewController.buttonTapped)」，代表我們要執行 ViewController 裡面的 buttonTapped 函式。

● for controlEvents：依據哪一個 UIControl.Event 事件，這邊有許多事件可以選擇，你可以直接於 Xcode 輸入一個「.」，讓 Xcode 產生對應的程式碼。

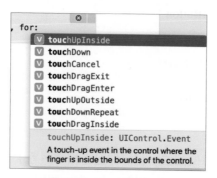

圖 10.11　touchUpInside

「按鈕點擊事件」通常是偵測到使用者點擊後才會觸發，因此我們選擇 touchUp Inside 當作要偵測的事件，當使用者點擊後拿起手勢時會被觸發。此時你的程式碼應該會像是圖 10.12 這個樣子，但是會發現有一個錯誤訊息提示了，它說明如果要使用 #selector 的話，你的函式必須增加 @objc 才可以。

圖 10.12　必須要加上 @objc

點選「Fix」按鈕後，將 @objc 補上後，應該就不會有太大的問題，可以實際執行專案，並且點選你剛才產生的按鈕，按鈕會偵測到你點擊了它，因此觸發對應的事件。以下是完整的程式碼內容：

```
class ViewController: UIViewController {

    override func viewDidLoad() {
        super.viewDidLoad()
        let rect = CGRect(x: 10, y: 10,
                          width: 100, height: 100)
        let button = UIButton(frame: rect)
        button.backgroundColor = UIColor.red
        view.addSubview(button)
```

```
    button.addTarget(self,
                     action: #selector(ViewController.buttonTapped),
                     for: .touchUpInside)
    }

    @objc func buttonTapped() {
        print(" 點選按鈕了 ")
    }

}
```

10.5　IBAction

先前的章節有提到，畫面建構器產生的 UI 元件如果要與程式碼有所關聯，必須透過 IBOutlet，那麼按鈕的事件是不是也能透過畫面建構器產生呢，事實上是可以的，我們於 Storyboard 中增加一個按鈕，並且設置一些顏色與調整大小，讓你可以更好點擊。

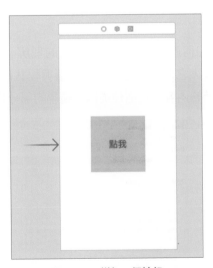

圖 10.13　增加一個按鈕

接著我們一樣按下 Control + option + command + Enter 快捷鍵，將畫面進行分割，按下 Control 鍵並且拖曳線到程式碼之中，此時你會發現自動產生了 IBAction 的設定視窗，我們可以為這個 IBAction 隨意命名。

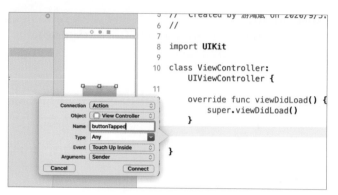

圖 10.14　連接 IBAction

　　Xcode 會依照該 UI 元件最常使用的 UIControl.Event 當成預設選項，我們可以看到 UIButton 的預設選項爲 Touch Up Inside，確認無誤後，點選「Connect」按鈕，讓 Xcode 自動產生程式碼。將 Stroyboard 內的按鈕與程式碼做關聯，我們可以在它自動產生的程式碼區塊中，增加 print 來確認使用者點擊按鈕後，是否有觸發這個函式：

```
@IBAction func buttonTapped(_ sender: Any) {
    print("按鈕被點了！")
}
```

　　這麼一來，你應該對如何產生 IBAction 有一定的理解了，這邊要特別注意的是 IBAction 與 IBOutlet 一樣，它們是透過畫面建構器與程式碼進行關聯，因此如果你要刪除或更改程式碼連結的內容，畫面建構器所關聯的部分也要一併修改。

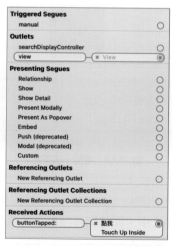

圖 10.15　Outlets 與 Actions

IBOutlet 通常都會放在程式碼區塊的頂端，因此你拉線條到頂端，Xcode 會很聰明的知道你現在想拉 IBOutlet，而拉到下方則是會自動選擇 IBAction，如果你要想依照你自己的想法來決定現在是拉哪條線，可以展開第一個選項來做替換。

圖 10.16　選擇連結的種類

10.6　UIButton ②

我們繼續回來講 UIButton，我們已經學會如何偵測使用者點擊事件，我們可以看看 UIButton 還有哪些屬性可以客製化。

◆ 根據狀態來設定標題文字與顏色

可以透過 setTitle 與 setTitleColor 來針對不同的狀態設定顏色與文字：

```
myButton.setTitle("Hello", for: .normal)
myButton.setTitle("Hello!!", for: .highlighted)
myButton.setTitleColor(UIColor.red, for: .normal)
myButton.setTitleColor(UIColor.green, for: .highlighted)
```

一般狀態下，按鈕就會是紅色，且文字顯示 Hello，當使用者點選按鈕時，按鈕的文字則會變成「Hello!」，顏色則是變成綠色，你也可以於畫面建構器中，根據按鈕不同的狀態設定不同的文字與顏色。

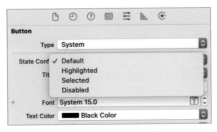

圖 10.17　切換不同的狀態

對按鈕來說，狀態主要有四個：

- normal：預設狀態，也就是 Default 的狀態。

- highlighted：點擊中的狀態。

- selected：選擇中的狀態。

- disable：關閉時的狀態。

我們可以存取這個屬性，來得知或更換按鈕是否為選擇中的狀態：

```
myButton.isSelected = true
```

而這個屬性則是可以得知或更換按鈕是否為關閉中的狀態：

```
myButton.isEnabled = false
```

◆ 根據狀態來設定按鈕圖片

你也可以將你的按鈕設定成圖片的樣式，一樣是依據狀態來做設定：

```
let image = UIImage(named: "icon_check")
myButton.setImage(image, for: .normal)
```

圖 10.18　設置圖片

- titleLabel: UILabel：如果你的按鈕有顯示文字，可以存取 titleLabel 來針對按鈕文字進行客製化。

```
myButton.titleLabel?.font = UIFont.systemFont(ofSize: 30)
```

不過顏色與文字內容，還是依據狀態來決定。

10.7　UIControl

UIControl 是繼承於 UIView 的類別，但是增加了可以響應與使用者互動的功能。舉例來說，像是 UIButton、UISwitch、UITextField 等，都是可以與使用者互動的 UI 元件，這些 UI 元件的父類別為 UIControl，UIButton 的繼承圖如下：

```
UIButton -> UIControl -> UIView
```

因為是這樣繼承上來的，所以 UIButton 擁有 UIView 所有特性，但是多了 UIControl 的響應使用者互動的功能。

如果這個 UI 元件不需要與使用者互動，那麼它將會直接繼承於 UIView，像是 UILabel 就是一個例子，它只需要顯示文字，與使用者並沒有互動關係，UILabel 的繼承圖如下：

```
UILabel -> UIView
```

UIControl 定義了一個 Event 的結構，包含了許多使用者可能觸發的事件。

◆ 觸摸事件

名稱	觸發點
touchDown	點下時。
touchDownRepeat	重複點下時。
touchDragInside	於邊界內拖動時。
touchDragOutside	拖動到邊界外時。
touchDragEnter	從元件外部拖動到元件內部時。
touchDragExit	從元件內部拖動到元件外部時。
touchUpInside	於元件內部點擊並於元件內部抬起手指時。

名稱	觸發點
touchUpOutside	於元件內部點擊並於元件外部抬起手指時。
touchCancel	取消觸摸事件時。
allTouchEvents	所有的觸摸事件。

◆ 編輯事件

名稱	觸發點
editingDidBegin	準備編輯時。
editingChanged	編輯中。
editingDidEnd	編輯結束。
allEditingEvents	所有編輯事件。

◆ 值事件

名稱	觸發點
valueChanged	元件的值產生變化時。

繼承於 UIControl 的 UI 元件，我們可以透過
IBAction 或 addTarget 函式增加對應的函式，當
使用者對這個 UI 元件產生了對應的 UIControl.
Event 時，就會被偵測到，接著會去呼叫你所
定義的函式內容。

圖 10.19　**UIControl.Event**

你也可以透過 IBAction 來選擇不同的 UIControl.
Event，如圖 10.20 所示。

圖 10.20　**UIControl.Event**

122

10.8　UISwitch

UISwitch 是一個用於表示開關的元件，主要有 On 與 Off 兩種狀態。你可以使用畫面建構器產生 UISwitch，搭配 IBOutlet。

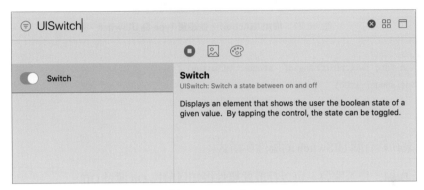

圖 10.21　**UISwitch**

```
@IBOutlet var mySwitch: UISwitch!
```

　　或者使用程式碼建立 UISwitch：

```
let rect = CGRect(x: 100, y: 100,
                  width: 50, height: 30)
let mySwitch = UISwitch(frame: rect)
view.addSubview(mySwitch)
```

　　可以透過存取 isOn 來得知目前的狀態是 On 還是 Off，你也可以直接指定目前的開關值為何：

```
let mySwitchStatus = mySwitch.isOn
mySwitch.isOn = true
```

　　因為 UISwitch 是 UIControl 的子類別，因此我們可以偵測 UIControl.Event 來執行對應的函式。你可以增加一個 IBAction，當 UISwitch 的開關有所變化時，執行對應的函式，連結時可以將 Type 改成 UISwitch，這樣自動產生的程式碼中，sender 的資料型態就會變成 UISwitch，如此一來，你就可以直接在函式中取得對應的實體。

圖 10.22　增加 IBAction，並設置 Type 為 UISwitch

```
@IBAction func switchDidChanged(_ sender: UISwitch) {
    print(sender.isOn)
}
```

接下來介紹有關 UISwitch 的屬性與函式：

● isOn: Bool：是否開啟，可以存取此屬性得知目前為 On 還是 Off。

```
let isOn = mySwitch.isOn
```

如果你想要使用程式碼切換 isOn 的值，又讓 UISwitch 有切換的動畫效果，可以呼叫此函式：

```
func setOn(_ on: Bool, animated: Bool)
```

只要於 animated 中填入 true，UISwtich 就會切換成新狀態，並且有動畫效果。

```
mySwitch.setOn(true, animated: true)
```

● onTintColor: UIColor：開關的顏色，外圈的部分。

```
mySwitch.onTintColor = UIColor.red
```

● thumbTintColor: UIColor：圓球部分的顏色。

```
mySwitch.thumbTintColor = UIColor.blue
```

10.9　UITextField

UITextField 是用於提供使用者輸入文字的 UI 元件，App 有許多時候會需要使用者輸入文字，像是登入時會需要使用者輸入帳號與密碼，這時就可以使用 UITextField。你可以使用畫面建構器產生 UITextField，搭配 IBOutlet。

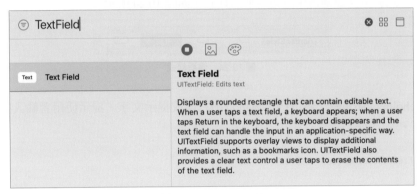

圖 10.23　UITextField

```
@IBOutlet var myTextField: UITextField!
```

或者使用程式碼建立 UITextField：

```
let rect = CGRect(x: 100, y: 100, width: 200, height: 50)
let myTextField = UITextField(frame: rect)
myTextField.borderStyle = .roundedRect
view.addSubview(myTextField)
```

接下來我們來介紹 UITextField 常見的屬性：

● text: String?：顯示於 UITextField 的文字，可以透過存取這個屬性得知使用者輸入的文字，或者更改 UITextField 內顯示的文字。

```
let text = myTextField.text
myTextField.text = "Hello World!"
```

● borderStyle: UITextField.BorderStyle：UITextField 邊框的樣式。

樣式	說明
.none	無邊框樣式。
.line	線段樣式。
.bezel	邊框樣式。
.roundedRect	圓角邊框樣式。

你也可以於畫面建構器中設定邊框的樣式，如圖 10.24 所示。

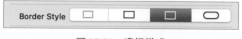

圖 10.24　**邊框樣式**

- placeholder: String？：佔位符，你可以把它當成提示文字，提示使用者輸入對應的文字。

```
myTextField.placeholder = "帳號"
```

圖 10.25　**placeholder**

- textColor: UIColor？：文字顏色。

- font: UIFont？：文字字體。

- backgroundColor: UIColor？：背景顏色。

- isSecureTextEntry: Bool：是否為密碼，若是則會變成密碼樣式，使用者輸入的文字會變成密碼樣式。

```
myTextField.isSecureTextEntry = true
```

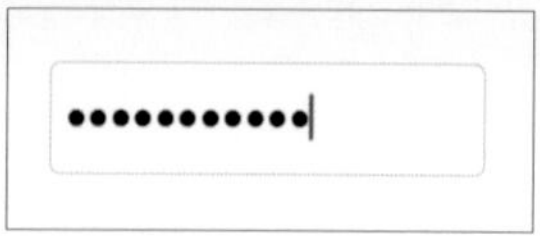

圖 10.26　**密碼樣式**

● keyboardType: UIKeyboardType：鍵盤種類，我們可以指定這個輸入框必須使用哪種鍵盤來輸入。舉例來說，你可能會希望使用者是使用數字鍵盤來輸入，那麼你就可將 keyboardType 指定成數字鍵盤。

```
myTextField.keyboardType = .numberPad
```

這樣一來，這個輸入框就變成只能使用數字鍵盤來輸入了，如圖 10.27 所示。

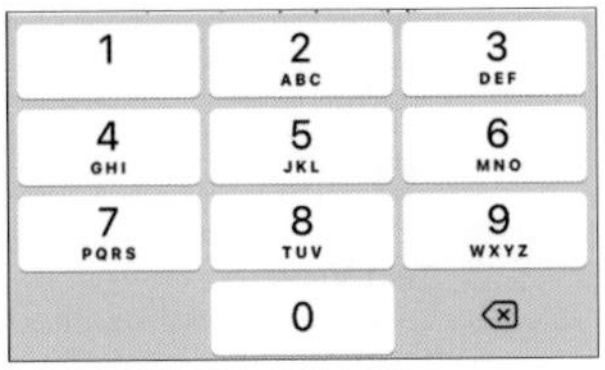

圖 10.27　**數字鍵盤**

KeyboardType 有許多種類，你可以依照你的需求選擇對應的鍵盤。

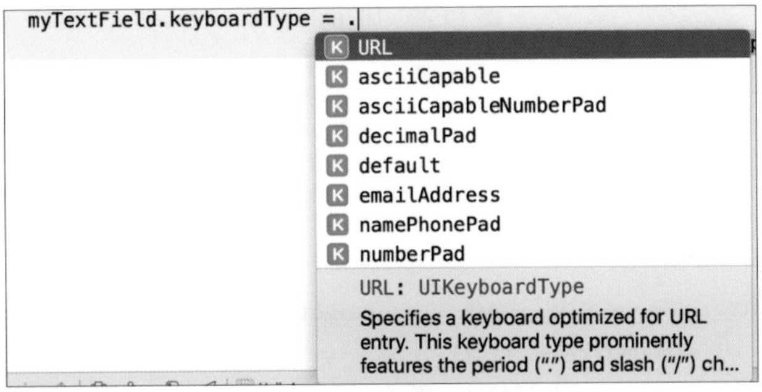

圖 10.28　**keyboardType**

　　UITextField 也是繼承於 UIControl，我們可以使用 IBAction 或 addTarget 來偵測使用者對此元件的事件，因爲 UITextField 是屬於輸入用的 UI 元件，因此可以偵測有關編輯相關的 UIControl.Event。

　　使用者輸入完成後，你會發現鍵盤還沒收起，則透過以下的程式碼讓鍵盤收起，完成編輯：

```
view.endEditing(true)
```

10.10 UITextView

UITextView 與 UITextField 一樣，用於提供使用者輸入文字的 UI 元件，比較大的差異是 UITextView 是一個多行文本的區塊，可以讓使用者捲動，如果你需要使用者輸入大量的資訊，就可以使用 UITextView。你可以使用畫面建構器產生 UITextView，搭配 IBOutlet。

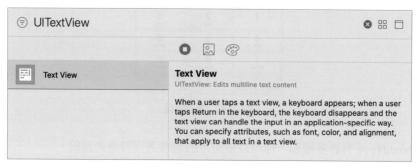

圖 10.29　**UITextView**

```
@IBOutlet var myTextView: UITextView!
```

　　或者使用程式碼建立 UITextView：

```
let rect = CGRect(x: 100, y: 100, width: 200, height: 200)
let myTextView = UITextView(frame: rect)
myTextView.backgroundColor = UIColor.lightGray
view.addSubview(myTextView)
```

　　因為 UITextView 本身是屬於無邊框，無背景色的，因此建議給個背景色，比較能知道有沒有加入到畫面之上。

　　接下來我們來介紹 UITextView 常見的屬性：

- text: String?：顯示於 UITextView 的文字，可以透過存取這個屬性得知使用者輸入的文字，或者更改 UITextView 內顯示的文字。

- keyboardType: UIKeyboardType：鍵盤種類，我們可以指定這個輸入框必須使用哪種鍵盤來輸入。

● textColor: UIColor?：文字顏色。

● font: UIFont?：文字字體。

● backgroundColor: UIColor?：背景顏色。

● isSelectable: Bool：使用者是否可以選擇，如果你的 UITextView 內有 URL，預設是可選的，如果將此值設定爲「false」，使用者將無法點選 UITextView 內的 URL，且也無法編輯。或者你有大量的資訊想要呈現給使用者，也可以使用 UITextView，並關閉選擇，讓使用者只能觀看其內容：

```
textView.isSelectable = false
```

圖 10.30　有大量內容呈現

　　基本上，UITextView 的使用方式與 UITextField 十分類似，大部分能客製化的屬性也是相同的，你可以依照需求選擇使用 UITextField 或者 UITextView，來讓使用者輸入文字。

10.11　UISegmentedControl

　　一個由多個區段組成的 UI 元件，每個區段都是一個按鈕，可以提供多個選項給使用者做選擇。你可以使用畫面建構器產生 UISegmentedControl，搭配 IBOutlet。

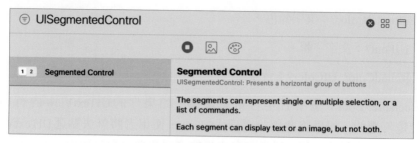

圖 10.31　UISegmentedControl

或者使用程式碼建立 UISegmentedControl：

```
let items = [" 貓 ", " 狗 ", " 海豚 "]
let mySegmentedControl = UISegmentedControl(items: items)
```

這邊要特別注意，我們不使用 UIView 常見的建構子 init(frame: CGRect) 來產生對應的實體，而改使用 init(items: [Any]?) 來產生。

接著我們設定對應的 frame，以及進入到畫面之中：

```
let rect = CGRect(x: 50, y: 100, width: 200, height: 30)
mySegmentedControl.frame = rect
view.addSubview(mySegmentedControl)
```

圖 10.32　透過程式碼產生的 UISegmentedControl

你可透過畫面建構器直接設定有幾個分段、每個分段的標題為何，如圖 10.33 所示。

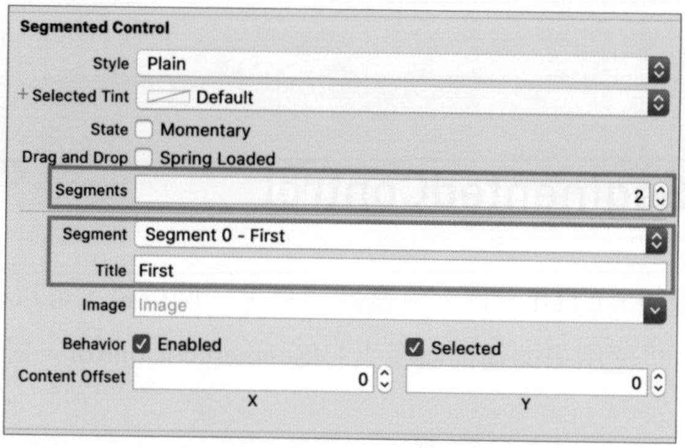

圖 10.33　設定分段內容

接下來我們來介紹 UISegmentedControl 常見的屬性：

- selectedSegmentIndex: Int：目前選擇的區段 Index，可以存取此屬性更改或得知當前選擇的區段為何。

```
let index = mySegmentedControl.selectedSegmentIndex
mySegmentedControl.selectedSegmentIndex = 1
```

- selectedSegmentTintColor: UIColor?：選中的區段顏色，預設為白色。

```
mySegmentedControl.selectedSegmentTintColor = UIColor.red
```

- backgroundColor: UIColor?：背景顏色，預設為灰色。

```
mySegmentedControl.backgroundColor = UIColor.green
```

得知區段的標題函式

```
func titleForSegment(at segment: Int) -> String?
```

你可以傳入區段的 Index，取得對應的標題文字：

```
let title = mySegmentedControl.titleForSegment(at: 0)
```

你可以透過 IBAction、addTarget 來偵測 valueChanged 事件，即時得知使用者切換了區段。

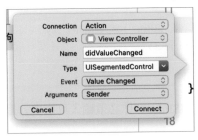

圖 10.34 **IBAction**

```
@IBAction func didValueChanged(_ sender: UISegmentedControl) {
    let index = sender.selectedSegmentIndex
```

```
    if let title = sender.titleForSegment(at: index) {
        print(" 使用者選擇了 \(title)")
    }
}
```

這麼一來，只要使用者切換區段，就可以即時得知目前選擇的標題為何。

10.12 UISlider

UISlider（滑動桿）可提供使用者透過滑動來調整數值。你可以使用畫面建構器產生 UISlider，搭配 IBOutlet。

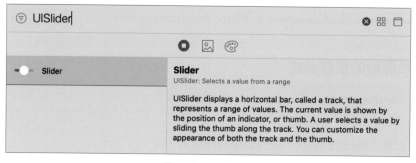

圖 10.35 **UISlider**

```
@IBOutlet var mySlider: UISlider!
```

或者使用程式碼建立 UISlider：

```
let rect = CGRect(x: 50, y: 100, width: 200, height: 50)
let mySlider = UISlider(frame: rect)
view.addSubview(mySlider)
```

如果你使用程式碼建立 UISlider，你必須輸入可拖曳的最小值與最大值，例如：

```
mySlider.minimumValue = 0
mySlider.maximumValue = 1
```

這麼一來，才能在畫面上看到你建立的 UISlider：

圖 10.36 使用程式碼建立的 UISlider

接下來我們來介紹 UISlider 常見的屬性：

● minimumValue: Float：可選擇的最小值，最小值必須小於最大值。

● maximumValue: Float：可選擇的最大值，最大值必須大於最小值。

```
mySlider.minimumValue = 0
mySlider.maximumValue = 1
```

● value: Float：Slider 目前選擇的值，可以存取此屬性得知或更改 Slider 當前的數值。

```
let value = mySlider.value
mySlider.value = 2
```

● 設置值時，有動畫效果

如果直接指派 value 的值，是不會有動畫效果的，可以使用此函式來指派，讓更改值時有動畫效果：

```
func setValue(_ value: Float, animated: Bool)
```

例如：

```
mySlider.setValue(2, animated: true)
```

● backgroundColor: UIColor?：背景顏色。

```
mySlider.backgroundColor = UIColor.red
```

● minimumTrackTintColor: UIColor?：最小值區域的顏色。

● minimumTrackTintColor: UIColor?：最大值區域的顏色。

● thumbTintColor: UIColor?：圓球的顏色。

我們可以透過以上屬性來客製化我們的滑動桿，舉例來說：

```
mySlider.minimumTrackTintColor = UIColor.red
mySlider.maximumTrackTintColor = UIColor.green
mySlider.thumbTintColor = UIColor.blue
```

圖 10.37　客製化 UISlider

你可以透過 IBAction、addTarget 來偵測 valueChanged 事件，即時得知使用者滑動的數值為何：

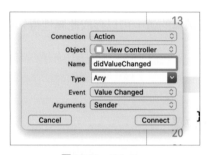

圖 10.38　IBAction

```
@IBAction func didValueChanged(_ sender: UISlider) {
    let value = sender.value
    print(" 使用者目前選擇的數值為 \(value)")
}
```

10.13　UIStepper

UIStepper（步進器）可提供使用者做數值增減的動作，這個 UI 元件已經定義了增加與減少的按鈕。你可以使用畫面建構器產生 UIStepper，搭配 IBOutlet。

圖 10.39 **UIStepper**

```
@IBOutlet var myStepper: UIStepper!
```

或者使用程式碼建立 UIStepper：

```
let rect = CGRect(x: 50, y: 100, width: 100, height: 30)
let myStepper = UIStepper(frame: rect)
view.addSubview(myStepper)
```

接下來我們來介紹 UISlider 常見的屬性：

● minimumValue: Double：可增減的最小值。

● maximumValue: Double：可增減的最大值。

● value: Double：當前數值，可透過存取此屬性得知或更改 UISlider 的數值。

● stepValue: Double：每次增減的數值，預設爲 1，這個值必須大於 0。

● autorepeat: Bool：是否能持續按著按鈕增減，預設爲 true。

● wraps: Bool：是否能夠重複循環；若爲 true 時，則會循環於最大值、最小值，當使用者增加到最大值後，又按下加號，則會變爲最小值；當使用者減少到最小值後，又按下減號，則會變成最大值，預設爲 false。

你可以透過 IBAction、addTarget 來偵測 valueChanged 事件，得知使用者目前更改後的數值爲何。

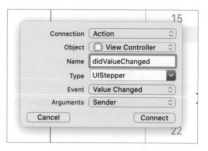

圖 10.40　**IBAction**

```
@IBAction func didValueChanged(_ sender: UIStepper) {
    let value = sender.value
    print(" 目前的數值為 \(value)")
}
```

10.14　UIImageView

UIImageView 是用於顯示圖片的 UI 元件。你可使用畫面建構器產生 UIImageView，搭配 IBOutlet。

圖 10.41　**UIImageView**

```
@IBOutlet var myImageView: UIImageView!
```

或者使用程式碼建立 UIImageView：

```
let rect = CGRect(x: 100, y: 100, width: 100, height: 100)
let myImageView = UIImageView(frame: rect)
view.addSubview(myImageView)
```

要在 UIImageView 顯示圖片，我們就必須使用 UIImage，UIImage 是用於儲存圖片的類別，我們可以將要顯示的圖片存到 Assets.xcassets 之中，並且命名圖片名稱。

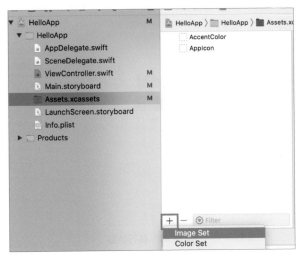

圖 10.42　新增一個圖片

接著你可以將你的圖片拖曳到對應的方框中，有分 1x、2x、3x 三種 Size，這邊的區別主要是依照裝置的縮放比例（Scale）來做區分。關於縮放比例的部分，會於 Auto Layout 章節做詳細的說明，你可以三張都放置一樣的圖片。

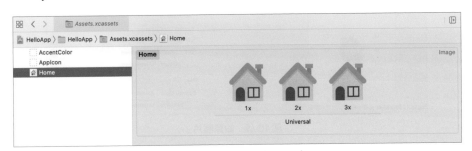

圖 10.43　設置圖片

我們設置完圖片後，就可以於程式碼中依照這個名稱，產生對應的 UIImage：

```
let homeImage = UIImage(named: "Home")
```

這麼一來，你就可以將這個 UIImage 設置到 UIImageView 之中：

```
myImageView.image = homeImage
```

圖 10.44　執行結果

你也可以從畫面建構器中，選擇你加入到 Assets.xcassets 之中的圖片。

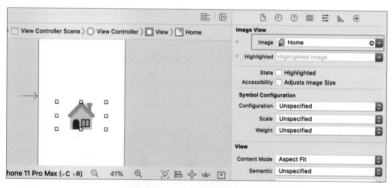

圖 10.45　設置圖片

◆ 透過 Image Literal 選擇圖片

如果你覺得透過圖片名稱來產生對應的圖片
有些麻煩，可以試著使用 Image Literal 來產生
圖片，於程式碼中輸入「Literal」，並且選擇
「Image Literal」。

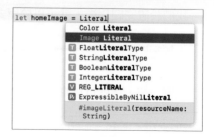

圖 10.46　Image Literal

接著我們點選產生出來的 Image Literal，就可以選擇圖片了。

圖 10.47　選擇圖片

這時你會發現你的程式碼變成這個樣子，這個常數儲存的資料就是你所選擇的圖片，你也可以直接拿來指派給 UIImageView。

```
let homeImage = 🏠
myImageView.image = homeImage
```

圖 10.48　使用 Image Literal 定義圖片內容

有時你的圖片與 UIImageView 的大小比例不一定相同，舉例來說，我們有一張台北 101 的照片，圖片的長寬比為 1.5：1。

圖 10.49　台北 101

如果你的 UIImageView 寬高比一樣是 1.5：1 的話，顯示起來就不會有任何的問題，但是如果比例不同的情況下，像是寬高均為 200 的 UIImageView，這時你設定為這張圖片，則會發現有部分留白，不是完全填滿成 200×200 的樣子。

圖 10.50　**圖片顯示**

　　會有這種情況是因為 UIImageView 的 contentMode 預設為 Aspect Fit，而使圖片完整顯示於 UIImageView 之中，有時候會有留白的部分。

　　我們可以於畫面建構器中設定 contentMode，有許多模式可以選擇，如圖 10.51 所示。

圖 10.51　**Content Mode**

　　或者你可以透過程式碼來指定 Content Mode：

```
myImageView.contentMode = .scaleToFill
```

　　你可以根據你的需求選擇對應的 contentMode，若你想讓圖片變形並完整顯示，就可以將 contentMode 改成「scaleToFill」。

圖 10.52　**設置 ScaleToFill 的樣式**

10.15　UIColor

　　UIColor 是用於儲存顏色資訊與透明度的物件，我們可以透過產生 UIColor 物件來替換 UI 元件的顏色，像是背景顏色或文字顏色等。UIColor 主要是由三原色來組成的，我們可以透過此建構子產生對應的顏色：

```
init(red: CGFloat, green: CGFloat, blue: CGFloat, alpha: CGFloat)
```

　　一共需要輸入四個參數：

- red：紅色值，數值的區間為 0~1。

- green：綠色值，數值的區間為 0~1。

- blue：藍色值，數值的區間為 0~1。

- alpha：不透明度，數值的區間為 0~1。

　　透過光的三原色以及透明度來產生各種不同的顏色，通常 0~1 會使用 255 來當分母，接著再依照你要的值填入分子，因為顏色通常會使用 16 進制來表示顏色，舉例來說，純紅色的值會是 FF0000，FF 的值就是 255。

圖 10.53　**紅色的數值**

我們從別處知道紅色的數值為 FF0000，可以將它轉換成 10 進制，接著就可以透過以下的建構子來產生紅色：

```
let color = UIColor(red: 255/255,
                    green: 0/255,
                    blue: 0/255,
                    alpha: 1)
```

UIKit 也有提供許多預設的顏色，我們可以直接使用顏色名稱來取得對應的顏色。舉例來說：

```
UIColor.red
UIColor.green
UIColor.blue
UIColor.purple
UIColor.white
```

如果你對於輸入 rgba 感到頭痛，顏色也可以使用 Color Literal 來進行選擇，你只需要於程式碼中輸入「Literal」，並且選擇「Color Literal」。

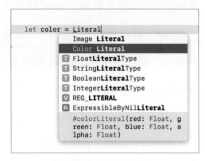

圖 10.54　Color Literal

當你點選後，你就會發現程式碼多了一個色塊，你可以點選色塊來選擇對應的顏色，如圖 10.55 所示。

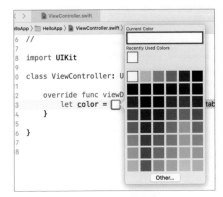

圖 10.55　**選擇顏色**

這麼一來，你就可以使用這個顏色了。

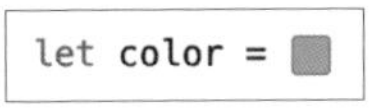

```
let color = ▮
```

圖 10.56　**Color**

雖然從 Xcode 上這個 Color 看起來像是一個色塊，但實際上它是這樣的程式碼：

```
let color = colorLiteral(red: 1, green: 0, blue: 0, alpha: 1)
```

本質上，它還是程式碼，只是 Xcode 會貼心將這個轉換成色塊，讓你可以輕鬆知道是對應什麼樣的顏色。

此外，你也可以將顏色存到 Assets.xcasstes 檔案中，並且為顏色命名，最後於程式碼之中取出。

首先我們開啟 Assets.xcasstes 資料夾，並且點選下方的加號按鈕，選擇要新增一個顏色。

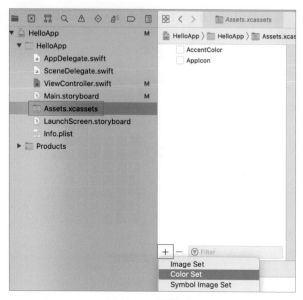

圖 10.57　新增顏色

接著我們可以命名這個顏色，於你要命名的顏色上按下 Enter 鍵，就可以重新命名。

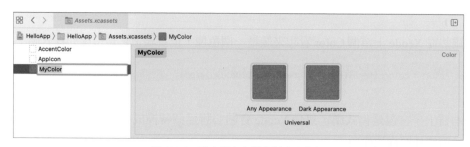

圖 10.58　設定顏色名稱與對應的顏色

因為目前手機有分為「一般模式」與「黑暗模式」，你可以設置不同的顏色，如果你的 App 沒有支援黑暗模式的話，可以將兩個顏色設定為相同的顏色。

當你設定完顏色後，你就可以依照這個顏色的名稱來使用：

```
let color = UIColor(named: "MyColor")
```

這幾種方法中，我個人會建議使用 Assets 儲存顏色，你可以將 App 所有顏色集中管理，未來如果要更換色系，可以直接調整 Assets 所指定的顏色，這樣對程式碼影響會是最少的。

11

自動佈局

11.1 裝置大小

iOS 裝置有各種不同的大小,以 iPhone 來說,有較小的 iPhone SE,也有較大的 iPhone Pro 等,App 最重要的就是畫面,一個良好的畫面設置是吸引使用者的關鍵之一,你可以試著於 Storyboard 中增加一個 UIView,並且設定寬高以及儘可能將這個 UIView 放到畫面中央。

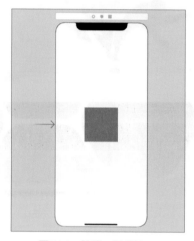

圖 11.1　**設置一個 UIView**

當你實際執行這個專案於不同的裝置時,你會發現大部分情況下這個紅色的 UIView 都不是於畫面中央。

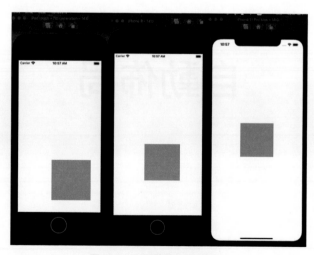

圖 11.2　**不同裝置的執行結果**

會有這樣的結果的主要原因是我們設置這個 UIview 的時候，是使用 frame 進行設置的，我們可以於右方的屬性欄位得知目前設置的座標與大小。

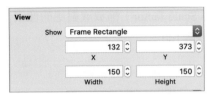

圖 11.3　UIView 的 Frame

這裡的屬性指出我們希望這個 UIview 位於畫面的 (132, 373) 的位置，且寬高為 150，因為每個裝置的解析度不同，如果都設置相同的屬性，就會發生許多裝置無法符合你所期望的樣子，在解析度不同的情況下，置中的位置應該不盡相同。

我們可以透過 Apple 官方得知每個裝置的大小，如圖 11.4 所示。

圖 11.4　裝置解析度

你可以發現越新的手機或越高級的手機，其解析度越高，但是你不可以只在乎這些高規格的手機，你應該讓每種裝置的使用者都擁有一樣好的使用者體驗。

由前面的實驗得知，使用 frame 設置寬高與位置是沒辦法讓每個使用者擁有相同的體驗，Apple 公司為了處理這種情況，提供了一種「自動佈局」（Auto Layout）的新技術。

11.2 縮放係數

iOS 依照「縮放係數」（Scale factor）縮放成對應的像素。舉例來說，我們於畫面增加一個 UIView，寬高均為 100：

```
let rect = CGRect(x: 0, y: 0,
                  width: 100, height: 100)
let myView = UIView(frame: rect)
view.addSubview(myView)
```

接著試著猜猜看，這個 UIView 於手機中的像素會是多少，答案是不一定，因為每台手機的縮放係數不一樣，會依照你所輸入的值乘以縮放係數，就會是最後的像素大小。要得知手機的縮放係數可以存取這個屬性來得知：

```
let scale = UIScreen.main.scale
```

現在主流的手機縮放係數是 2 或 3，有一個比較簡單的判別方法，同一個世代中，較為高級或大台的手機係數是 3，例如：iPhone 11 Pro、iPhone X Max、iPhone 8 Plus 等，其他的手機則都是 2。

因為有縮放係數在，因此你輸入相同的數值，於不同的手機會有些微的差距，如果數值完全相同的話，小手機與大手機的差距就會十分明顯，但是雖然有縮放係數，相同係數的手機裝置解析度還是會有一定的差距，所以沒辦法完全依賴縮放係數來設計畫面，因此更好的做法會是使用「自動佈局」（Auto Layout）搭配縮放係數。

11.3 自動佈局

「自動佈局」（Auto Layout）是一種以約束條件為基礎的佈局系統，我們可以設置條件，讓它自動計算所有畫面的大小與位置。舉例來說，我們可以限制按鈕的位置位於畫面的垂直水平置中的位置，這樣不管畫面大小如何變化，按鈕永遠都會在中央。

Auto Layout 的基本與 Frame 相同，你必須定義以下四個屬性：

● 水平位置：水平位置，也就是 x 的數值。

● 垂直位置：垂直位置，也就是 y 的數值。

- 寬度：寬度，也就是 width 的數值。

- 高度：高度，也就是 height 的數值。

　　你會發現這四個條件與建構 Frame 所需要的四個條件是相同的，因為定義一個元件的位置與大小，就是需要這四個條件。

　　我們可以透過畫面建構器來增加條件約束，讓畫面元件使用 Auto Layout，於 Storyboard 中增加一個 UIView，並且點選下方的增加條件約束的按鈕。

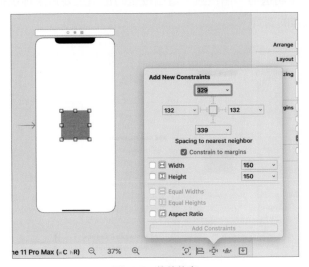

圖 11.5　**條件約束**

　　這個按鈕所增加的條件約束主要是針對你所選擇的畫面元件本身，上方的十字代表這個畫面元件與上方、左方、下方、右方中遇到的第一個 UI 元件的距離為多少。

圖 11.6　**設置位置的約束**

　　下方則是設置寬高的約束。

圖 11.7　**設置寬高的約束**

最後的區塊則是可以讓這個畫面元件的寬高與其他畫面元件做比例的縮放,以及自身的比例縮放。

圖 11.8　設置比例的約束

接下來你可以在點選另一個按鈕,這個按鈕的選項主要是讓你選擇畫面元件與其他畫面元件做距離的對齊。

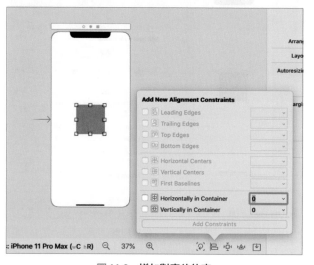

圖 11.9　增加對齊的約束

灰色區塊都是必須選擇多個畫面元件才能設置的,我們後續再做介紹,可以直接看最下面的部分。

圖 11.10　水平垂直置中於容器中

接下來我們實際拿幾個例子來練習:

◆ 垂直水平置中於畫面中央,且寬高均為 150

要達成這個條件,一共需要設置四個條件約束。

圖 11.11　四個條件約束

　　這是一個合法的約束條件的設置，我們最一開始有提到，如果要定義 Auto Layout 的約束條件，必須定義四個屬性：

- 水平位置：與父視圖水平置中。

- 垂直位置：與父視圖垂直置中。

- 寬：150。

- 高：150。

當定義完成後，你可在不同的裝置上執行看看。

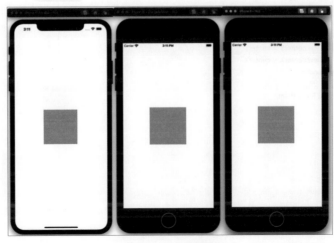

圖 11.12　執行結果

這個例子可以讓你體會到 Auto Layout 的強大，透過條件約束來指定 UI 元件的寬高與位置，這樣可以讓你在不同的裝置大小上也能有相同的畫面效果。

Xcode 會貼心提示你的條件約束是否合法，如果發生不合法或者有缺少的，就會讓你的條件約束設置介面變成紅線。舉例來說，我們將寬 150 這個約束刪除，你可以點選約束的條件，按下 Delete 鍵來將該約束刪除。

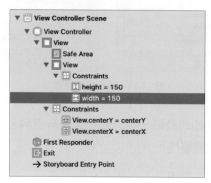

圖 11.13　刪除條件約束

當你刪除掉這個條件時，Xcode 會自動檢查出目前條件約束不合法。

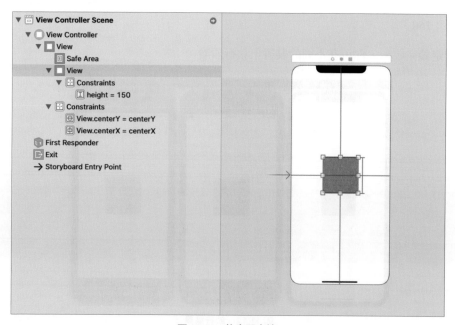

圖 11.14　約束不合法

我們可以點選紅點，讓 Xcode 告知缺少的設定。

圖 11.15　**缺少寬或 X 座標的約束**

這邊提示了我們需要寬或 X 座標的約束，因此這不是一個合法的 Auto Layout 約束，如果你在此時執行專案的話，就會發現整個 UIView 消失了，因為你沒有定義寬度。

圖 11.16　**消失的 UIView**

設置條件約束必須要特別小心，每個 UI 元件都必須要定義寬高與座標位置，只要有缺少或定義錯誤，可能就會產生不可預期的錯誤，接下來我們提供更多的例子來做練習。

● 寬高利用距離來定義

我們可以透過指定距離來讓畫面元件的寬高拉伸，讓它的寬度或高度依照距離來定義。我們繼續使用剛才的例子，不過要先清除所有的條件約束，你可以點選圖 11.17 的這個按鈕，讓你所選擇的 View 清除約束。

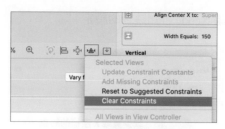

圖 11.17　清除條件約束

接著，我們先增加兩個條件約束，讓它於左右兩邊距離為「0」。

圖 11.18　距離左右為 0

此時，你會發現整個 View 被撐開了，因為我們要求它的左右距離為「0」，它的寬度必須被撐開，才能符合你設置的條件。

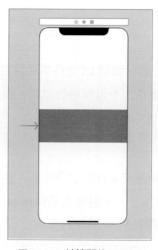

圖 11.19　被撐開的 UIView

接著你可以繼續設置上下距離，一樣設置距離為「0」，這時高度也被撐開了。

圖 11.20　**設置完成的 UIView**

這邊你會發現上下並沒有到畫面的邊緣，這是因為我們對齊的對象為「安全區域」（Safe Area），Safe Area 的觀念會於後面的章節做介紹，這邊就先不贅述，我們一共設置了四個條件約束，就完成了 Auto Layout 所要求的四個條件：

- 水平位置：距離左邊 0。

- 垂直位置：距離上邊 0。

- 寬：左右為 0 的寬度。

- 高：上下為 0 的高度。

透過這個練習，我們學會了「寬高是可以依照距離來定義的」。

寬高使用比例來設定

接下來我們來練習設置寬高比來定義寬高，你可以先清除原本的約束條件，繼續拿這個專案來做練習。假設我們需要一個長寬比為 1:2，高度為 150，垂直水平置中於畫面中央。關於垂直水平置中的條件約束，相信你現在應該已經有能力設置了，設置高度為「150」，接著設置寬高比，可以參考圖 11.21 的圖示。

圖 11.21　設置寬高比

此時你的條件約束應該會像圖 11.22 這個樣子，是一個合法的條件約束，但是寬高比可能不是 1:2，可以點選該約束，將目光移到右方，針對這個約束做調整。

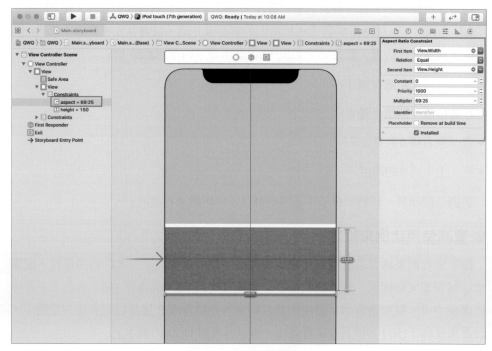

圖 11.22　調整約束

你會看到有許多選項，其中 Multiplier 是我們要調整的對象，你可以將這個數值改成 1:2，如此這條約束就會定義寬高比爲 1:2。

圖 11.23　**Multiplier 設置為 1:2**

這麼一來，我們一共設置了四條約束：

- 水平位置：與父視圖水平置中。
- 垂直位置：與父視圖垂直置中。
- 寬：寬高比 1:2，依照高度而改變。
- 高：150。

透過這個練習，我們學會了「定義寬高比，以及每條約束都有詳細設定可以調整」。

接著，你可以試著調整寬高比的約束，於 Constant 的欄位中，輸入 30 這個數值。

圖 11.24　**Constant 設置為 30**

這時你的寬高比變成 1:2，且額外多 30，假設寬為 150 的話，高就是 75+30，也就是 105，有些約束是使用 Multiplier 來定義的，你可以額外增加 Constant 來增減一個固定的值。

你可以試著想想看，如果我們寬高比一樣為 1:2，可是希望額外少 30，這樣在 Constant 中，應該輸入多少的數值呢？

與其他 View 做比較，定義寬高

在先前的例子中，大部分都是透過自身或者與父視圖做位置的比較，接下來我們來練習如何與其他 View 做比較，以設定大小與位置等。

首先，我們一樣先加入一個垂直水平置中，寬高均為 300 的 UIView，並且隨意設置一個背景顏色。

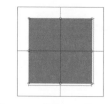

圖 11.25　寬高 300 的 UIView

接下來我們於這個 UIView 中，增加額外一個 UIView，成為它的子視圖，你可以透過左方來確定視圖的層級結構，新增的 UIView 必須在第二層之中。

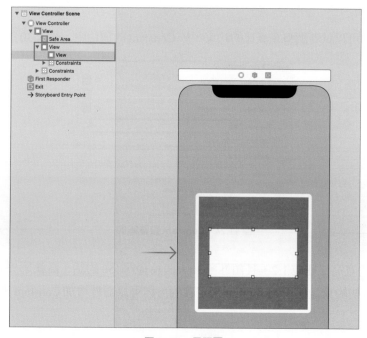

圖 11.26　子視圖

接著我們設定垂直水平置中的條件約束，設定完成後，我們來定義它的寬高。我們希望寬高為紅色 UIView 的一半，因此我們需要與紅色 UIView 做比較，你必須按住 Control 鍵，並且拖曳出比較線，選擇到紅色的 UIView 之中。

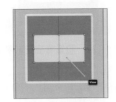

圖 11.27　**按住 Control 鍵拖曳出比較線**

當你放開後，應該會彈出選擇視窗，有你所選擇的 View 與對方的比較關係。

圖 11.28　**比較關係**

你會發現有幾個選項已經是勾選起來了，因為我們先前設置了垂直水平置中，這兩條約束也是與另外一個 View 做比較的約束，因此你也可以透過拉比較線來設置。這邊我們選擇「Equal Widths」，代表我們希望與對方有寬度的比較，拉完後再重複一次，設置「Equal Heights」，高度的比較約束也設置起來，此時你的畫面應該會類似圖 11.29。

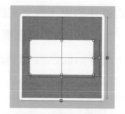

圖 11.29　設置寬高比較約束

　　我們可以從左方看到目前的條件約束，剛才增加了兩條比較寬高的比較約束，但 Multiplier 可能與我們要求的不太一致，因此我們一樣可以點選對應的約束，將 Multiplier 調整成我們要的數值。

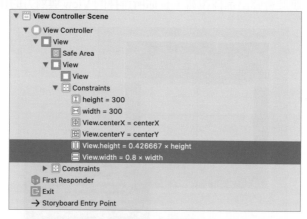

圖 11.30　寬高約束

　　設置 Multiplier 時，可以使用比例或者小數點來設定。假設我們希望寬高均為紅色 UIView 的一半的話，我們可以設定為「0.5」或是「1:2」，你可以依照你的習慣來做設定。

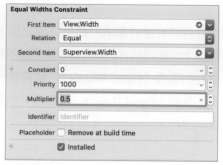

圖 11.31　兩種設定方式

當一切都設定完成後，你的畫面應該會如圖 11.32 所示。

圖 11.32　設定完成的結果

紅色的 UIView 爲垂直水平置中，寬高爲 300，而白色的 UIView 爲紅色 UIView 的子視圖，且垂直水平置中，寬高爲紅色 UIView 的一半。

透過這個練習，你應該學會了「如何設置與其他 View 做比較後，定義寬高的條件約束」。

與其他 View 做比較，定義位置

除了寬高以外，我們也可以讓 View 與其他 View 定義位置，其實從最一開始的例子就已經有練習到，只是我們都是與父視圖做位置比較，我們可以試著讓不同的 View 做位置的比較。

老樣子，先建立一個垂直水平置中、寬高均爲 300 的紅色 UIView。

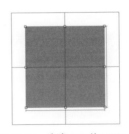

圖 11.33　寬高 300 的 UIView

接著我們再新增一個 UIView，寬高爲 100，背景顏色設定成綠色，位置的部分先隨意擺放，與紅色 UIView 同階層即可。

接下來我們將紅色與綠色 UIView 同時選擇起來，並且點選下方的增加比較位置的條件約束按鈕。

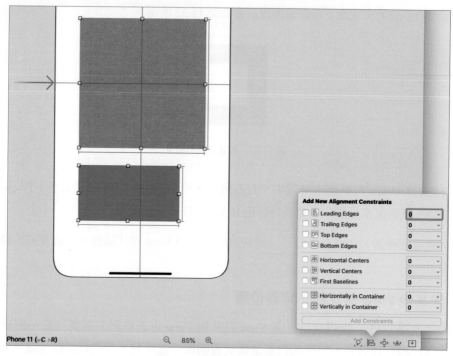

圖 11.34　增加對齊的條件約束

你會發現原本不能選的選項可以選擇了，前面七個選項都是必須透過兩個以上的 View 一起做設定的，前四個選項為：

- Leading Edges：對齊左方。

- Trailing Edges：對齊右方。

- Top Edges：對齊上方。

- Bottom Edges：對齊下方。

這邊我們選擇「對齊左方」，你可以將選項打勾後，點選「Add Constraints」，這時綠色的 UIView 就會與紅色的 UIView 左方做對齊，最後我們在增加「靠上距離為 0」的條件約束，因為綠色上方遇到的第一個 UIView 是紅色的，因此你直接設定即可。

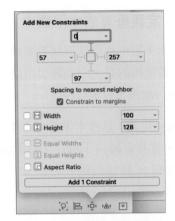

圖 11.35 設定靠上的條件約束

如果一切設定的順利，你的畫面應該會如圖 11.36 所示。

圖 11.36 設定完成的結果

接著你可以挑戰看看，如何在右邊的相對位置也增加一個一樣大小的 UIView，像是圖 11.37 這個樣子。

圖 11.37 挑戰設置另一個 UIView

透過這個練習，你應該學會了「與其他 View 做排列的條件約束設定方式」。

🔷 與其他 View 做比較，定義垂直或水平置中

在之前的例子中，垂直或水平置中都是根據父視圖做比較，如果兩個視圖非父子階層的話，也是可以定義，要使用的是上一個練習所使用到的，增加對齊相關的條件約束，將多個 View 選擇在一起後，就可以設置。

我們一樣先從基本的 UIView 定義「垂直水平置中且寬高為 300」的紅色 UIView，接著隨意加入一個 UIView，寬高定義為「200」，位置隨意擺放，背景顏色為「綠色」，此時你的畫面應該會如圖 11.38 這個樣子。

圖 11.38　設置到一半的結果

接著我們想要將綠色垂直水平置中於紅色，但它們並不是父子視圖的關係，因此將兩個 View 選擇起來後，增加以下兩個條件約束。

圖 11.39　增加條件約束

這麼一來，即使它們不是父子視圖的關係，你也可以讓它們垂直水平置中。

圖 11.40　**最終結果**

11.4　條件約束小結

當你練習完這些範例時，你應該對條件約束的設定有一些基本概念了，我們稍微來總結一下目前設定過的條件約束。

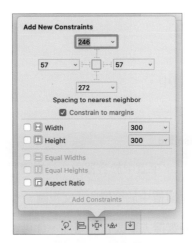

圖 11.41　**條件約束**

上圖的中間按鈕產生的條件約束，主要是依據用於設定你這個View的位置與大小：

● 最上面四格選項：用於設定位置。

● Width 與 Height：用於直接設定寬高。

● Equal Widths 與 Equal Heights：用於選擇多個 View 時，設定寬高比。

● Aspect Radio：用於設定寬高比。

圖 11.42　**條件約束**

　　上圖的這個按鈕則是設定對齊相關的條件約束：

● Leading Edges：對齊左方。

● Trailing Edges：對齊右方。

● Top Edges：對齊上方。

● Bottom Edges：對齊下方。

● Horizontal Centers：水平置中。

● Vertical Centers：垂直置中。

● First Baselines：對齊 Baseline。

● Horizontally in Container：水平置中於容器內（父視圖）。

● Vertically in Container：垂直置中於容器內（父視圖）。

　　而每個條件約束可以透過選擇去更改它的屬性，你可以點擊任意一個 View，並且於右方看到這個 View 目前所擁有的所有條件約束，如圖 11.43 所示。

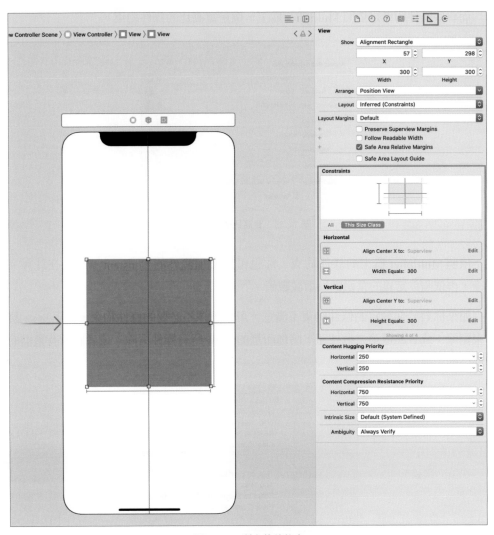

圖 11.43　**所有條件約束**

　　有些條件約束只有單純的 Constant，單純
只有數值，像是寬高的條件約束，就是實際
的數值而已，我們能調整的就只有 Constant
的值。

圖 11.44　**高度的條件約束**

而有些條件約束是依照 Multiplier 為主，像是寬高比的條件約束。

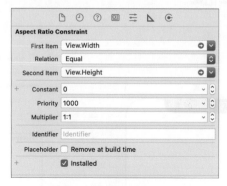

圖 11.45　**寬高比的條件約束**

依照 Multiplier 為主的條件約束，你也可以增加額外的 Constant，讓它在計算完後，再依照你定義的常數額外增減數值。

如果你對於你設定的條件約束不滿意，可以選擇不必要的條件約束，按下 Delete 鍵來刪除；或者點選第二個按鈕，將你所選的 View 所有條件清除；或者將所有畫面的條件約束都清除。

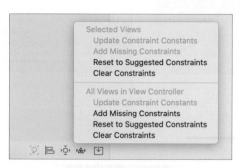

圖 11.46　**清除條件約束**

最後，你設定完條件約束後，如果畫面顯示黃色的虛線，代表你應該重整畫面，讓 Xcode 依照你的條件約束把預覽畫面調整，你可以點選圖 11.47 最左邊的重整按鈕，讓它幫你重新整理頁面。

圖 11.47　**重整畫面按鈕**

11.5 約束衝突

我們一直有提到，一個符合規定的約束必須符合四個條件，但是當你重複定義了不同的約束到同一個條件之下，就會產生約束衝突。

舉例來說，我們定義了寬度為 150 的 View，但是又定義了它距離左右兩邊都是 0，這時候就產生了約束衝突。

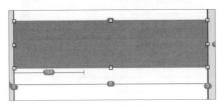

圖 11.48　約束衝突

對這個 View 來說，我們重複定義了兩次寬的約束：

● 寬度為 150。

● 距離左右兩邊為 0。

這時無法確定要依據哪個條件為主，我們可以點選紅色箭頭查看有哪些約束衝突了。

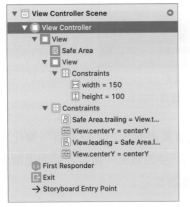

圖 11.49　約束衝突

這邊我們可以知道是這三個約束導致衝突，你必須刪除重複定義的部分才能正常運作，因此必須時常觀察是否有紅色的警告出現，有可能是約束衝突，或者是約束定義不夠完善才會產生。

11.6　優先度

前一章中，我們提到了約束衝突，你所設定的每個條件約束還有一個屬性可以設定，就是「優先度」（Priority），Auto Layout 會依照優先度來決定要先滿足哪一條約束，預設的優先度都是為最高，數值為 1000。

圖 11.50　**Priority**

約束衝突的例子中就是設置了多個最高優先度，卻沒辦法同時滿足才會產生錯誤，因此你可以選擇刪除約束，或者調降某些約束的優先度。

舉例來說，我們建立一個 UIView，寬度為父類別寬，高度為父類別的 1/4，並且垂直水平置中。

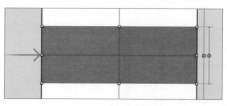

圖 11.51　**設定條件約束**

這時候，紅色的 UIView 高度應該會隨著裝置的大小不同而有所變化，小手機與大手機的高度應該會不太一致，這是我們所要的效果，可是我們想要額外多一個約束，這個高度最少要超過 150，所以條件應該如下：

● 高度為父類別的 1/4。

● 高度要超過 150。

這時候你可以增加一個 150 高度的條件約束到 UIView 之中，此時就會發生條件衝突，因為目前高度的條件約束有兩條，且優先度都為 1000，在大螢幕的情況下，兩個條件是可以同時達成的,但小螢幕可能就沒辦法同時達成,因此你必須設置優先度。

以這個例子來說,高度超過 150 應該是絕對的,高度為父類別的 1/4 是比較次要的,因此我們將這個條件約束的優先度稍微調低一些。

圖 11.52　**調降優先度**

此時,你會發現設置比例的條件約束變成虛線了,代表它的優先度降低了,整個約束也都合法了。

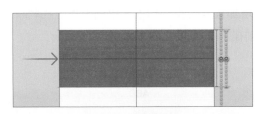

圖 11.53　**降低優先度**

有多個條件約束的情況下,會儘可能地滿足全部的約束,如果有沒辦法同時滿足的話,就會發生約束衝突,此時你可以選擇調降優先度或者是刪除約束。

11.7　自適應大小的 UI 元件

先前的練習中,我們都是使用 UIView 來當作練習的範例,接下來你可以試著於畫面中增加一個 UILabel,設定垂直水平置中於父類別的條件約束。

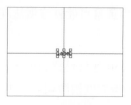

圖 11.54　設置條件約束

這時候，你應該會有一點納悶，因為你並沒有定義寬高，這居然也是一個合法的條件約束設定，因為 UILabel 是屬於會自動改變大小的 UI 元件之一，它的寬高如果不指定的話，就會依照文字內容而增減，你可以試著將文字內容增加，你會發現整個 UILabel 的寬度變寬了。

圖 11.55　增長的 UILabel

接著，你可以試著增加寬度的條件約束。舉例來說，我們設定寬度為 50，你會發現整個 UILabel 被限制在 50 的寬度之內了。

圖 11.56　設置寬度後的樣子

透過以上的例子我們可以知道有一些 UI 元件的大小是會隨著內容而增長的，這時候你就不需要設定寬高的條件約束，像是 UILabel、UIButton 等，不過你還是可以設定約束，讓它們不要無止盡的增長，一切都依照需求而定。

而有些 UI 元件的大小是固定的，即使你提供了寬高的條件約束，整體的畫面表現還是沒有變化，最好的例子就是 UISwitch，你可以試著增加一個 UISwitch，並且為它設定一個很大的寬高值，可是最終呈現的結果還是原本的大小。

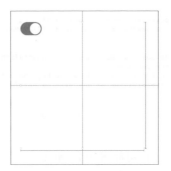

圖 11.57　設置寬高後並無變化的 UISwitch

11.8　透過程式碼來設置條件約束

透過以上的練習，你應該對使用畫面建構器來設置條件約束有一定的瞭解了，接下來我們要說明如何使用程式碼設置條件約束，因為有些情況下你可能會希望使用程式碼來設置調整 UI 元件的大小與位置。

接著，你可以先試著用程式碼於畫面中產生一個 UIView，並且隨意設置 frame 與背景顏色，最後加入到 UIViewController 之中：

```
let rect = CGRect(x: 100, y: 100, width: 100, height: 100)
let myView = UIView(frame: rect)
myView.backgroundColor = UIColor.red
view.addSubview(myView)
```

相信你已經相當熟悉如何使用程式碼產生 UI 元件，接下來我們可以透過存取 Anchor 來設置條件約束。舉例來說，我想設置這個 UI 元件的寬度為「300」，你可以寫以下的程式碼來完成這個任務：

```
myView.widthAnchor.constraint(equalToConstant: 300).isActive = true
```

這行程式碼的意思是，增加一個寬度為 300 的條件約束，並且啟用它，但是當你實際執行時，你會發現終端機中顯示了許多錯誤的訊息。

```
Will attempt to recover by breaking constraint
<NSLayoutConstraint:0x6000024c81e0 UIView:0x7ff7296084e0.width == 300
     (active)>

Make a symbolic breakpoint at UIViewAlertForUnsatisfiableConstraints to
     catch this in the debugger.
The methods in the UIConstraintBasedLayoutDebugging category on UIView
     listed in <UIKitCore/UIView.h> may also be helpful.
```

圖 11.58　**錯誤訊息**

這是因爲產生了約束衝突，你可能會十分納悶，不是只設定了寬度而已，爲什麼會產生約束衝突呢，原因是你使用 frame 產生的 UI 元件，於執行階段中會自動依照你所設定的屬性來產生對應的條件約束，因此當你寫了這樣的程式碼時：

```
let rect = CGRect(x: 100, y: 100, width: 100, height: 100)
let myView = UIView(frame: rect)
```

iOS 會自動增加條件約束，讓這個 UIView 可以位於畫面的 (100,100)，寬高也爲 100，所以至少會有四條預設的條件約束，此時你又增加了寬度爲 300 的約束，所以產生了衝突：

- 寬度爲 100：透過 frame 自動產生的條件約束。

- 寬度爲 300：透過 widthAnchor 設置的條件約束。

因此，frame 與 Auto Layout 的條件約束一起使用時會發生問題，我們必須取消 frame 自動產生條件約束的功能，因此你可以透過存取以下這個值，將自動轉換功能關閉：

- translatesAutoresizingMaskIntoConstraints: Bool：是否要自動轉換成條件約束，預設爲 true。

```
myView.translatesAutoresizingMaskIntoConstraints = false
```

將這個屬性設定成不轉換後，接著試著執行程式，你會發現原本的 UIView 不見了，因爲 frame 所設定的值已經沒有意義了，目前只設定了寬度的條件約束，所以還不是一個合法的約束條件，因此 UIView 不見是十分正常的。

你可以將其他約束補上，假設我們想要寬高 300，垂直水平置中於父類別，因此我們再增加三個條件約束。

- 高度為 300：

```
myView.heightAnchor.constraint(equalToConstant: 300).isActive = true
```

- 水平置中：

```
myView.centerXAnchor.constraint(equalTo: view.centerXAnchor).isActive = true
```

- 垂直置中：

```
myView.centerYAnchor.constraint(equalTo: view.centerYAnchor).isActive = true
```

這麼一來，總共有四個條件約束，也符合基本設定規則，因此你應該會得到以下的畫面結果。

圖 11.59　**透過程式碼設定條件約束**

因為我們關閉了自動轉換成條件約束的功能，因此在建構 UI 元件時傳入的 frame 已經沒有任何意義了，你可以隨意輸入任意數值，也不會有任何問題，像是你輸入一個極大的值：

```
let rect = CGRect(x: 100, y: 100, width: 10000, height: 10000)
let myView = UIView(frame: rect)
```

最後產生的結果是不會變的，因為這邊的值已經沒有意義了，因此你可以用更簡單的寫法，於 frame 欄位直接輸入「.zero」，zero 是 CGRect 所定義的一個靜態變數，代表全為 0 的矩形，既然這邊的 frame 沒有意義，改輸入 zero 會更加簡潔：

```
let myView = UIView(frame: .zero)
```

到這邊為止，你應該有一些基本的概念，用 frame 產生的 UI 元件會自動增加條件約束，如果你想要增加額外的約束，必須將自動轉換功能關閉，此時 frame 就沒有任何意義，因此可以直接輸入「zero」。

11.9 NSLayoutAnchor

NSLayoutAnchor 是用於產生條件約束的工具類別，Auto Layout 的概念在 iOS 8 左右推出，當時必須透過 NSLayoutConstraint 來產生對應的條件約束，但是建構子與整體設定起來十分的繁雜。舉例來說，你想設定你的 UI 元件與左邊的 View 為 0，你就必須寫這麼大一串程式碼：

```
NSLayoutConstraint(item: myView,
                   attribute: .left,
                   relatedBy: .equal,
                   toItem: view,
                   attribute: .left,
                   multiplier: 1.0,
                   constant: 0.0).isActive = true
```

這在當時是十分痛苦的，因此蘋果公司於隔年推出了更加簡潔的方式，使用 NSLayoutAnchor 來產生相同的結果，此時如果你要設定相同的約束條件，只需要簡單的程式碼即可完成：

```
myView.leftAnchor.constraint(equalTo: view.leftAnchor).isActive = true
```

NSLayoutAnchor 主要分三個種類：

種類	說明
NSLayoutDimension	尺寸，用於定義元件的大小。 ● widthAnchor：寬度。 ● heightAnchor：高度。
NSLayoutXAxisAnchor	用於定義 X 軸的位置。 ● leadingAnchor：元件開頭的位置。 ● trailingAnchor：元件結尾的位置。 ● leftAnchor：元件左方的位置。 ● rightAnchor：元件右方的位置。 ● centerXAnchor：元件水平中心的位置。
NSLayoutYAxisAnchor	用於定義 Y 軸的位置。 ● firstBaselineAnchor：元件上方開頭的位置。 ● lastBaselineAnchor：元件下方結尾的位置。 ● topAnchor：元件上方的位置。 ● bottomAnchor：元件下方的位置。 ● centerYAnchor：元件垂直中心點的位置。

雖然看起來滿多的，可是你可以簡單這樣記憶：

- 寬（width）
- 高（height）
- 上（top）

- 左（left）
- 下（bottom）
- 右（right）

- 水平（centerX）
- 垂直（centerY）

因為這些屬性都是定義於 UIView 之中，因此所有的 UI 元件都有以上的屬性，可以透過存取這些屬性來產生條件約束。

接下來，我們稍微補充一下先前沒有提到的部分，條件約束還有一個 Relation（也就是關係）屬性可以設定，預設的關係都是設置成「等於」。舉例來說，你設置了一個寬度為 100 的條件約束，你會看到這邊的選項是 Equal，你可以透過下拉選項將它展開，會有三個選項可以調整：

- Less Than or Equal：小於等於「 <= 」。

- Equal：等於「 = 」。

- Greater Than or Equal：大於等於「 >=」。

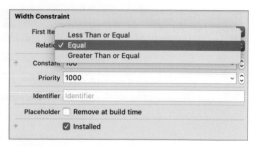

圖 11.60　Relation

　　知道可以設定關係後，我們繼續回來說明 NSLayoutAnchor。先從最基本的定義大小開始，我們透過存取 UI 元件的 NSLayoutDimension，就可以設置有關寬或高的條件約束。舉例來說，我們輸入「heightAnchor」後，接著輸入「constraint」，你會發現有許多的函式可以選擇：

```
myView.heightAnchor.constraint
     M constraint(equalTo:)
     M constraint(equalToConstant:)
     M constraint(equalTo:multiplier:)
     M constraint(equalTo:multiplier:constant:)
     M constraint(equalTo:constant:)
     M constraint(lessThanOrEqualTo:multiplier:)
     M constraint(lessThanOrEqualTo:multiplier:constant:)
     M constraint(greaterThanOrEqualTo:multiplier:)
       constraint(equalTo anchor: NSLayoutAnchor<NSLayoutDime
       nsion>) -> NSLayoutConstraint
       Returns a constraint that defines one item's attribute as equal to another.
```

圖 11.61　函式

　　看起來很多，其實就是把所有的組合都列出來而已，先前我們於畫面建構器中學會的設置方式也有各種組合，例如：直接設置大小、與其他 UI 比較，以及剛才學會的關係調整。

　　你可以透過命名得知這個函式傳入的值代表的意義，舉例來說，我們想要單純設置一個數值給它，那麼你應該就要使用這個函式：

```
myView.heightAnchor.constraint(equalToConstant: 300).isActive = true
```

　　如果你希望與其他 UIView 做比較，那麼可以使用這個函式：

```
myView.heightAnchor.constraint(equalTo: view.heightAnchor).isActive = true
```

這邊看起來很多，其實就只是參數多寡、關係調整以及比較的差異而已。

對於比較的部分，你必須拿相同種類的 Anchor 來做比較，像是你這個 UI 元件的高度，要等同於另一個 UI 元件的寬度，且佔比為 0.5：

```
myView.heightAnchor.constraint(equalTo: view.widthAnchor,
                               multiplier: 0.5).isActive = true
```

而距離相關的 Anchor，都必須有比較對象的，因此並沒有提供 equalToConstant 這個函式，都是得透過 equalTo，並且根據你要比較的對象 Anchor 來做設定。舉例來說，我希望我的 UIView 可以貼齊左方的左邊，那麼你就可以這樣寫：

```
myView.leftAnchor.constraint(equalTo: view.leftAnchor).isActive = true
```

整體來說，NSLayoutAnchor 使用起來非常簡單，只是你必須在腦海中構思最終結果，再依照你的需求增加對應的約束條件。

11.10　安全區域

iOS 11 以後增加了「安全區域」（Safe Area）這個新概念，主要的原因是 2017 年時 Apple 發布了新一代的手機：iPhone X，手機外型與過去的設計十分不同，去除了 Home 鍵以及將整面螢幕都設計成可以操作的樣式，但是因為全螢幕的狀況下還是需要有些地方提供給使用者進行系統手勢操作，因此將上下區塊有部分保留了起來，大部分情況下這兩個區塊不應該放置 App 的內容，因此 Apple 直接將這兩個區塊以外的地方稱為「Safe Area」，也就是你應該於這個區塊內進行畫面的設計。

開啟一個專案後，你可以新增一個 UIView，並且設置上下左右均為「0」，接著給它背景色，如圖 11.62 所示。

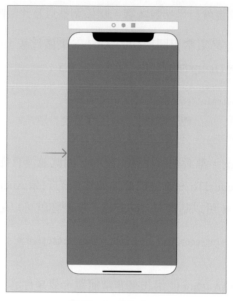

圖 11.62　Safe Area

　　此時你會發現上下區域被留白了，因為預設的區塊是依照 Safe Area 來進行設置的，為了怕你將按鈕等需要與使用者做互動的元件放入到 Safe Area 之中，因此有了這項限制，若你只是想將背景延伸，那麼你可以將 Constraint 所比較的對象改為 Super View，如此一來就會忽略 Safe Area，讓它完全填滿整個螢幕。

　　因此你可以點選上下的 Constraint，並且將比較對象從 Safe Area 修改成 Super View，如圖 11.63 所示。

圖 11.63　設置為 Super View

別忘了將Constant設置爲「0」，這麼一來，你會發現上方的顏色填滿了。

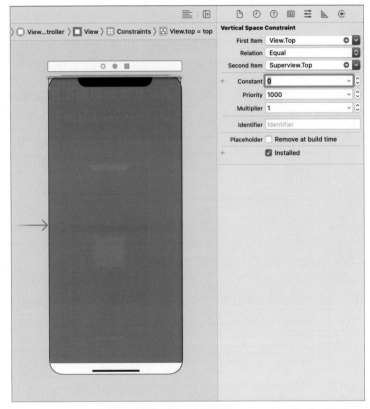

圖 11.64 **上方填滿了**

你可以依據需求，決定要對齊的對象是Safe Area或者是Super View，這邊建議不要將需要與使用者互動的元件放置到Safe Area之中，因爲該區域是無法使用的。

12

容器視圖

透過先前的章節，你應該對如何調整畫面有一定的瞭解了，接著你可以學習 UIKit 提供的容器視圖來輔助調整畫面，妥善利用這些工具，可以讓你在設計 App 畫面上更加順利與得心應手。

12.1 堆疊視圖

「堆疊視圖」（UIStackView）是用於垂直或水平擺放 UI 元件的容器，你可以於畫面建構器中輸入「UIStackView」來找到它們，有垂直與水平等兩種種類。

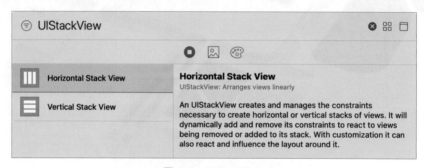

圖 12.1　UIStackView

接著你可以隨意拖曳一個到畫面中，這邊我們選擇水平的 UIStackView 來當範例，它的本質還是屬於 UI 元件的一種，因此你可以設置對應的條件約束，這邊我們希望它與父視圖一樣大，高度為 300，且置中於畫面中央，接著設定背景顏色，讓它看起來更加明顯。

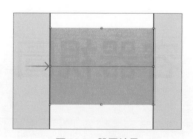

圖 12.2　設置結果

接下來，你可以隨意丟入任意一個 UI 元件到這個 UIStackView 之中，這邊我們選擇丟入一個 UIView，並且背景顏色設置成紅色，此時你會發現紅色的 UIView 並沒有設置任何的條件約束，但它的大小卻完整填滿了 UIStackView。

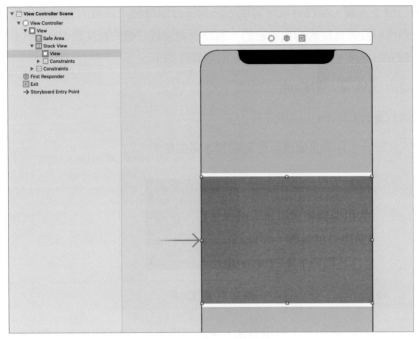

圖 12.3 　增加一個子視圖

　　會有這樣的結果是因為 UIStackView 會依照設定來調整子視圖的位置與大小，我們目前設置的是水平的 UIStackView，因此它就會依照水平來排序子視圖的位置與大小。目前只有一個子視圖，因此全部的空間都給它使用。

　　接下來，你可以在增加兩個 UIView 到這個 UIStackView 之中，你可以透過拖曳的形式增加到左邊的畫面層級結構中。

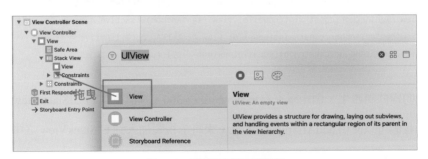

圖 12.4 　透過拖曳增加到畫面

　　加入完後，你可以設定另外兩個 UIView 的背景顏色，此時你會發現產生約束衝突了，因為預設的 UIStackView 的填充方式是 Fill，子視圖會填滿整個 UIStackView，目前有三個子視圖，卻沒有設定寬度，它無法分別每個子視圖的寬度應該要多少，因此我們可以設置寬度的約束給它們。假設我希望最左邊的寬度為 100，剩下兩個平均分配剩下的寬度，那麼你就必須設定兩個條件約束：

- 最左邊的 UIView：寬度 100。

- 中間與右邊的 UIView：兩個等寬。

當設定完成後，你的畫面應該會是圖 12.5 這個樣子。

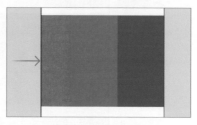

圖 12.5　設定完成

這就是 UIStakView 的基本使用方式，先決定要垂直或水平的 UIStackView，再依照內容的大小來決定佈局，比起使用一般的 UIView 來當容器，使用 UIStackView 可以輕易排出水平或垂直的 Layout。

我們也可以透過程式碼來產生 UIStackView，並且加上簡單的條件約束：

```
let stackView = UIStackView(frame: .zero)
view.addSubview(stackView)
stackView.translatesAutoresizingMaskIntoConstraints = false
stackView.leftAnchor.constraint(equalTo: view.leftAnchor).isActive = true
stackView.rightAnchor.constraint(equalTo: view.rightAnchor).isActive = true
stackView.centerYAnchor.constraint(equalTo: view.centerYAnchor).isActive = true
stackView.heightAnchor.constraint(equalToConstant: 300).isActive = true
```

以上的程式碼產生一個距離左右為 0、高度為 300、垂直置中的 UIStackView。

接著我們可以使用 addArrangedSubview 來將子視圖加入到 UIStackView 之中：

```
let redView = UIView(frame: .zero)
redView.backgroundColor = UIColor.red
stackView.addArrangedSubview(redView)
```

```
let greenView = UIView(frame: .zero)
greenView.backgroundColor = UIColor.green
stackView.addArrangedSubview(greenView)

let blueView = UIView(frame: .zero)
blueView.backgroundColor = UIColor.blue
stackView.addArrangedSubview(blueView)
```

最後設置對應的寬度條件約束：

```
redView.widthAnchor.constraint(equalToConstant: 100).isActive = true
greenView.widthAnchor.constraint(equalToConstant: 100).isActive = true
```

　　整體來說，步驟與畫面建構器相同，先產生 UIStackView，再增加其內容，最後設定內容的大小。

　　我們提過 UIStackView 分為垂直與水平兩個種類，你可以直接於畫面建構器中選擇你要的種類，或者更改排列的方式。

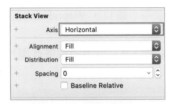

圖 12.6　**設置排列方向**

　　你也可以直接存取該屬性來更改排列的方向：

```
// 水平
stackView.axis = .horizontal
// 垂直
stackView.axis = .vertical
```

　　接下來我們來看 UIStackView 其他可設置的屬性與相關的函式：

● alignment: UIStackView.Alignment：排列方式，用於決定排列視圖的排列方式，預設為「Fill」。可以參考以下的圖表來得知差異，白色的區塊為 UIStackView，藍色為排列視圖。

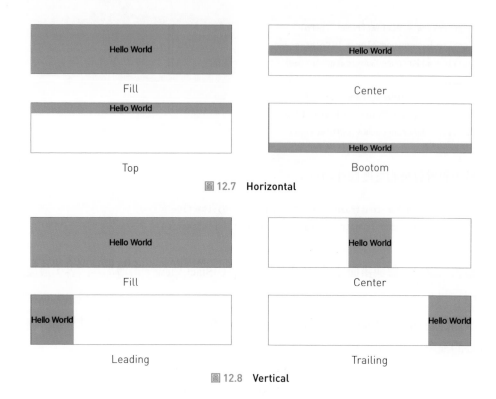

圖 12.7　**Horizontal**

圖 12.8　**Vertical**

● spacing: CGFloat：間距，預設為 0。可透過調整此屬性更改排列視圖之間的間距：

```
stackView.spacing = 5
```

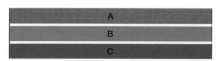

圖 12.9　**設置間距後的結果**

● distribution: UIStackView.Distribution：內容分配方式，預設為 Fill。可以調整此屬性更改內容分配的方式。

● Fill：排列視圖會填滿全部的 UIStackView。

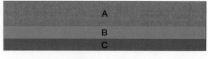

圖 12.10　**Fill**

● Fill Equally：排列視圖會填滿全部的 UIStackView，且大小相等。

圖 12.11　**Fill Equally**

● Fill Proportionally：排列視圖會填滿全部的 UIStackView，依照比例填滿。

圖 12.12　**Fill Proportionally**

● EqualSpacing：排列視圖間會有相同的間距。

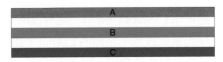

圖 12.13　**EqualSpacing**

　　我們可以調整以上的屬性來客製化 UIStackView 的顯示方式，你可以參考以下的圖片來知道屬性對應的位置為何。

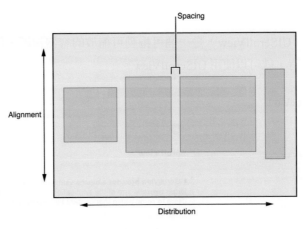

圖 12.14　**UIStackView**

接下來介紹有關排列視圖的相關屬性：

● arrangedSubviews: [UIView]：UIStackView 的所有排列視圖。

- addArrangedSubview：增加排列視圖。

```
let myView = UIView(frame: .zero)
stackView.addArrangedSubview(myView)
```

- insertArrangedSubview：插入排列視圖到對應的 stackIndex。

```
let myView = UIView(frame: .zero)
stackView.insertArrangedSubview(myView, at: 1)
```

- removeArrangedSubview：移除特定的排列視圖。

```
stackView.removeArrangedSubview(myView)
```

透過這個章節，你應該對使用 UIStackView 有一定程度的瞭解了，這是一個十分方便的工具，你可以簡單排序出垂直或水平相關的 Layout，比起直接使用 UIView 來排序，使用 UIStackView 可以簡化許多設置條件約束的手續，讓你可以專心於設計 App 之中。

12.2 滑動視圖

「滑動視圖」（UIScrollView）是一個可捲動可縮放的容器視圖，你的頁面如果需要顯示許多資訊時，就可以使用 UIScrollView。

圖 12.15　UIScrollView

你可在畫面建構器中新增一個 UIScrollView，並設置簡單的約束，讓整個頁面被 UIScrollView 占滿。當你設置完約束後，接著將「Content Layout Guides」選項勾除。

圖 12.16　**Content Layout Guides**

　　接下來，我們來說明有關如何設置 UIScrollView 內容視圖的條件約束，因為 UIScrollView 是可捲動的，且有水平捲動與垂直捲動兩種方式，因此垂直於水平的內容視圖必須設置開始與結束的位置，且寬高不能依照距離來定義。

　　舉例來說，我有三個 UIView，分別是紅色、綠色與藍色，寬度與 UIScrollView 相同，希望可以上下捲動：

- 水平：起始位置為三個 UIView 的左方，結束位置為三個 UIView 的右方。

- 垂直：起始位置為紅色 UIView 的上方，結束位置為藍色 UIView 的下方。

圖 12.17　**UIScrollView**

因此我們設置以下的條件約束：

● 紅色 UIView：靠上、靠左、靠右均為 0，高度任意。

● 綠色 UIView：靠上、靠左、靠右均為 0，高度任意。

● 藍色 UIView：靠上、靠左、靠右、靠下均為 0，高度任意。

當設置完成後，你會發現條件約束還是不合法，因為我們有提到位於 UIScrollView 中的內容視圖，寬高均不可以使用距離來定義，因此我們要在增加以下的條件約束：

● 紅色的 UIView：寬度等同於 UIScrollView。

● 綠色的 UIView：寬度等同於 UIScrollView。

● 藍色的 UIView：寬度等同於 UIScrollView。

這麼一來，全部的條件約束都滿足了，如果設置正確，你的畫面建構器應該不會有任何紅色的警告，接著你可以實際執行看看，如果還不能捲動的話，試著將三個 UIView 的高度調整成大一點，這麼一來就可以捲動了。

接下來，我們來練習如何水平捲動，你可以將條件約束清除後，繼續使用這個範例來當練習，我們先將三個 UIView 隨意擺放，高度與螢幕等高。

圖 12.18　可捲動的 UIScrollView

圖 12.19　UIScrollView

我們一樣先想好垂直與水平的起始結束位置：

- 水平：起始位置為紅色 UIView 的左方，結束位置為藍色 UIView 的右方。

- 垂直：起始位置為三個 UIView 的上方，結束位置為三個 UIView 的下方。

接著因為我們已經知道寬高均不能使用距離來定義，因此我們可以直接先將這三個 UIView 的高度設置等於 UIScrollView，然後定義其他的條件約束：

- 紅色 UIView：靠上、靠左、靠下均為 0，高度等同於 UIScrollView，寬度任意。

- 綠色 UIView：靠上、靠左、靠下均為 0，高度等同於 UIScrollView，寬度任意。

- 藍色 UIView：靠上、靠左、靠下、靠右均為 0，高度等同於 UIScrollView，寬度任意。

當一切設定完成後，你應該可以得到一個可以左右捲動的 UIScrollView。

圖 12.20　**可捲動的 UIScrollView**

稍微總結一下 UIScrollView 的使用方式：

- 取消 Content Layout Guides。

- 必須定義水平的起始與結束位置。

- 必須定義垂直的起始與結束位置。

- 內容的寬高均無法使用距離來定義。

我們也可以透過程式碼來產生 UIScrollView，並且增加簡單的條件約束：

```
let scrollView = UIScrollView(frame: .zero)
view.addSubview(scrollView)
scrollView.translatesAutoresizingMaskIntoConstraints = false
scrollView.topAnchor.constraint(equalTo: view.topAnchor).isActive = true
scrollView.leftAnchor.constraint(equalTo: view.leftAnchor).isActive = true
scrollView.rightAnchor.constraint(equalTo: view.rightAnchor).isActive = true
scrollView.bottomAnchor.constraint(equalTo: view.bottomAnchor).isActive = true
```

透過程式碼增加子視圖也必須遵循這些條件：

● 必須定義水平的起始與結束位置。

● 必須定義垂直的起始與結束位置。

● 內容的寬高均無法使用距離來定義。

接下來示範透過程式碼增加兩個 UIView 到 UIScrollView 之中，高度均為 500，寬度與 UIScrollView 相同：

```
let redView = UIView(frame: .zero)
redView.backgroundColor = .red
scrollView.addSubview(redView)
redView.translatesAutoresizingMaskIntoConstraints = false
redView.topAnchor.constraint(equalTo: scrollView.topAnchor).isActive = true
redView.leftAnchor.constraint(equalTo: scrollView.leftAnchor).isActive = true
redView.rightAnchor.constraint(equalTo: scrollView.rightAnchor).isActive = true
redView.widthAnchor.constraint(equalTo: scrollView.widthAnchor).isActive = true
redView.heightAnchor.constraint(equalToConstant: 500).isActive = true

let blueView = UIView(frame: .zero)
blueView.backgroundColor = .blue
scrollView.addSubview(blueView)
blueView.translatesAutoresizingMaskIntoConstraints = false
blueView.topAnchor.constraint(equalTo: redView.bottomAnchor).isActive = true
blueView.leftAnchor.constraint(equalTo: scrollView.leftAnchor).isActive = true
blueView.rightAnchor.constraint(equalTo: scrollView.rightAnchor).isActive = true
blueView.widthAnchor.constraint(equalTo: scrollView.widthAnchor).isActive = true
blueView.heightAnchor.constraint(equalToConstant: 500).isActive = true
blueView.bottomAnchor.constraint(equalTo: scrollView.bottomAnchor).isActive = true
```

最終執行結果就會是有紅色與藍色的 UIView 位於 UIScrollView 之中,並且可以垂直捲動。

圖 12.21　透過程式碼產生的 UIScrollView

12.3　縮放 UIScrollView 內容

我們提過 UIScrollView 除了可以捲動外,還可以進行縮放,你可以新增一個專案,並且於畫面中增加一個 UIScrollView,接著設置簡單的條件約束,且於 UIScrollView 中增加一張圖片,寬高與 UIScrollView 相等,此時你的 Storyboard 應該會像是圖 12.22 這個樣子。

圖 12.22　**設置圖片到 UIScrollView 之中**

　　接著，我們要設置 IBOutlet 到 UIViewController 之中，需要將 UIScrollView 以及 UIImageView 都關聯到我們的頁面之中，你可以隨意命名這兩個 UI 元件的名稱：

```
@IBOutlet var scrollView: UIScrollView!
@IBOutlet var imageView: UIImageView!
```

　　完成之後，我們使用擴展（extension）為我們的 UIViewController 實作 UIScroll ViewDelegate 這個協議（Protocol），這樣一來，我們的 UIViewController 就有資格成為 UIScrollView 的 Delegate（代理人）：

```
extension ViewController: UIScrollViewDelegate {

}
```

因為我們要讓 UIScrollView 可以縮放，因此要實作 UIScrollViewDelegate 內的其中一個函式：

```
func viewForZooming(in scrollView: UIScrollView) -> UIView?
```

這個函式代表你要讓哪個 UIView 於 UIScrollView 之中可以縮放，我們希望是剛才設置的 UIImageView，因此我們就直接回傳剛才設置的 IBOutlet 變數即可：

```
func viewForZooming(in scrollView: UIScrollView) -> UIView? {
    return imageView
}
```

這麼一來，就算是完成 UIScrollViewDelegate 的實作了，接下來設置 Delegate 以及設定縮放範圍，這邊我們可以將它寫在 viewDidLoad 之中：

```
override func viewDidLoad() {
    super.viewDidLoad()
    scrollView.minimumZoomScale = 1
    scrollView.maximumZoomScale = 5
    scrollView.delegate = self
}
```

這邊我們設置了最小與最大縮放範圍，以及設置 UIScrollView 的 Delegate 為這個 UIViewController，如此一來，就算是完成了設置，你可以試著執行專案，並且使用縮放手勢測試看看，如果是使用模擬器來當練習的話，你可以按住 option 鍵，接著拖曳滑鼠游標，就可以有縮放手勢了。

圖 12.23　使用縮放手勢

　　接著我們希望使用者點選兩下圖片，就會放到最大，或者縮到最小，為了實現這個功能，這邊我們要使用到 UITapGestureRecognizer 來幫助我們，這是用於偵測使用者手勢的一個類別，UITapGestureRecognizer 的初始化需要增加 target-action，如同 UIButton 增加點擊事件一樣，我們先建立一個 UITapGestureRecognizer 觸發的事件：

```
@objc func handleTap() {

}
```

　　接著我們來撰寫設置手勢辨識的函式：

```
private func setupGestureRecognizer() {
    let doubleTapRecognizer = UITapGestureRecognizer(target: self, action: #selector(handleTap))
    // 需要點兩下才會觸發
    doubleTapRecognizer.numberOfTapsRequired = 2
    // 於 UIScrollView 中增加手勢辨識
    scrollView.addGestureRecognizer(doubleTapRecognizer)
}
```

　　整體來說，不是太複雜的程式碼，透過建構子產生 UITapGestureRecognizer，接著設置需要點兩下才會被偵測到，最後加入到 UIScrollView 之中。

　　最後我們將偵測後的函式也寫完，這邊我們會先判別目前的縮放係數，來決定要放到最大或者放到最小：

```
@objc func handleTap() {
    if scrollView.zoomScale > scrollView.minimumZoomScale {
        // 放到最小
        scrollView.setZoomScale(scrollView.minimumZoomScale,
                                animated: true)
    } else {
        // 放到最大
        scrollView.setZoomScale(scrollView.maximumZoomScale,
                                animated: true)
    }
}
```

　　別忘了加設置手勢辨識的函式加入到 viewDidLoad 之中：

```
override func viewDidLoad() {
    super.viewDidLoad()
    scrollView.minimumZoomScale = 1
    scrollView.maximumZoomScale = 5
    scrollView.delegate = self
    setupGestureRecognizer()
}
```

　　如此一來，你的 UIScrollView 可以透過手勢來縮放以外，還可以點兩下 UIScrollView，讓它自動縮放到最大與最小，完整的程式碼如下：

```
class ViewController: UIViewController {

@IBOutlet var scrollView: UIScrollView!
@IBOutlet var imageView: UIImageView!

    override func viewDidLoad() {
        super.viewDidLoad()
        scrollView.minimumZoomScale = 1
        scrollView.maximumZoomScale = 5
```

```swift
        scrollView.delegate = self
        setupGestureRecognizer()
    }

    private func setupGestureRecognizer() {
        let doubleTapRecognizer = UITapGestureRecognizer(target: self, action: #selector(handleTap))
        // 需要點兩下才會觸發
        doubleTapRecognizer.numberOfTapsRequired = 2
        // 於 UIScrollView 中增加手勢辨識
        scrollView.addGestureRecognizer(doubleTapRecognizer)
    }
    @objc func handleTap() {
        if scrollView.zoomScale > scrollView.minimumZoomScale {
            // 放到最小
            scrollView.setZoomScale(scrollView.minimumZoomScale,
                                    animated: true)
        } else {
            // 放到最大
            scrollView.setZoomScale(scrollView.maximumZoomScale,
                                    animated: true)
        }
    }
}


extension ViewController: UIScrollViewDelegate {
    func viewForZooming(in scrollView: UIScrollView) -> UIView? {
        return imageView
    }
}
```

13

切換頁面

13.1 切換頁面

我們於 UIViewController 的章節中，有稍微提到切換頁面的基礎，這個章節會針對切換頁面做詳細的說明，你可以新增一個專案，接著於 Storyboard 中增加一個新的頁面，並且將這兩個頁面設置不同的顏色。

圖 13.1 兩個頁面

接著你可以在第一個頁面增加一個按鈕，點選按鈕後按住 Control 鍵，拖曳線到第二個頁面，會跳出 Action Segue 的提示視窗，我們選擇「Show」，將按鈕的事件與 Show 綁定在一起。

圖 13.2 Action Segue

當你設定完成後，你會發現兩個頁面中間有一條線串接在一起，這條線就是 Segue，因爲我們設計 App 是使用故事版（Storyboard），每個頁面則是場景（Scene），場景間的過場則是 Segue。

圖 13.3　**透過 Segue 切換頁面**

接下來，我們新增一個 UIViewController 的子類別，我們可以選擇「Cocoa Touch
Class」，讓 Xcode 幫我們產生對應的程式碼。

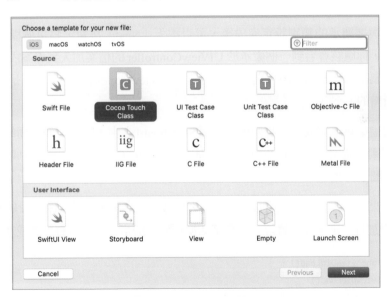

圖 13.4　**Cocoa Touch Class**

「Subclass of」的部分選擇「UIViewController」，並且爲這個類別隨意的命名，如圖 13.5 所示。

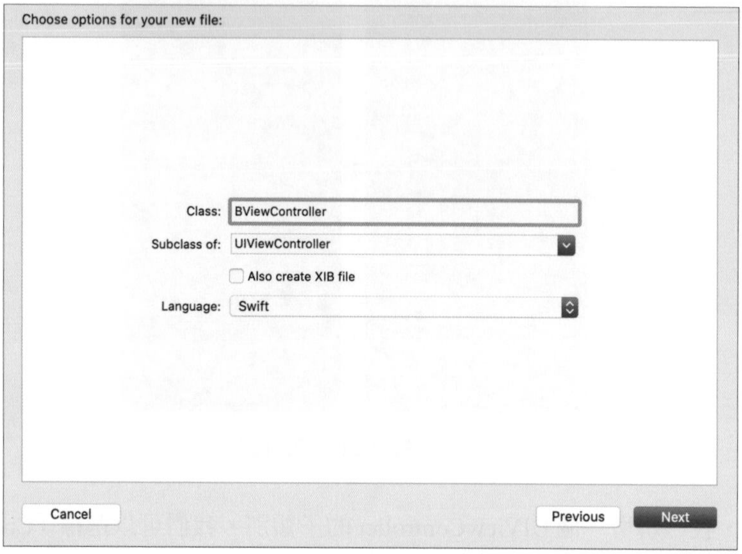

圖 13.5　**UIViewController 子類別**

將名稱與要繼承的類別設定完成後，可以按下「Next」按鈕，將這個檔案增加到專案之中，你應該會看到一個繼承於 UIViewController 的檔案加入到專案內，且有基本的程式碼結構，整體來說，與專案初始建立的 ViewController 相同，只是這次是由你自己新增的。

當你的檔案新增完成後，我們可以回到 Storyboard 之中，將第二個頁面的 Class 設置成我們剛才新增的，你可以選擇該頁面後，將它的 Custom Class 設置成你建立的類別，如圖 13.6 所示。

如此一來，第二個頁面的 Class 就變成你剛才建立的 Class 了，你可以於 viewDidLoad 中增加程式碼，並且實際執行專案切換頁面，觀察一下是否有設置成功：

```
override func viewDidLoad() {
    super.viewDidLoad()
    print("B 頁面 viewDidLoad")
}
```

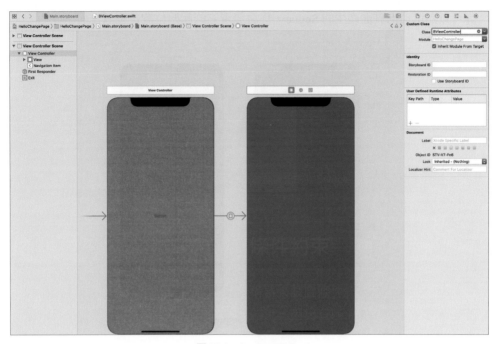

圖 13.6　Custom Class

13.2　UIStoryboardSegue

　　UIStoryboardSegue 是 Storyboard 中切換頁面時的物件，我們可以直接使用按鈕產生 Segue 的事件，只需要點選按鈕後，按住 Control 鍵拖曳到其他頁面即可，不過有時你可能會希望做某些事情後，接著切換頁面，這時你可以直接點選頁面，並按住 Control 鍵拖曳到其他頁面，一樣可以產生 Segue。你可以點選上方的按鈕，選擇這個頁面，如圖 13.7 所示。

圖 13.7　選擇頁面按鈕

你可以點選透過頁面產生的 Segue，你會發現它的起始位置是整個頁面。

圖 13.8　Segue

因為我們要透過程式碼觸發 Segue，因此我們要為這個 Segue 增加辨識碼（Identifier），點選 Segue 後，可以於右方設定辨識碼，這邊我們可以隨意命名。

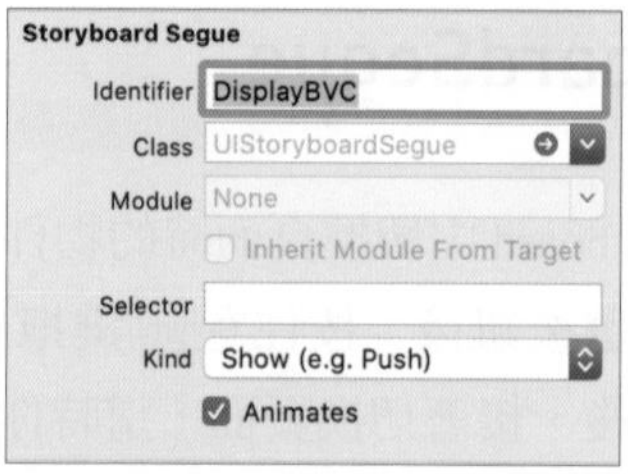

圖 13.9　命名 Segue

這麼一來，我們就可以於程式碼中透過辨識碼來觸發 Segue，這邊我們要使用這個函式，並且輸入對應的辨識碼來觸發：

```
performSegue(withIdentifier: "DisplayBVC", sender: nil)
```

你可以於第一個頁面增加另一個按鈕，接著將這行程式碼輸入到對應的 IBAction 之中，這麼一來，就可以透過程式碼來觸發換頁的 Segue。

接下來，我們於第一個頁面中，增加一個 UITextField，讓使用者輸入姓名，並且於第二個頁面顯示第一個頁面所輸入的姓名，這樣我們就必須從第一個頁面傳遞資訊到第二個頁面。

這邊我們將背景顏色改為白色，並且增加必要的 UI 元件，設置簡單的條件約束，讓它們排列在畫面上，接著設置對應的 IBOutlet。

圖 13.10　**設置 UI 元件**

● 第一個頁面設置 UITextField 的 IBOutlet：

```
@IBOutlet var nameTextField: UITextField!
```

● 第二個頁面設置 UILabel 的 IBOutlet：

```
@IBOutlet var nameLabel: UILabel!
```

因為我們需要將參數從第一個頁面傳遞到第二個頁面，因此我們於第二個頁面中，新增一個變數，用於表示姓名，然後於 viewDidLoad 中設置到我們的 UILabel 之上，因此第二頁的全部程式碼如下：

```
class BViewController: UIViewController {
```

```
@IBOutlet var nameLabel: UILabel!
var name = ""

override func viewDidLoad() {
    super.viewDidLoad()
    nameLabel.text = name
}

}
```

接下來，我們需要回到第一頁，將 UITextField 的內容取出，並且賦予到第二頁
name 變數之內，在這邊我們需要覆寫以下這個函式：

```
override func prepare(for segue: UIStoryboardSegue,
                      sender: Any?) {

}
```

這個函式是當頁面準備要透過 segue 切換到下一個頁面時觸發，會傳入對應的
segue，我們可以透過存取 segue 的 destination 屬性來取得下一頁面的實體，因為
destination 的資料型態是 UIViewController，我們可以透過 as 來進行資料型態的轉
型，將它轉換成下一頁面的資料型態，並且透過可選綁定來進行解包，此時因為已
經轉換成下一頁面了，因此可以存取到我們剛才設置的 name 變數，你可以將第一頁
的 nameTextField 的屬性設置進去：

```
override func prepare(for segue: UIStoryboardSegue, sender: Any?) {
    if let bVC = segue.destination as? BViewController {
        bVC.name = nameTextField.text ?? ""
    }
}
```

一切都就緒後，你可以試著執行看看，並且於第一頁的 UITextField 中輸入姓名，
接著點選切換頁面的按鈕，看看第二頁是否有顯示第一頁輸入的姓名。

圖 13.11　**傳遞資料**

13.3　透過 Present 來切換頁面

我們除了可以使用 Segue 來切換頁面外，也可以透過呼叫 present 函式來進行頁面的切換，這邊我們一樣準備兩個頁面，並且設置不同的背景顏色，第二個頁面的 Custom Class 也設置完成。

圖 13.12　**兩個頁面**

接著我們選擇第二個頁面並設置 Storyboard 的辨識碼（Identifier），這邊我們可以隨意的命名，不過通常來說會使用 Custom Class 名稱來當辨識碼，如圖 13.13 所示。

圖 13.13　**設置 Storyboard 辨識碼**

有了 Storyboard 辨識碼後，我們就可以於程式碼中產生對應的頁面實體，這邊回到第一個頁面，增加一個按鈕，並且設置對應的 IBAction，當點選按鈕後，希望可以切換到第二個頁面：

```
@IBAction func buttonTapped(_ sender: Any) {

}
```

接著我們要先取得 Storyboard 的實體，透過建構子並且傳入 Storyboard 的名稱，就可以取得對應的 Storyboard，bundle 的部分輸入「.main」，代表當前的專案：

```
let storyboard = UIStoryboard(name: "Main", bundle: .main)
```

Storyboard 的名稱就是檔案名稱，如圖 13.14 所示。

圖 13.14　**Main.storyboard**

如此一來，你就取得了這個 Storyboard 的實體，接著我們要透過這個實體取得裡面對應的 UIViewController，可以透過 instantiateViewController(withIdentifier:) 函式來取得，這邊我們就要輸入之前步驟設置的 Storyboard 辨識碼：

```
let bVC = storyboard.instantiateViewController(withIdentifier: "BViewController")
```

如果辨識碼沒有輸入錯誤的話，這邊就會取得對應的 UIViewController，接著我們就可以使用 present 函式進行切換頁面，並且要輸入三個參數：

```
present(bVC, animated: true, completion: nil)
```

● 第一個參數：要切換的 UIViewController。

● animated：是否要動畫效果。

● completion：切換頁面完成時會觸發的 Closure。

當一切都寫完後，可以試著執行看看，應該可以切換到第二個頁面，如果你想要傳值到第二頁的話，那麼我們可以將 Storyboard 取得的 UIViewController 使用 as? 進行轉型，並且使用可選綁定進行解包：

```
if let bVC = storyboard.instantiateViewController(withIdentifier: "BViewController") as?
BViewController {

}
```

這麼一來，兩種切換頁面的方式你都學會了，接下來我們來談談如何關閉頁面，iOS 13 以後切換頁面的設計都是採用卡片設計，因此使用者可以簡單透過手指將頁面移除，但是以前的切換頁面則是整頁覆蓋，沒辦法像卡片一樣移除，這時我們可能需要新增一個按鈕，讓使用者可以關閉頁面。

圖 13.15 　**卡片與整頁覆蓋模式**

要關閉頁面其實十分簡單，我們只需要呼叫 dismiss 函式，並且設置兩個參數：

```
dismiss(animated: true, completion: nil)
```

● animated：是否需要動畫效果。

● completion：關閉頁面結束時會觸發的 Closure。

你可以於第二頁增加一個按鈕，並且將這段程式碼寫入到對應的 IBAction 之中，這樣使用者點選按鈕時，第二頁就會被關閉。

13.4 多個 Storyboard

我們新建一個專案時，預設會有一個 Main.storyboard，通常我們不會將所有的頁面都放置到同一個 Storyboard 之中，因為這樣整個 Storyboard 會太過龐大且難以維護，因此我們可以新增多個 Storyboard，根據不同的情境與內容決定這個頁面要放置到哪一個 Storyboard 內。

舉例來說，我們的 App 也許需要登入相關的功能，這時我們就可以增加一個 Storyboard，專門擺放登入相關的頁面，你可以點選新增檔案，並且選擇 Storyboard。

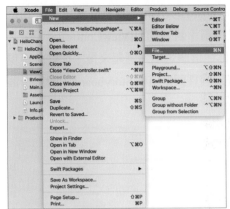

圖 13.16　新增 Storyboard

　　我們將這個 Storyboard 命名為「Login.storyboard」，加入到專案後，你可以開啟這個檔案，接著你會發現裡面什麼都沒有，我們可以新增一個 UIViewController 到裡面。

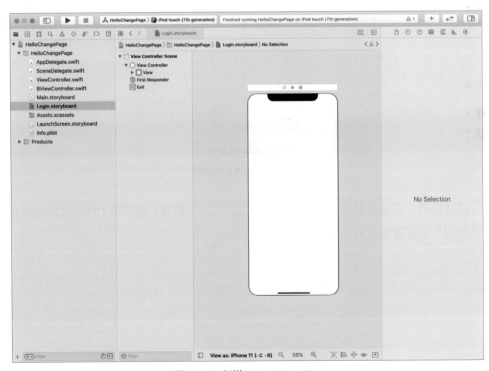

圖 13.17　新增 UIViewContoller

　　新增完成後，接下來我們要設定這個Storyboard的初始頁面，也就是進入到這個Storyboard中的第一個頁面，我們可以選擇剛才新增的UIViewController，接著將目光移到右方，將這個選項勾選起來，當你把這個選項勾選起來後，你就會發現UIViewController的左方多了一個箭頭，代表這個頁面是這個Storyboard中的第一個頁面，如圖13.18所示。

圖 13.18　設置初始頁面

　　接著我們一樣為這個頁面建立一個Custom Class，新增一個新的UIViewController子類別，接著隨意命名這個類別名稱。

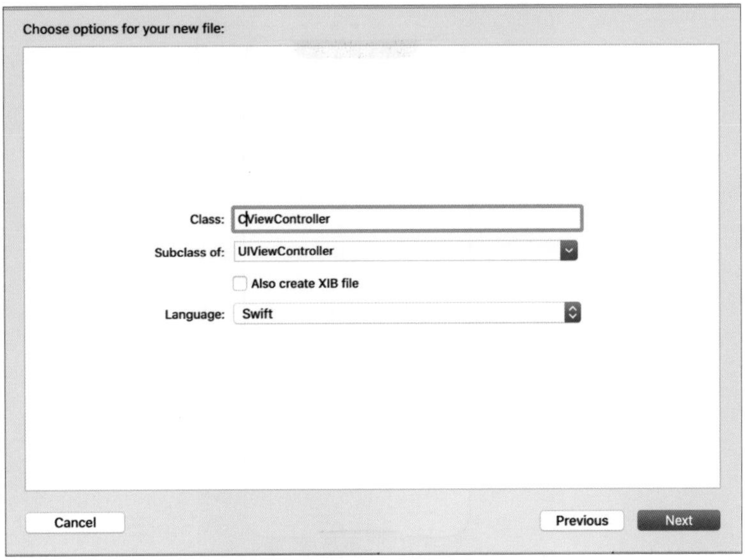

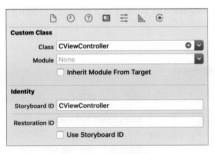

圖 13.19　新增 UIViewController

新增完後，我們將這個頁面的 Custom Class 以及 Storyboard 辨識碼都設定好，如圖 13.20 所示。

圖 13.20　設置屬性

如此一來，這個頁面的事前準備算是完成了，我們回到 Main.storyboard 之中，接著增加兩個按鈕，這兩個按鈕都可以切換到 Login.storyboard 中的頁面，一個是透過 Segue，一個則是透過 Present。

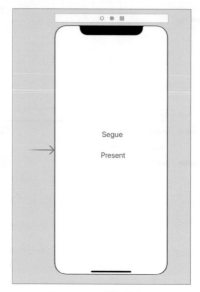

圖 13.21　**新增兩個按鈕**

　　首先我們來處理透過 Segue 換頁的按鈕，我們都知道 Segue 是直接在 Storyboard 中透過拉線的形式產生的，因此我們必須在這個 Storyboard 取得另一個 Storyboard 的頁面，這邊我們可以透過 Storyboard Reference 來產生對應的 Storyboard，新增元件中可以找到它。

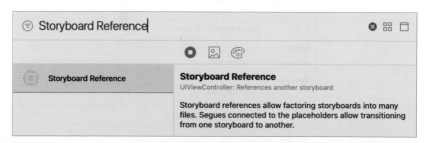

圖 13.22　**Storyboard Reference**

　　新增之後，我們可以於右方的設定選擇對應的 Storyboard。

圖 13.23　**設置 Storyboard Reference**

這邊有一些屬性可以設定：

- Storyboard：哪一個 Storyboard。

- Referenced ID：該 UIViewController 的 Storyboard 辨識碼，這邊如果不輸入的話，
  預設為 Storyboard 的起始 UIViewController。

- Bundle：位於哪一個 Bundle，這邊不需要輸入值。

　　本範例中，由於要前往的 CViewController 剛好是 Login.storyboard 的起始 UIView
Controller，因此我們只需要選擇 Stroyboard 即可，這麼一來，這個 Storyboard
Reference 所代表的意義就是 CViewController 頁面，我們就可以透過按鈕來產生
Segue，進行切換頁面的行為。

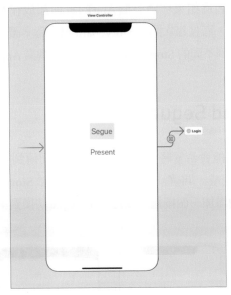

圖 13.24　Segue

　　如果你想要指定特定的 UIViewController，就需要輸入 Referenced ID，我們剛才有
設置 CViewController 的 Storybaord ID，因此我們可以將它輸入到我們的 Storyboard
Reference 之中。

圖 13.25　Referenced ID

這麼一來，你應該了解如何透過 Storyboard Reference 產生對應的頁面參考，接著就可以利用 Segue 來進行頁面的切換。

另一個按鈕則是需要使用 present 進行頁面的切換，其實整體的程式碼大同小異，透過 Storyboard 建構子取得 Login.storyboard 的實體，接著透過 Stroyboard 辨識碼取得頁面的實體，最後再進行頁面的切換：

```
let storyboard = UIStoryboard(name: "Login", bundle: nil)
let cVC = storyboard.instantiateViewController(withIdentifier: "CViewController")
present(cVC, animated: true, completion: nil)
```

如此一來，你應該對有多個 Storyboard 的頁面切換有一定程度的瞭解，實務上的確會有許多 Storyboard，因為如果你將整個 App 的頁面都放在 Main.storyboard 之中，那麼會變得十分難維護，而且每次開啟 Storyboard 檔案時，讀取的時間也會變得比較長，因此如何切分功能到不同的 Storyboard 之中，也是撰寫 App 中十分重要的技能。

13.5 Unwind Segue

某些情況下，我們可能會希望將資料從第二個頁面回傳到第一個頁面，我們可以透過 Unwind Segue 來完成，開啟一個新的專案之後，於 Storyboard 中增加一個新的頁面，接著第一個頁面增加一個按鈕，並且產生 Segue 切換到第二個頁面。

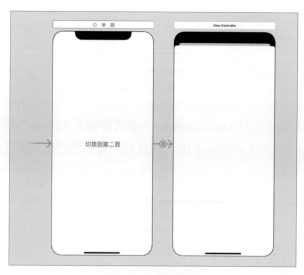

圖 13.26　**兩個頁面**

接下來別忘了為第二個頁面增加 Custom Class，這邊我們將它命名為「BView
Controller」，接著我們希望第二頁點選按鈕後，將資料傳遞回第一個頁面，因此我
們在第二個頁面增加一個按鈕，當點選這個按鈕時，會觸發 Unwind Segue 回到第一
個頁面。

我們回到第一個頁面的 Class 中，增加以下的程式碼：

```
@IBAction func backToViewController(segue: UIStoryboardSegue) {

}
```

你可以任意命名這邊的函式名稱，但是前面要加上 @IBAction，並且參數要有
segue，資料型態為 UIStoryboardSegue。

這麼一來，我們就可以產生 Unwind Segue，讓頁面結束後返回到這個頁面，接著
我們點選按鈕，並且拖曳到「Exit」按鈕上。

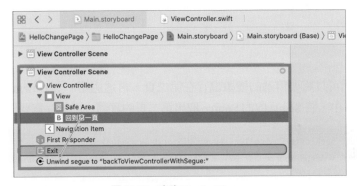

圖 13.27　產生 Unwind Segue

接著你應該會看到剛才於第一個頁面撰寫的 IBAction 可以選擇。

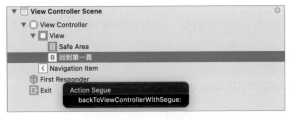

圖 13.28　IBAction

你可以實際執行看看程式碼，應該可以切換到第二個頁面，第二頁點選按鈕來關閉頁面，回到第一個頁面。

接下來我們來將資料從第二頁傳遞回第一頁，有兩種方法：

● 透過第二頁的 prepare(for segue) 函式，取得 segue 的 destination，與切換頁面相同，透過 Unwind Segue 也會觸發 prepare 函式，因此我們可以於這個函式中取得第一個頁面的實體，將資料塞入到變數之中：

```swift
override func prepare(for segue: UIStoryboardSegue, sender: Any?) {
    if let viewController = segue.destination as? ViewController {
        viewController.name = "Jerry"
    }
}
```

接著我們可以於 Unwind Segue 觸發的 IBAcion 中，將值取出：

```swift
@IBAction func backToViewController(segue: UIStoryboardSegue) {
    print(name)
}
```

● 此外，我們可以將要傳遞的變數儲存在第二頁，再透過第一頁 Unwind Segue 觸發的 IBAcion 中，將 Segue 內的 Source 取出第二頁的實體，然後存取要傳遞的變數：

```swift
@IBAction func backToViewController(segue: UIStoryboardSegue) {
    if let bVC = segue.source as? BViewController {
        self.name = bVC.name
        print(name)
    }
}
```

如此一來，你應該能了解如何從第二個頁面將值傳遞到第一個頁面。

Segue 有兩個很重要的變數可以存取：

● destination：目的地的 UIViewController。

● source：來源地的 UIViewController。

如果你想要從第三個頁面切換回第一個頁面，也可以直接使用 Unwind Segue 來達成這個需求，這邊我們再增加一個頁面，並且於第三頁增加一個回第一頁的按鈕。

圖 13.29　**三個頁面**

接著，我們選擇第三頁的按鈕，並且設置 Unwind Segue 到第一個頁面的 IBAction。

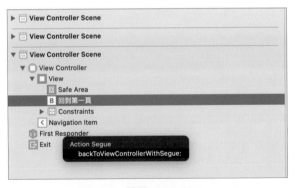

圖 13.30　**設置 Unwind Segue**

如此一來，你就可以直接從第三個頁面回到第一個頁面了，經過這些練習，你應該對於「透過 Segue 來切換頁面」有更深的了解。這算是一個十分方便的工具，從 Storyboard 中也可以看到 Segue 線路的連接，你可以很清楚知道這個頁面可能會前往哪個頁面。

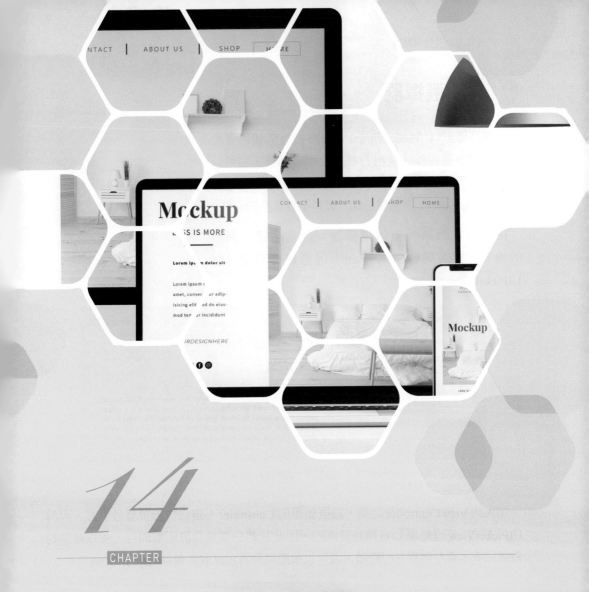

14

選擇器

14.1 選擇器

「選擇器」（UIPickerView）是 iOS 特有的使用者介面，透過滾動的形式呈現資料讓使用者選擇，你可以在很多地方都看到選擇器的使用，也能透過日期選擇器（UIDatePicker）來選擇日期，算是十分常見的元件。

圖 14.1　日期選擇器

接下來我們試著使用選擇器，首先開啓一個新的專案，接著開啓 Storyboard，透過搜尋增加一個 UIPickerView。

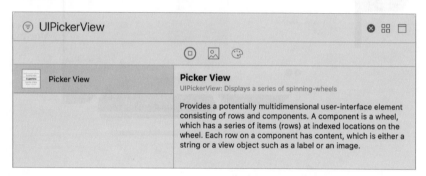

圖 14.2　UIPickerView

加入到 ViewController 之後，設置簡單的 Constraint，讓它位於螢幕最下方，因爲 UIPickerView 也是屬於有預設寬高的，因此我們只需要設置距離即可，所以簡單的設置靠下、靠左與靠右的距離，就可以很簡單的將它設置到螢幕的最下方。

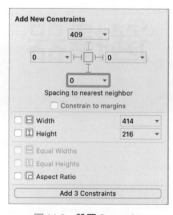

圖 14.3　設置 Constraint

接下來，我們透過 IBoutlet，使得程式碼與 UIPickerView 擁有了關聯：

```
@IBOutlet weak var pickerView: UIPickerView!
```

此時若是你直接執行專案，你會發現 UIPickerView 並沒有內容，只是一個空殼：

圖 14.4　**只有空殼的 UIPickerView**

　　這是因為使用 UIPickerView 時，必須設置對應的資料來源（DataSource），接下來我們來學習如何使用資料來源。

14.2　UIPickerViewDataSource

　　UIPickerViewDataSource 是屬於協議（Protocol）的一種，透過實作（implement）協議，使得你的類別或結構符合協議。說明後可能還不太了解其中的意思，我們直接透過程式碼來了解。我們回到 ViewController 的程式碼中，加入以下的程式碼片段：

```
extension ViewController: UIPickerViewDataSource {

}
```

這段程式碼的意思是，擴展（extension）ViewController，讓它實作 UIPickerView DataSource 這個 Protocol，此時你會發現 Xcode 會提醒你：若是要實作這個協議，必須實作某些函式。

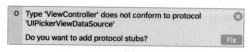

圖 14.5　**實作協議的警告訊息**

按下「Fix」按鈕後，你會發現程式碼區塊自動增加了兩個函式：

```
numberOfComponents
numberOfRowsInComponent
```

這兩個函式是 UIPickerViewDataSource 所規定一定要實作的函式，你必須告知 UIPickerViewDataSource，UIPickerView 之中擁有多少個 Component，而每個 Component 又擁有多少個 Row，我們可簡單測試一下。假設擁有 1 個 Component，每個 Component 擁有 10 個 Row，我們可以將這兩個函式的回傳值，改成以下的樣子：

```
extension ViewController: UIPickerViewDataSource {
    func numberOfComponents(in pickerView: UIPickerView) -> Int {
        return 1
    }

    func pickerView(_ pickerView: UIPickerView, numberOfRowsInComponent component: Int) ->
Int {
        return 10
    }
}
```

如此一來，ViewController 即完成實作 UIPickerViewDataSource 了，也就是它可以當成 UIPickerView 的 DataSource 了。接著我們將 UIPickerView 的 DataSource 指定為 ViewController，你可以在 viewDidLoad() 中增加以下的程式碼：

```
override func viewDidLoad() {
    pickerView.dataSource = self
}
```

接下來你可以試著執行程式碼，你應該會看到以下的畫面。

圖 14.6　**設置 DataSource 之後的結果**

你會發現 UIPickerView 產生了 10 個選項，因為我們實作 UIPickerViewDataSource 時，另根據兩個函式設定成：這個 UIPickerView 為 1 個 Component，每個 Component 則擁有 10 個 Row。

> 🎯 **說明**　你可以試著將這兩個函式的值，填入不同的回傳值，接著執行看看，看看會有什麼樣的變化。

14.3　UIPickerViewDelegate

雖然目前可以產生對應的項目，但是上面所顯示的文字都是問號，我們可以透過實作 UIPickerViewDelegate 來將文字顯示出來。我們一樣在程式碼中透過擴展（extension）來實作 UIPickerViewDelegate：

```
extension ViewController: UIPickerViewDelegate {

}
```

這次你會發現即使沒有寫任何函式，Xcode 也不會提示任何訊息，這是因為 UIPickerViewDelegate 這個 Protocol，並不需要實作任何函式也可以當成實作完成。

我們可以於程式碼區塊輸入「pickerViewtitle」，接著透過 Xcode 的提示，選擇對應的函式，讓它產生對應的程式碼區塊。

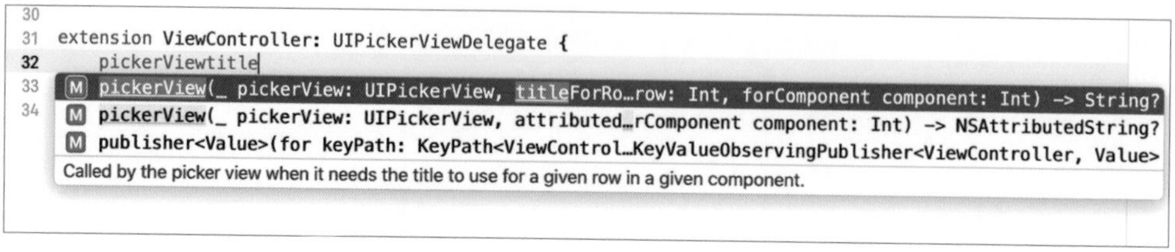

```
30
31  extension ViewController: UIPickerViewDelegate {
32      pickerViewtitle
33    M pickerView(_ pickerView: UIPickerView, titleForRo…row: Int, forComponent component: Int) -> String?
34    M pickerView(_ pickerView: UIPickerView, attributed…rComponent component: Int) -> NSAttributedString?
      M publisher<Value>(for keyPath: KeyPath<ViewControl…KeyValueObservingPublisher<ViewController, Value>
      Called by the picker view when it needs the title to use for a given row in a given component.
```

圖 14.7　選擇對應的函式

接著我們將程式碼改成以下的樣子：

```
extension ViewController: UIPickerViewDelegate {
    func pickerView(_ pickerView: UIPickerView,
                    titleForRow row: Int,
                    forComponent component: Int) -> String? {
        return "\(row)"
    }
}
```

這個函式是用於告知 UIPickerView 每個 Row 該顯示的文字為何，會傳入兩個參數到函式之中，分別是 component 與 row，你可以依照這兩個參數來定義你的 title 要顯示什麼。

最後，當然你也要在 viewDidLoad() 中將 delegate 指定成 self：

```
override func viewDidLoad() {
    pickerView.dataSource = self
    pickerView.delegate = self
}
```

接下來你可以試著執行看看，你會發現每個 Row 的標題現在都變成你所設置的值了。

14

圖 14.8　**設置結果**

14.4　透過陣列設置 DataSource

　　透過前面的章節可以大概了解如何使用 UIPickerView，我們可以建立一個陣列，接著依據陣列的大小來決定 UIPickerView 要顯示多少 Row，並於陣列中取出對應的字串，這樣使用起來會更加方便，可以將程式碼改成以下的樣子：

```
class ViewController: UIViewController {

    @IBOutlet weak var pickerView: UIPickerView!
    var titles: [String] = ["Apple", "Avocado", "Banana", "Cherry", "Coconut", "Grape"]

    override func viewDidLoad() {
        pickerView.dataSource = self
        pickerView.delegate = self
    }


}


extension ViewController: UIPickerViewDataSource {
    func numberOfComponents(in pickerView: UIPickerView) -> Int {
```

```
        return 1
    }

    func pickerView(_ pickerView: UIPickerView,
                    numberOfRowsInComponent component: Int) -> Int {
        return titles.count
    }
}

extension ViewController: UIPickerViewDelegate {
    func pickerView(_ pickerView: UIPickerView,
                    titleForRow row: Int,
                    forComponent component: Int) -> String? {
        return titles[row]
    }
}
```

這樣你可以很簡單增加更多的標題，或者移除不需要的標題，整體程式碼不會改動太多，只需要針對 title 這個陣列進行修改即可。

14.5 得知使用者的選擇

選擇器最重要的是必須知道使用者最終選擇了哪個選項，我們可以透過以下的函式得知目前使用者選擇的 Row 是第幾個：

```
let row = pickerView.selectedRow(inComponent: 0)
```

你必須傳入 Component 是第幾個，它就會回傳該 Component 目前 Row 所選的 Index 為何，我們可以透過此 Index 去存取標題陣列，如此就能得知使用者選擇的標題為何：

```
print(" 使用者目前選擇了 \(titles[row])")
```

接著，如果你想要主動更換 UIPickerView 目前所選擇的 Row 為何，你可以透過以下的函式，將它轉動到指定的 Row 之上：

```
pickerView.selectRow(3, inComponent: 0, animated: true)
```

14.6 建置有多個 Component 的選擇器

我們可以利用一個二維陣列來建立多個 Component 的選擇器，首先我們先建立一個二維陣列，第一層代表有多少個 Component，第二層則是對應的標題：

```
let items: [[String]] = [["Apple", "Banana", "Cherry"],
                         ["蘋果", "香蕉", "櫻桃"]]
```

接著我們可以利用這個陣列來實作 UIPickerViewDataSource：

```
extension ViewController: UIPickerViewDataSource {
    func numberOfComponents(in pickerView: UIPickerView) -> Int {
        return items.count
    }

    func pickerView(_ pickerView: UIPickerView,
                    numberOfRowsInComponent component: Int) -> Int {
        return items[component].count
    }
}
```

這樣我們就會產生有 2 個 Component，每個 Component 的數量則是對應內容的數量，接著我們可以實作 UIPickerViewDelegate 將標題顯示出來：

```
extension ViewController: UIPickerViewDelegate {
    func pickerView(_ pickerView: UIPickerView,
                    titleForRow row: Int,
                    forComponent component: Int) -> String? {
        let title = items[component][row]
        return title
    }
}
```

這麼一來，你就建立了一個有 2 個 Component 的 UIPickerView 了：

圖 14.9　有 2 個 Component 的 UIPickerView

15

擴展與協議

15.1　擴展

擴展（Extensions）是用於增加額外的功能到既有的類別（Class）、結構（Struct）、列舉（Enum）或者協議（Protocol），你不需要修改既有的程式碼，就可以增加額外的功能，你也可以擴展內建的型別，像是常見的 String、Int、Array，甚至是 UI 相關的類別也可以，基本上你能想到的，都可以利用擴展增加額外的功能。

Swift 的擴展可以：

- 新增實體計算屬性與類型計算屬性。

- 定義實體函式與類型函式。

- 提供新的建構子。

- 定義下標。

- 定義與使用新的巢狀類型。

- 使現有型別遵循協議。

15.2　擴展語法

擴展的基本語法結構如下，透過 extension 關鍵字，以及你要擴展的對象：

```
extension SomeType {
    // 新增的功能
}
```

舉例來說，我們可以試著於 String 擴展以下的功能，增加一個字串轉換成 Int 的函式：

```
extension String {
    func toIntValue() -> Int? {
        return Int(self)
    }
}
```

定義完成後，我們就可以使用擴展增加的額外新功能：

```
let string = "123"
let intValue = string.toIntValue()
```

　　於既有的類別增加額外的功能，在 Objective-C 被稱爲「Category」，通常會新增一個額外的檔案專門放對應的程式碼，並且命名爲「原本類型 +」。以上面的例子來說，我們在 String 增加了額外的功能，因此我們也可以遵循以前的規則，增加一個額外的 Swift 檔，並且命名爲「String+」，代表我們在 String 擴展了額外的新功能。

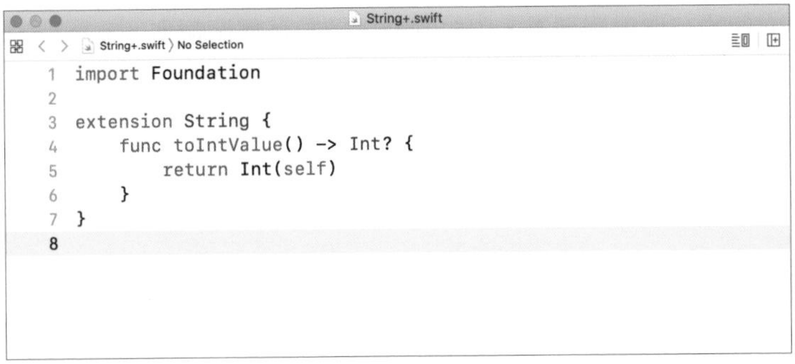

圖 15.1　**String+**

15.3　透過擴展增加計算屬性

　　擴展可以增加計算屬性（Computed Properties），舉例來說，我們可以爲 Double 擴展幾個有關距離的單位屬性：

```
extension Double {
    var km: Double { return self * 1000.0 }
    var m: Double { return self }
    var cm: Double { return self / 100.0 }
}
```

　　這個範例中，我們將基本單位設定爲 1 公尺，因此 Double 本身代表就是 m，而 cm 則是 Double 本身除與 100，km 則是乘以 1000，定義完擴展後，我們就可以直接取得對應的計算屬性：

```
let distance = 30.km + 100.m
// 距離為 30100.00 公尺
print(" 距離為 \(distance) 公尺 ")
```

15.4 透過擴展增加內嵌類型

擴展可以增加內嵌類型到既有的類別、結構與列舉，舉例來說，我們於 Int 增加一個內嵌列舉，用於表達該數為正數、負數或者是 0，並且增加一個額外的計算屬性，讓你可以很方便的存取這個列舉，用於判斷這個數是哪個類型。

```
extension Int {
    enum Kind {
        case negative, zero, positive
    }
    var kind: Kind {
        switch self {
        case 0:
            return .zero
        case let x where x > 0:
            return .positive
        default:
            return .negative
        }
    }
}
```

接著就可以直接拿來使用了：

```
let number = 11
switch number.kind {
case .zero:
    print("number 是 0")
case .positive:
    print("number 是整數 ")
case .negative:
    print("number 是負數 ")
}
```

15.5 協議

　　協議（Protocol）定義了爲了滿足特定任務或功能的函式、屬性或其他要求的藍圖，協議可以由類別、結構或列舉實作，實作協議的類型必須完成協議要求的實現，滿足協議要求的類型才能稱爲「符合該協議」。

　　舉例來說，AB 兩國談好同盟協議，協議內容是 A 國每年必須給 B 國一千萬元，A 國若是簽署了這個協議，就必須每年支付一千萬元，否則不能稱爲「符合協議」。協議也有可能很寬鬆，寬鬆到完全沒有任何的條件，也可能很嚴苛，需要滿足多個條件才算符合。

　　協議的定義是使用 protocol 關鍵字來定義：

```
protocol SomeProtocol {
    // 協議的定義
}
```

　　接著，如果要宣告某個類型實作特定的協議，你必須於類型名稱後方加上冒號，並填入協議名稱，如果有多個協議要實作，請用逗號隔開：

```
class SomeClass: AProtocol, BProtocol {

}
```

　　如果你的 Class 繼承於別的類別，請於實作協議前，先寫上父類別的 Class 名稱：

```
class SomeClass: SomeSuperClass, AProtocol, BProtocol {

}
```

　　也可以透過擴展來實作協議：

```
extension SomeClass: AProtocol {

}
```

你也可以指定協議只能由 Class 來實作，你只需要於定義協議後方加上 AnyObject 這個關鍵字：

```
protocol SomeProtocol: AnyObject {

}
```

如此一來，這個協議只能由 Class 進行實作。

```
class SomeClass: SomeProtocol {
}
struct SomeStruct: SomeProtocol {    ⓘ Non-class type 'SomeStruct' cannot conform to class protocol 'SomeProtocol'
}
```

圖 15.2　無法以 Struct 實作該協議

15.6　屬性要求

協議可以要求實作協議的類型，必須擁有特定屬性，協議所定義的屬性必須要為變數，因此要寫上 var 關鍵字，接著你要定義該屬性的名稱與資料型態，最後依照你的需求，若是這個屬性必須是可存取的，你必須在尾端加上 { get set }，若是這個屬性需要可取，那麼你的尾端可以改成 { get }：

```
protocol AProtocol {
    var a: Int { get set }
    var b: Int { get }
}
```

接著你可以試著增加一個類型，並且實作 AProtocol：

```
struct A: AProtocol {

}
```

此時，你會發現 Xcode 發出警告訊息，因為目前 A 寫上了要實作 AProtocol 這個協議，卻還沒達成協議的需求，需要兩個變數。

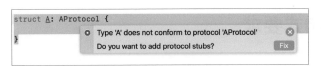

圖 15.3　尚未滿足協議需求

按下「Fix」按鈕後，Xcode 會自動幫你產生所需的程式碼：

```
struct A: AProtocol {
    var a: Int
    var b: Int
}
```

如此一來，就算是符合協議了，到這邊你可能會有一個疑問，明明 b 所定義的是只有 get，為什麼實際使用時，a、b 變數定義起來並沒有太大的不同，那是因為目前程式碼定義的 b 是可存也可取，是符合協議中的需要可取，我們可以試著將 a、b 都改成只可取，看看會發生什麼事情：

```
struct A: AProtocol {
    var a: Int {
        return 10
    }
    var b: Int {
        return 11
    }
}
```

這時，Xcode 會發出警告訊息，因為變數 a 並不符合當初協議的需求，需要可存也可取。

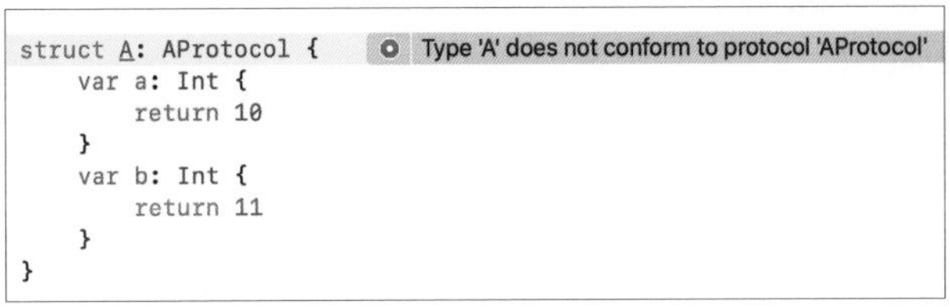

```
struct A: AProtocol {    ⊙ Type 'A' does not conform to protocol 'AProtocol'
    var a: Int {
        return 10
    }
    var b: Int {
        return 11
    }
}
```

圖 15.4　尚未滿足協議需求

15.7 函式要求

協議可以要求實作類型，必須擁有特定的實體函式（instance method）或者型別函式（type methods），實作協議的類型必須實作指定的函式才算符合協議：

```
protocol SomeProtocol {
    static func someTypeMethod()
    func someMethod()
}

class SomeClass: SomeProtocol {
    static func someTypeMethod() {

    }

    func someMethod() {

    }
}
```

有時可能某些函式對協議來說不是必要的，我們就可以將函式定義成可選的（Optional），這樣實作協議的類型，可以自由選擇是否需要實作該函式。這邊我們要使用 @objc 來定義協議，並且於可選函式前方加上 @objc 與 optional 關鍵字：

```
@objc protocol SomeProtocol {
    func someMethod()
    @objc optional func optionalMethod()
}

class SomeClass: SomeProtocol {
    func someMethod() {

    }
}
```

15.8 DataSource

DataSource 是十分常見的協議之一，先前的 UIPickerView 就有使用到 UIPickerView DataSource，我們透過擴展 ViewController，並且實作所需要的函式，讓我們的類型符合該協議的需求，最後將 UIPickerView 的 DataSource 指定成我們的類型，我們可以看一下 Swift 是如何定義 UIPickerViewDataSource 的。

```
public protocol UIPickerViewDataSource : NSObjectProtocol {

    // returns the number of 'columns' to display.
    @available(iOS 2.0, *)
    func numberOfComponents(in pickerView: UIPickerView) -> Int


    // returns the # of rows in each component..
    @available(iOS 2.0, *)
    func pickerView(_ pickerView: UIPickerView, numberOfRowsInComponent component: Int) -> Int
}
```

圖 15.5　**UIPickerViewDataSource**

實作協議的類型必須實作這兩個函式，一個是請問總共有多少個 component 在這個 UIPickerView 之上，另一個則是每個 component 擁有多少個 row，UIPickerView 透過 DataSource 協議去詢問實作協議的類型這兩個問題，最後就可以透過答案來呈現畫面。

最後我們看一下 UIPickerView 本身的定義，會發現有一個變數是 dataSource，而且資料型態就是 UIPickerViewDataSource。

```
open class UIPickerView : UIView, NSCoding {

    weak open var dataSource: UIPickerViewDataSource? // default is nil. weak reference

    weak open var delegate: UIPickerViewDelegate? // default is nil. weak reference
```

圖 15.6　**UIPickerView**

簡單來說，使用 UIPickerView 必須提供它 DataSource（資料來源），UIPickerView 透過定義協議（UIPickerViewDataSource）告知實作協議的類型，要能夠當它的資料來源必須實作兩個函式，當你的類型實作了它要求的函式，它就認定你有資格當它的資料來源，你就可以將 dataSource 這個變數指派成你的類型：

```
pickerView.dataSource = self
```

15.9 Delegate

Delegate 也是非常常見的協議，Delegate 被稱為「代理人」，舉一個生活上的例子來說，你今天若是請假，勢必會有一個職務代理人，而職務代理人會需要處理一些你交付的任務，因此有一些職責會放在代理人身上，這也是協議的一種。

舉例來說，UITextFieldDelegate 是屬於 UITextField 的代理協議，實作該協議的類型，可以成為 UITextField 的 Delegate：

```
class ViewController: UIViewController {
    @IBOutlet weak var textField: UITextField!

    override func viewDidLoad() {
        super.viewDidLoad()
        textField.delegate = self
    }
}


extension ViewController: UITextFieldDelegate {

}
```

UITextFieldDelegate 定義了許多的函式，基本上全部都是屬於可選的，我們可以透過按住 command 鍵並且點選它，前往它定義的程式碼位置。

圖 15.7　前往程式碼定義位置

接著你可以看到整個 UITextFieldDelegate 的定義。

```
public protocol UITextFieldDelegate : NSObjectProtocol {

    @available(iOS 2.0, *)
    optional func textFieldShouldBeginEditing(_ textField: UITextField) -> Bool // return NO to disallow editing.

    @available(iOS 2.0, *)
    optional func textFieldDidBeginEditing(_ textField: UITextField) // became first responder

    @available(iOS 2.0, *)
    optional func textFieldShouldEndEditing(_ textField: UITextField) -> Bool // return YES to allow editing to stop and to resign first
        responder status. NO to disallow the editing session to end

    @available(iOS 2.0, *)
    optional func textFieldDidEndEditing(_ textField: UITextField) // may be called if forced even if shouldEndEditing returns NO (e.g.
        view removed from window) or endEditing:YES called

    @available(iOS 10.0, *)
    optional func textFieldDidEndEditing(_ textField: UITextField, reason: UITextField.DidEndEditingReason) // if implemented, called in
        place of textFieldDidEndEditing:

    @available(iOS 2.0, *)
    optional func textField(_ textField: UITextField, shouldChangeCharactersIn range: NSRange, replacementString string: String) -> Bool
        // return NO to not change text

    @available(iOS 13.0, *)
    optional func textFieldDidChangeSelection(_ textField: UITextField)

    @available(iOS 2.0, *)
    optional func textFieldShouldClear(_ textField: UITextField) -> Bool // called when clear button pressed. return NO to ignore (no
        notifications)

    @available(iOS 2.0, *)
    optional func textFieldShouldReturn(_ textField: UITextField) -> Bool // called when 'return' key pressed. return NO to ignore.
}
```

圖 15.8 **UITextFieldDelegate**

你可以透過查看定義得知「每個協議所定義的函式或屬性」，如果是可選的，你可以依照需求決定要實作哪些。UITextFieldDelegate 定義的函式，大部分都是針對使用者編輯時的時間點，像是準備要編輯、編輯中以及完成編輯，如果你需要在這些時間點進行特別的處理，就可以實作該函式，就可以攔截到特定的時間點。

舉例來說，也許我們想知道使用者結束編輯的時間點，我們就可以實作 textFieldDidEndEditing 這個函式，最後你的程式碼就會變成以下這個樣子：

```
class ViewController: UIViewController {
    @IBOutlet weak var textField: UITextField!

    override func viewDidLoad() {
        super.viewDidLoad()
        textField.delegate = self
    }
}


extension ViewController: UITextFieldDelegate {
    func textFieldDidEndEditing(_ textField: UITextField) {
        print(" 使用者結束編輯囉 ")
```

```
        }
    }
```

大部分情況下，Delegate 定義的函式比較多是屬於告知實作協議的類型、目前發生了什麼樣的情況，如果你對這個情況很在意，可以實作函式來得知；而 DataSource 所定義的函式則是屬於，從實作協議的類型取得對應的資源並且顯示，你必須一定得實作函式，否則沒辦法取得對應的資源。

15.10 自定義 DataSource

接下來，我們來練習看看如何自定義 DataSource。舉例來說，我們擁有一個自定義的按鈕，繼承於 UIButton：

```
class MyButton: UIButton {

}
```

然後，我們定義一個名為「MyButtonDataSource」的協議，可以從實作協議的類型取得按鈕的背景顏色，我們希望使用情境是某個 ViewController 來實作該方法，因此我們於協議的後方加上 AnyObject，指定這個協議只能由 Class 進行實作。因為我們想取得顏色，因此我們增加一個必要函式，用於取得顏色：

```
protocol MyButtonDataSource: AnyObject {
    func background(in myButton: MyButton) -> UIColor
}
```

這邊有一個要注意的點，定義 DataSource 或 Delegate 的 Protocol 函式時，最好都將本身的實體傳入到函式之中，因為假如有不同的元件定義了 DataSource，而他們的函式名稱卻相同，這麼一來就沒辦法分辨到底是在實作哪一個 DataSource 的函式，因此養成良好的命名，可以減少錯誤發生，以下就是無法分辨的例子：

```
protocol ADataSource: AnyObject {
    func background() -> UIColor
}
```

```
protocol BDataSource: AnyObject {
    func background() -> UIColor
}
```

接下來，我們於 MyButton 中增加一個變數，資料型態為 MyButtonDataSource，並且設定成可選型別，以及增加 weak 關鍵字：

```
weak var dataSource: MyButtonDataSource?
```

設定成 weak，是因為實作這個 Protocol 的類型與 MyButton 互相參考，會導致 Retain Cycle 的情況發生，必須設置成 weak 屬性，才可以避免此情況產生的問題。

接著就可以透過 DataSource 去取得顏色了，我們於 layoutSubviews 增加透過 DataSource 取得顏色的程式碼，最後你的 MyButton 的程式碼會像是以下這個樣子：

```
class MyButton: UIButton {
    weak var dataSource: MyButtonDataSource?

    override func layoutSubviews() {
        super.layoutSubviews()
        backgroundColor = dataSource?.background(in: self)
    }
}

protocol MyButtonDataSource: AnyObject {
    func background(in myButton: MyButton) -> UIColor
}
```

這樣就算大功告成了，我們可以實際於專案中使用看看，開啟一個新的專案，並在 ViewController 中加入以下的程式碼：

```
class ViewController: UIViewController {
    override func viewDidLoad() {
        super.viewDidLoad()
        let myButton = MyButton(frame: CGRect(x: 100, y: 100, width: 100, height: 100))
        myButton.dataSource = self
        view.addSubview(myButton)
    }
}
```

```
extension ViewController: MyButtonDataSource {
    func background(in myButton: MyButton) -> UIColor {
        return .red
    }
}
```

實際執行後，你應該可以看到一個紅色的按鈕於畫面上，而顏色的設定是透過 DataSource 來設定的。

15.11 自定義 Delegate

接著我們繼續來學習如何自定義 Delegate，我們可以繼續使用 MyButton 這個類別來練習，增加一個 MyButtonDelegate 的協議，一樣只能透過 Class 進行實作，裡面有一個可選函式，當使用者點下按鈕時會被觸發：

```
@objc protocol MyButtonDelegate: AnyObject {
    @objc func myButtonDidTapped(_ myButton: MyButton)
}
```

我們一樣增加一個 delegate 的變數到 MyButton 之中：

```
weak var delegate: MyButtonDelegate?
```

該函式必須於使用者點選後被觸發，我們都知道按鈕點選事件是使用增加 action 的方法，所以我們在按鈕內部直接增加一個 action，我們可以在建構子執行結束後的時間點增加，最後在執行按鈕點擊的事件時，將這個訊息透過 Delegate 發送出去：

```
class MyButton: UIButton {

    weak var delegate: MyButtonDelegate?

    override init(frame: CGRect) {
        super.init(frame: frame)
        setupAction()
    }
```

```swift
    required init?(coder: NSCoder) {
        super.init(coder: coder)
        setupAction()
    }

    private func setupAction() {
        addTarget(self, action: #selector(tapped), for: .touchUpInside)
    }

    @objc private func tapped() {
        delegate?.myButtonDidTapped(self)
    }
}
```

15

這樣一來，即設定完成了，我們一樣於 ViewController 中進行使用：

```swift
class ViewController: UIViewController {
    override func viewDidLoad() {
        super.viewDidLoad()
        let myButton = MyButton(frame: CGRect(x: 100, y: 100, width: 100, height: 100))
        myButton.dataSource = self
        myButton.delegate = self
        view.addSubview(myButton)
    }
}

extension ViewController: MyButtonDelegate {
    func myButtonDidTapped(_ myButton: MyButton) {
        print("MyButton 被點擊囉 ")
    }
}
```

透過 MyButton 的例子，你應該能夠理解如何定義 DataSource 與 Delegate 了，這邊要注意這只是範例，實務上設定按鈕的顏色與 Action 並沒有這麼複雜，可以使用以前學會的技巧就可以了，DataSource 與 Delegate 設計模式可以依照你的需求於特定情境來使用。

UITableView

16.1 UITableView 簡介

　　表格視圖（UITableView）是 iOS 中最常使用的 UI 元件之一，當你要展示多筆資訊時，就可以使用它展示。iOS 系統中有許多的地方都能夠見到 UITableView，舉例來說，設定頁面就是使用 UITableView 來進行設計的。

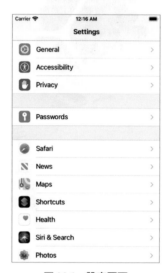

圖 16.1　**設定頁面**

　　設定頁面有許多相似的介面，每一列都有圖標、文字以及箭頭符號，點選後可能會有一些事件產生，像是切換頁面或更改設定等，這種有許多相似的畫面，且有多筆資訊時，就十分適合使用 UITableView 來進行畫面的設計。

　　你可以透過畫面建構器來新增一個 UITableView 到你的頁面之中。

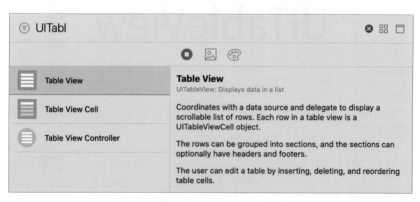

圖 16.2　**UITableView**

接著，我們隨意增加條件約束，讓 UITableView 充滿整個畫面，此時你可以試著執行專案，你應該會得到以下的樣子，UITableView 的外觀已經顯示出來了。

圖 16.3　**執行結果**

UITableView 是繼承於 UIScrollView 的子類別，因此它是可以捲動的，此外要顯示資料在 UITableView 之中，必須設定對應的資料來源（UITableViewDataSource），因此我們在程式碼中透過擴展（extension）來實作 UITableViewDataSource，讓我們的 ViewController 可以成為 UITableView 的 DataSource。

圖 16.4　**UITableViewDataSource**

實作 UITableViewDataSource 需要實作兩個函式，你可點選「Fix」按鈕，讓 Xcode 自動產生對應的程式碼結構：

● numberOfRowsInSection：總共有多少個 Row 在 Section 之中。

● cellForRowAt：每個 Row 顯示的 Cell 為何。

假設我們需要 10 筆資料，每個資料顯示的文字為 Row 的 Index，那麼我們可以這樣實作對應的函式：

● 總共 10 筆資料：

```
func tableView(_ tableView: UITableView,
               numberOfRowsInSection section: Int) -> Int {
    return 10
}
```

● 每筆資料顯示的 Cell：

```
func tableView(_ tableView: UITableView,
               cellForRowAt indexPath: IndexPath) -> UITableViewCell {
    let cell = UITableViewCell()
    cell.textLabel?.text = "\(indexPath.row)"
    return cell
}
```

● 不要忘記設置 IBOutlet 以及指定 dataSource：

```
@IBOutlet var tableView: UITableView!

override func viewDidLoad() {
    super.viewDidLoad()
    tableView.dataSource = self
}
```

　　如果一切設定正確，你應該可以得到以下的結果，有 10 筆資料的 UITableView 顯示到你的畫面之中。

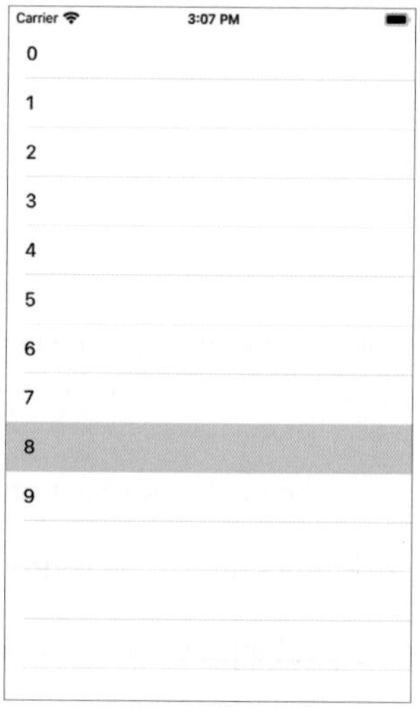

圖 16.5　**執行結果**

　　UITableView 顯示的內容是由 Section 與 Row 所組成的，我們回來看剛才實作的函式：

```
func tableView(_ tableView: UITableView,
               numberOfRowsInSection section: Int) -> Int {
    return 10
}
```

　　這個函式名稱為「numberOfRowsInSection」，代表每個 Section 擁有多少個 Row，這邊你可能會想我們明明沒有設定有多少個 Section，但卻可以運作，這是因為 UITableView 預設為只有 1 個 Section，因此如果你要設置多個 Section 的話，你可以實作下的函式：

```
func numberOfSections(in tableView: UITableView) -> Int {
    return 3
}
```

　　這個函式也是屬於 UITableViewDataSource 可實作的函式之一，用於表示這個 UITableView 擁有多少個 Section，接著我們可以更改一下 numberOfRowsInSection 這個函式的實作，你會發現這個函式會傳入一個參數 section，你可以依據這個參數來決定每個 Section 的 Row 數量：

```
func tableView(_ tableView: UITableView,
               numberOfRowsInSection section: Int) -> Int {
    if section == 0 {
        return 1
    } else if section == 1 {
        return 2
    } else {
        return 3
    }
}
```

　　接著我們可以實作另一個函式「titleForHeaderInSection」，這個函式需要回傳一個字串，可以讓每個 Section 都顯示標頭文字：

```
func tableView(_ tableView: UITableView,
               titleForHeaderInSection section: Int) -> String? {
```

```
        return "Section \(section)"
}
```

接下來我們試著執行專案，你應該會看到以下的結果。

圖 16.6　**有多個 Section 的 UITableView**

你可以試著調整參數，讓 Section 與 Row 的數量進行增減，這樣可以更了解 UITableView 的運作。

每個 Section 除了有 Header 以外，還有 Footer，也就是於該 Section 的結尾處可以顯示文字，你可以實作以下的函式來顯示 Footer 的文字內容：

```
func tableView(_ tableView: UITableView,
               titleForFooterInSection section: Int) -> String? {
    return "Footer \(section)"
}
```

當你增加這個之後，執行的結果就會變成以下的樣子。

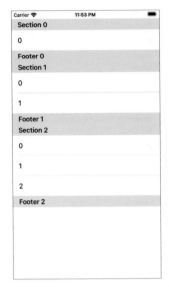

圖 16.7　有 Header 與 Footer 的 UITableView

透過增加 Header 與 Footer 的測試後，你會發現每個 Section 會先從 Header 開始，接著顯示 Row，最後由 Footer 做結尾。

16.2　IndexPath

我們實作 cellForRow 函式的時候，會取得一個資料型態為 IndexPath 的參數，使用 UITableView 時經常會使用 IndexPath，你可以存取裡面的兩個變數：

- row: Int：用於表示對應的 Row。

- section: Int：用於表示對應的 Section。

這邊我們可以將剛才的範例稍微修改一下，讓 Cell 顯示的文字除了 Row 以外，也顯示目前是位於哪一個 Section 之中：

```
cell.textLabel?.text = "\(indexPath.section), \(indexPath.row)"
```

接著你可以執行看看，結果應該會如圖 16.8 所示。

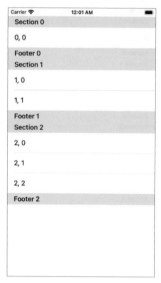

圖 16.8　**執行結果**

這邊先稍微總結一下 UITableView 的機制：

- 你必須實作 UITableViewDataSource 才可以展示資訊。

- 其內容依照 Section 與 Row 決定要顯示多少資訊。

- 預設的 Section 數量為 1。

- 你可以透過實作函式來決定 Section 與 Row 的數量。

- 最後實作 CellForRowAt 來設置每個 Row 顯示的 Cell 為何。

16.3　重用機制

透過前面小節的範例，你應該知道使用 UITableView 時，需要透過 UITableView DataSource 實作對應的函式，才能夠將資料顯示於 UITableView 之中，但範例中我們實作回傳每筆資料要顯示的 UITableViewCell 時，是直接使用建構子產生，實務上其實不太會這樣產生，而是透過重用機制來產生對應的 UITableViewCell。

「重用機制」是 UITableView 用於管理 UITableViewCell 的一種設計模式，因為 UITableView 通常是用於顯示許多相似資料的 UI 元件，像是通訊錄的聯絡人資訊、設定頁面的設定欄位等，整體來說，畫面不會相差太多，但是顯示的資料有可能十分的多。舉例來說，如果我們擁有 5000 筆聯絡人資訊，如果我們進入到這個頁面時，一口氣產生 5000 筆資料的畫面，那麼肯定會對效能有很大的影響，這時候就可以使用重用機制，只產生顯示於畫面上的資料，當使用者滑動時，將畫面上的資料更新成下一筆資訊。

首先，你從畫面建構器中搜尋「UITableViewCell」，並且將它拖曳到 UITableView 之中。

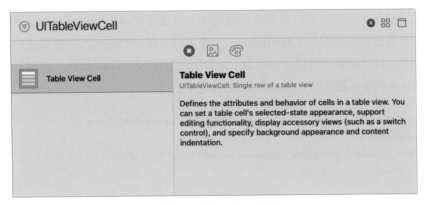

圖 16.9　UITableViewCell

接著，我們設置這個 UITableViewCell 的重用辨識碼（Identifier），你可以於右方的設定欄位找到它，並且隨意給一個辨識碼。

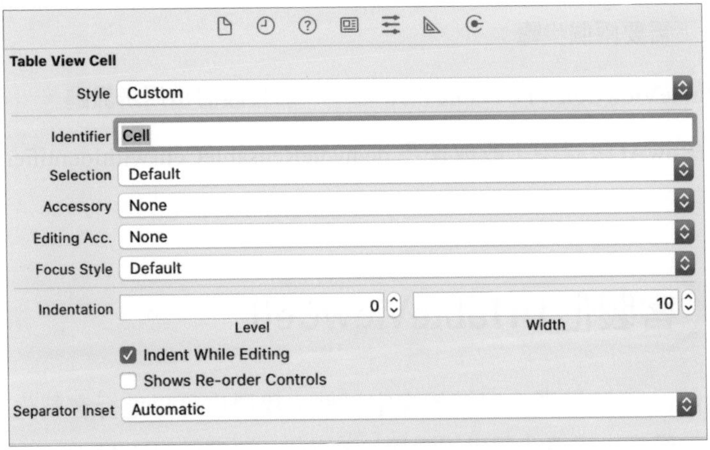

圖 16.10　辨識碼（Identifier）

如此一來，我們就在這個 UITableView 中註冊了一個 UITableViewCell，辨識碼為「Cell」，接著可以更改回傳每筆資料時的函式，將建構子改成透過重用機制來取得對應的 UITableViewCell：

```
let cell = tableView.dequeueReusableCell(withIdentifier: "Cell")
```

這邊我們使用 dequeueReusableCell(withIdentifier:) 函式取得對應的 Cell 時，需要傳入辨識碼，辨識碼就是我們一開始於畫面建構器中設置的文字。

因為這個函式回傳的資料型態為可選型別，這邊我們可以利用 guard let 進行可選綁定，並且於 else 之中產生 fatalError，這樣可以方便我們除錯，因為辨識碼是直接用手打的，有可能會有打錯字的疑慮，最後取得 UITableViewCell 後，就可以按照原本的設計，將文字顯示於 UITableViewCell 之中：

```
func tableView(_ tableView: UITableView, cellForRowAt indexPath: IndexPath) ->
UITableViewCell {
    guard let cell = tableView.dequeueReusableCell(withIdentifier: "Cell") else {
        fatalError(" 重用辨識碼錯誤 ")
    }
    cell.textLabel?.text = "\(indexPath.row)"
    return cell
}
```

這麼一來，我們就可以使用「重用機制」來顯示我們的 UITableViewCell 了，這邊稍微總結一下需要兩個步驟：

● 註冊 UITableViewCell 到 UITableView 之中，並且設置重用辨識碼。

● 於 cellForRowAt 函式中，改成使用 dequeueReusableCell(withIdentifier:) 取得對應的 Cell。

16.4 客製化 UITableViewCell

UITableViewCell 除了顯示單純的文字以外，我們也可以進行客製化，讓我們的 Cell 變得更加豐富，這邊我們可以直接於 Storyboard 客製 UITableViewCell，我們可以增加一個 UIImageView 到 Cell 內，並且設置簡單的條件約束。

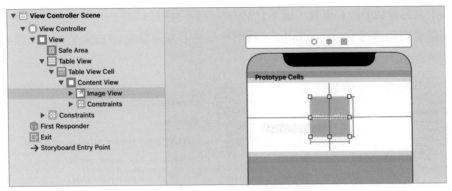

圖 16.11　增加 UIImageView

接下來我們新增一個 UITableViewCell 的子類別。

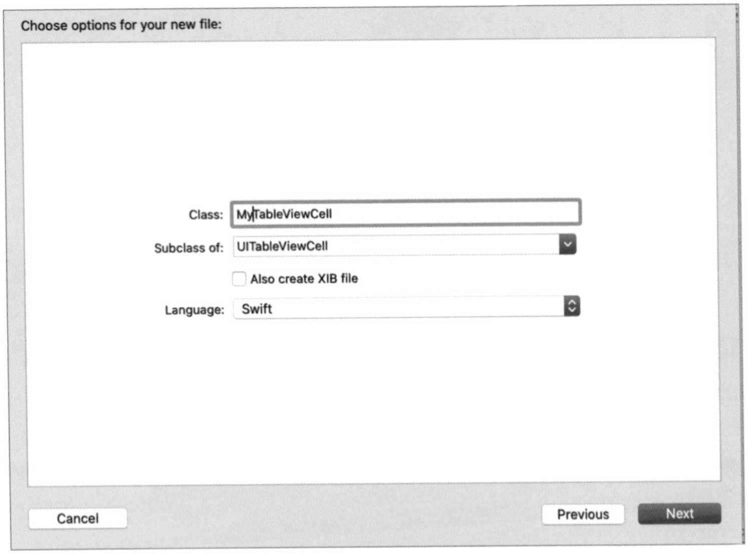

Choose options for your new file:

Class:　MyTableViewCell

Subclass of:　UITableViewCell

☐ Also create XIB file

Language:　Swift

Cancel　　　　　　　　　　　　　　　　　　　Previous　　Next

圖 16.12　UITableViewCell

新增完成後，我們回到 Storyboard，將畫面內的 Cell 設置 Custom Class 為我們剛才新增的類別。

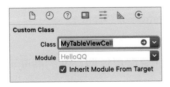

圖 16.13　設置 Custom Class

接下來點選我們的 Cell 後，按下分割的 [Control] + [option] + [command] + [Enter] 快捷鍵，這邊可能會自動選擇 ViewController，我們可以於上方調整成 UITableViewCell 設置的類別。

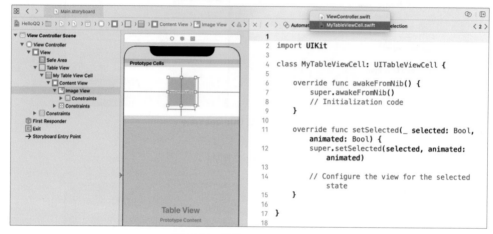

圖 16.14　選擇 MyTableViewCell

這麼一來，你就可以將剛才增加的 UIImageView 設置對應的 IBOutlet：

```
@IBOutlet var myImageView: UIImageView!
```

接下來將取得重用 Cell 的程式碼增加轉型的語法，讓 UITableViewCell 轉換成 MyTableViewCell：

```
guard let cell = tableView.dequeueReusableCell(withIdentifier: "Cell") as? MyTableViewCell
else {
    fatalError()
}
```

這麼一來，這個 cell 常數就可以取得 MyTableViewCell 內的變數，我們可以存取裡面的 UIImageView，進行圖片的設置：

```
cell.myImageView.image = UIImage(named: "Apple")
```

接下來你可以執行專案，你會發現每個 Cell 的高度可能不夠高，圖片沒辦法顯示完整。

16

圖 16.15 顯示不完全的圖片

你可以透過畫面建構器來設置 UITableView 所顯示的 Cell 高度，點選 UITableView 後，於右邊的屬性設置區域，我們可以設置 Row Height，如此就可以讓 Cell 的高度增加。

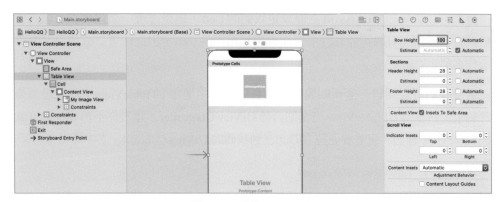

圖 16.16 設置 Row Height

設定完成後，你可以再次試著執行專案，這時 Cell 的高度應該就會變高了，圖片的顯示應該也會變得比較正常了。

圖 16.17　設置高度後的 Cell

16.5 　使用 XIB 來製作 UITableViewCell

　　雖然可以直接於 Storyboard 上面設定我們的 Cell，但是這麼一來這個 Cell 就只能於該頁面使用，有時可能有許多頁面會用到相同的 Cell，因此你可以改使用 XIB 來製作客製化 Cell。

　　這邊我們可以開啓一個新的專案，並且於畫面中增加 UITableView，並且設置條件約束，將整個 UITableView 完全貼合於 UIViewController，這次你不需要拉 Cell 到 UITableView 裡面，只需要先拉 IBOutlet 到我們的 UIViewController 之中即可：

```
@IBOutlet var tableView: UITableView!
```

　　接下來我們一樣新增 UITableViewCell 的子類別，這次我們將「Also create XIB file」這個選項勾選起來。

Choose options for your new file:

Class:	MyTableViewCell
Subclass of:	UITableViewCell
	☑ Also create XIB file
Language:	Swift

Cancel　　　　　　　　　　　　　　Previous　　Next

圖 16.18　**UITableViewCell**

當你將這個選項勾選後，Xcode就會自動產生UITableViewCell所對應的XIB檔案。

　　📄 MyTableViewCell.swift
　　📄 MyTableViewCell.xib

圖 16.19　**XIB 檔**

接著你就可以於XIB檔案中進行Cell的設計，這邊我們一樣增加一個UIImageView，並且設置簡單的條件約束以及IBOutlet。

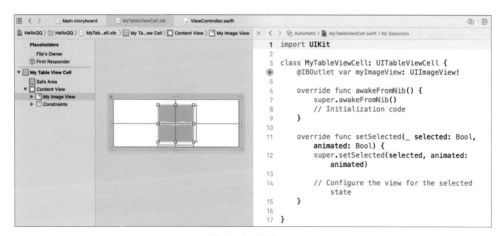

```swift
import UIKit

class MyTableViewCell: UITableViewCell {
    @IBOutlet var myImageView: UIImageView!

    override func awakeFromNib() {
        super.awakeFromNib()
        // Initialization code
    }

    override func setSelected(_ selected: Bool,
        animated: Bool) {
        super.setSelected(selected, animated:
            animated)

        // Configure the view for the selected
            state
    }
}
```

圖 16.20　**設置 Cell**

這麼一來，我們的客製化 Cell 算是完成了，可以回到我們的 ViewController 來使用，使用 UITableView 時需要實作 UITableViewDataSource，其中 cellForRowAt 函式是用於產生要顯示的 Cell，這邊我們通常會透過辨識碼來取得 Reuse 的 Cell，我們知道可以於 Storyboard 中設置對應的辨識碼，但是這次我們的 Cell 是使用 XIB 來製作，因此沒辦法直接於 Storyboard 中設定辨識碼。

因此我們要透過程式碼來註冊這個 Cell 的辨識碼，這邊我們要透過 xib 的名稱取得對應的內容，接著呼叫 register 函式來註冊我們的 Cell，並且輸入辨識碼：

```swift
// 取得 Cell
let cellNib = UINib(nibName: "MyTableViewCell", bundle: .main)
// 註冊 Cell 並且設置辨識碼
tableView.register(cellNib, forCellReuseIdentifier: "Cell")
```

當你註冊完之後，就可以透過 dequeueReusableCell 並且輸入辨識碼來取得對應的 Cell，這麼一來你就可以如同之前練習的一樣，將剩下的程式碼補完，這邊我們將設定 UITableView 的相關內容，包裝成另一個函式，這樣看起來比較清楚一些：

```swift
class ViewController: UIViewController {
    @IBOutlet var tableView: UITableView!

    override func viewDidLoad() {
        super.viewDidLoad()
        setupTableView()
    }

    private func setupTableView() {
        let cellNib = UINib(nibName: "MyTableViewCell",
                            bundle: .main)
        tableView.register(cellNib,
                           forCellReuseIdentifier: "Cell")
        tableView.dataSource = self
    }
}

extension ViewController: UITableViewDataSource {
    func tableView(_ tableView: UITableView,
                  numberOfRowsInSection section: Int) -> Int {
        return 3
```

```
    }

    func tableView(_ tableView: UITableView,
                   cellForRowAt indexPath: IndexPath) -> UITableViewCell {
        guard let cell = tableView.dequeueReusableCell(withIdentifier: "Cell") as?
MyTableViewCell else {
            fatalError()
        }

        cell.myImageView.image = UIImage(named: "Apple")
        return cell
    }
}
```

16

如果你的 UITableViewCell 有許多頁面可能會使用到的話，那麼你就可以將它改成使用 XIB 進行設計，只要記得於使用前註冊，並且設置對應的辨識碼，其他的流程與 Storyboard 設置 Cell 是相同的。

16.6 UITableViewDelegate

UITableView 也有提供 Delegate，你可以於頁面中實作裡面的函式，主要可以偵測點擊事件以及設置一些客製化屬性，接下來我們就來介紹有關 UITableViewDelegate 的相關函式。

首先我們一樣透過 extension 來實作 UITableViewDelegate，這個 Protocol 裡面的函式都是可選的，因此即使你完全沒實作任何函式，也算是符合協議的需求：

```
extension ViewController: UITableViewDelegate {

}
```

didSelectRowAt 是當使用者選擇 Row 時會觸發的函式，如果我們的 UITableView 可以提供給使用者做選擇，那麼你可以實作該函式來做對應的處理：

```
func tableView(_ tableView: UITableView,
               didSelectRowAt indexPath: IndexPath) {
```

```
        print(" 使用者點選了 \(indexPath.row)")
    }
```

這個函式會傳入 IndexPath，我們可以透過這個常數來得知使用者點選的 section 與 row 的值。

- heightForRowAt : 設置 Row 的高度。

- heightForHeaderInSection : 設置 Header 的高度。

- heightForFooterInSection : 設置 Footer 的高度。

我們提過 UITableView 是由 Section 所組成的，每個 Section 是由 Header、Row 以及 Footer 三個組件所組成，這邊如果你想要調整任一個組件的高度，可以實作對應的函式。舉例來說，我們想設定每個 Row 的高度：

```
func tableView(_ tableView: UITableView,
               heightForRowAt indexPath: IndexPath) -> CGFloat {
    return 50
}
```

這個函式會傳入 IndexPath，因此你可以根據它來設置每個 Section 內的 Row 的高度。

- viewForHeaderInSection : 設置 Header 所顯示的 View。

- viewForFooterInSection : 設置 Footer 所顯示的 View。

Header 與 Footer 除了可以使用文字標題以外，你也可以提供客製化 UIView 來展示，你只需要實作這兩個函式，並且回傳對應的 UI 元件，如此 Header 或 Footer 就會被替換成對應的 UI 元件，Header 與 Footer 的高度是由 Delegate 來決定的，而寬度則會自動填滿，因此你初始化對應的 UI 元件時，frame 可以直接輸入「.zero」：

```
extension ViewController: UITableViewDelegate {

    // 設置 Header
    func tableView(_ tableView: UITableView,
                   viewForHeaderInSection section: Int) -> UIView? {
        let headerView = UIView(frame: .zero)
        headerView.backgroundColor = UIColor.red
        return headerView
    }
```

```swift
    // 設置 Header 的高度
    func tableView(_ tableView: UITableView, heightForHeaderInSection section: Int) ->
CGFloat {
        return 50
    }

    // 設置 Footer
    func tableView(_ tableView: UITableView, viewForFooterInSection section: Int) -> UIView? {
        let footerView = UIView(frame: .zero)
        footerView.backgroundColor = UIColor.green
        return footerView
    }

    // 設置 Footer 的高度
    func tableView(_ tableView: UITableView, heightForFooterInSection section: Int) -> CGFloat {
        return 100
    }

}
```

當你設置完之後，可以試著執行專案，你應該可以看到 Header 與 Footer 變成你定義的 UI 元件了。

圖 16.21　**設置 Header 與 Footer**

16.7 重用機制會產生的問題

我們曾提到大部分情況下使用 UITableView 都會透過重用機制來展示對應的 UITableViewCell，雖然重用機制十分方便，但是使用上必須要特別小心，這邊我們新增一個新的專案，並且建置對應的客製化 UITableViewCell，你可以使用 XIB 或者直接於 Storyboard 上建置，並且於 Cell 裡面增加一個 UISwitch，接著你可以隨意填入 Cell 的數量，儘可能的多，如圖 16.22 所示。

接著你可以試著隨意將幾個 UISwitch 的開關關閉，接著捲動 UITableView。舉例來說，我們關閉前三個 Cell 內的 UISwitch，接下來稍微捲動一下，你會發現有關閉的 Cell 變成不特定位置了，如圖 16.23 所示。

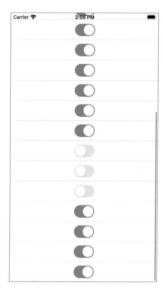

圖 16.22　**UITableView**　　　　圖 16.23　**重用機制的問題**

會產生這樣的情況是因為我們展示 UITableViewCell 時利用重用機制來顯示，你可以將重用機制的 Cell 想像成公共廁所，如果使用公共廁所的人沒有將廁所的環境還原成原本的樣子，那麼下一個使用的人就可能與當初設計的不一致，Cell 的重用機制也是一樣的。這邊我們將特定幾個 UISwitch 關閉後，透過重用機制，這些關閉的 UISwtich 可能會隨機到某幾個 Cell 內，甚至數量可能會比當初關閉的還要多，因此如果透過重用機制來展示資料，應該每次都要設置對應的值。

以這個例子來說，我們應該要記錄每個 UISwitch 的開關情況，因此你可以建置一個陣列來存放對應的資料，預設全部都是 On 的話，我們可以這樣儲存：

```
var tableViewData: [Bool] = []

for _ in 0...15 {
    tableViewData.append(true)
}
```

這麼一來，就儲存了數筆資料，接下來你可以將 numberOfRowsInSection 所需要的提供的值，改成透過存取陣列大小來設置：

```
func tableView(_ tableView: UITableView,
               numberOfRowsInSection section: Int) -> Int {
    return tableViewData.count
}
```

接下來我們針對 UITableViewCell 設置一些屬性與函式，因為我們要更改 UISwitch 以及接收更改時的事件，因此要設置 IBOutlet 與 IBAction：

```
@IBOutlet var mySwitch: UISwitch!

@IBAction func switchDidValueChanged(_ sender: UISwitch) {

}
```

接著我們可以建立一個屬於這個客製化 UITableViewCell 的 Delegate，讓使用它的類別來實作這個 Protocol，當使用者切換 UISwitch 時會觸發事件，將改變後的值透過該函式傳送出去：

```
protocol MyTableViewCellDelegate: AnyObject {
    func myTableViewCell(_ myTableViewCell: MyTableViewCell,
                         didChangeSwithStatus status: Bool)
}
```

接著我們將後續的程式碼補完。當使用者切換開關時，就會觸發對應的函式：

```
protocol MyTableViewCellDelegate: AnyObject {
    func myTableViewCell(_ myTableViewCell: MyTableViewCell,
                         didChangeSwithIsOn isOn: Bool)
}


class MyTableViewCell: UITableViewCell {

    @IBOutlet var mySwitch: UISwitch!
    weak var delegate: MyTableViewCellDelegate?

    @IBAction func switchDidValueChanged(_ sender: UISwitch) {
        delegate?.myTableViewCell(self, didChangeSwithIsOn: sender.isOn)
    }
}
```

這麼一來，UITableViewCell 算是建立完成了，我們回到頁面中來使用它，首先先將 cellForRowAt 函式更改，這邊透過存取 tableViewData 所儲存的布林值來決定這個 Cell 的 UISwich 是否要開關，並且設置 Cell 的 Delegate：

```
func tableView(_ tableView: UITableView,
               cellForRowAt indexPath: IndexPath) -> UITableViewCell {
    guard let cell = tableView.dequeueReusableCell(withIdentifier: "Cell") as?
MyTableViewCell else {
        fatalError()
    }
    cell.mySwitch.isOn = tableViewData[indexPath.row]
    cell.delegate = self
    return cell
}
```

設置完後，我們必須要實作剛才建立的 MyTableViewCellDelegate 這個 Protocol，這邊我們一樣使用 extension 來實作對應的函式：

```
extension ViewController: MyTableViewCellDelegate {
    func myTableViewCell(_ myTableViewCell: MyTableViewCell,
                         didChangeSwithIsOn isOn: Bool) {

    }
}
```

因為我們需要取得該 Cell 對應的 IndexPath，這邊你可以透過 UITableView 的函式 indexPath(for:) 傳入 Cell，就可以取得對應的 IndexPath，如此一來，我們可更改 tableViewData 內的值，這樣當使用者切換 UISwitch 時，就會透過 Delegate 觸發對應的函式，進而更改儲存的值。當使用者捲動時，會觸發 cellForRowAt 函式，此時 Cell 內的 UISwicth 會透過儲存的資料決定是否開關，這麼一來就不會產生重用機制，導致資料混亂的問題：

```
if let indexPath = tableView.indexPath(for: myTableViewCell) {
    tableViewData[indexPath.row] = isOn
}
```

16.8　ReloadData

有時會需要將 UITableView 內的資料重整，這時你就可以呼叫以下的函式：

● reloadData：重新整理所有的 Section 與 Row。

```
tableView.reloadData()
```

● reloadSections：重整指定的 Section 們，並且設定動畫效果。

```
tableView.reloadSections(IndexSet(integer: 1),
                     with: .automatic)
```

● reloadRows：重整指定的 Row 們，並且設定動畫效果。

```
tableView.reloadRows(at: [IndexPath(row: 0, section: 0),
                          IndexPath(row: 1, section: 0),
                          IndexPath(row: 2, section: 0)],
                 with: .automatic)
```

重整 Section 與 Row，都可以傳入動畫效果，UIKit 定義了以下幾種動畫效果，你可以依照需求決定要使用哪種動畫：

```
public enum RowAnimation : Int {
    case fade = 0
```

```
    case right = 1
    case left = 2
    case top = 3
    case bottom = 4
    case none = 5
    case middle = 6
    case automatic = 100
}
```

16.9 UITableViewController

有些情況下，整個頁面剛好是一個 UITableView，這時我們就可以改使用 UITable ViewController 來當作我們的頁面，你可以於畫面建構器中新增頁面。

圖 16.24　UITableViewController

接著我們建立對應的子類別，新增檔案時選擇繼承於 UITableViewController，如圖 16.25 所示。

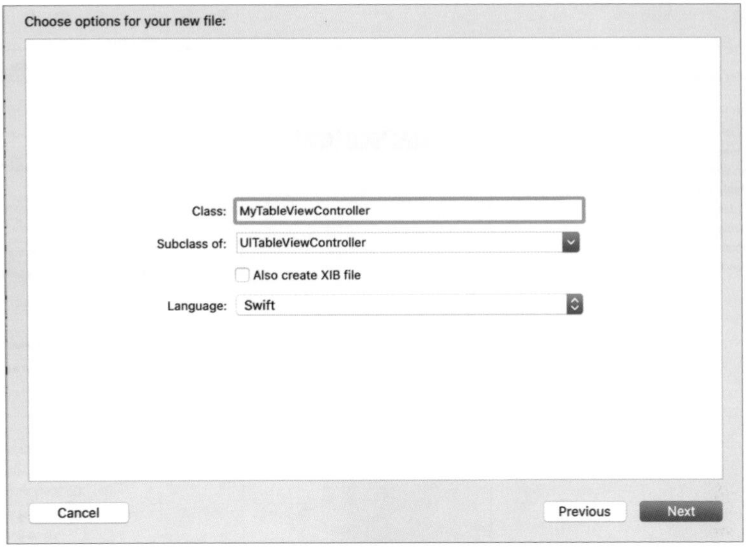

圖 16.25   **UITableViewController**

新增完後，記得將 Storyboard 新增的 UITableViewController 的 Custom Class 設置成你新增的類別。

UITableViewController 預設是有實作 UITableViewDelegagte 與 UITableViewDataSource 兩個 Protocol 的，接著你就可以依照你的需求來實作對應的函式，基本上與先前章節的使用方式一樣，這個類別主要的用意是當你整個頁面都要展示 UITableView 時，就可以改採用此類別。

16.10　Static Cell

當你要展示的資料不會隨著不同的情況而改變時，又希望借用 UITableView 的樣式及特性時，就可以將 Cell 設置成「Static Cell」。

要使用 Static Cell 的話，你必須透過 UITableViewController 才可以使用，我們於畫面建構器中新增 UITableViewController，接著選擇裡面的 UITableView，將 Content 設置成「Static Cells」。

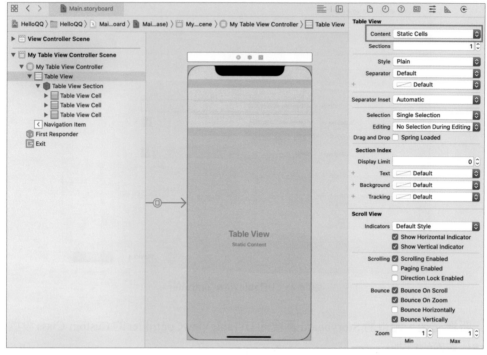

圖 16.26　**Static Cell**

　　設置完後，你就可以依照你的需求來設置你的 Cell。舉例來說，我們這邊於每個 Cell 新增一個標題以及文字輸入框，最後增加一個按鈕，使用者可以透過這些 Cell 來輸入對應的資訊，最後按下按鈕儲存，如圖 16.27 所示。

圖 16.27　**UITableViewController**

接著你可以直接將 Static Cell 上面的 UI 元件設置對應的 IBOutlet 或 IBAction 到 UITableViewController 之內，這麼一來，就可以於程式碼中存取，因為 Static Cell 是不需要設置對應的 Section 與 Row 的數量，因此你必須將預設的程式碼都刪除，只留下必要的部分：

```swift
class MyTableViewController: UITableViewController {

    @IBOutlet var nameTextField: UITextField!
    @IBOutlet var phoneTextField: UITextField!
    @IBOutlet var addressTextField: UITextField!

    @IBAction func saveButtonTapped(_ sender: Any) {
        let name = nameTextField.text ?? ""
        let phone = phoneTextField.text ?? ""
        let address = addressTextField.text ?? ""
        print("姓名：\(name)")
        print("電話：\(phone)")
        print("地址：\(address)")
    }
}
```

有些情況下，使用 Static Cell 是很聰明的作法，因為相同的畫面若使用 UIScrollView 來設計，設置條件約束時會十分麻煩。

17

UICollectionView

17.1 UICollectionView 簡介

UICollectionView（網格視圖）與 UITableView 十分類似，也是屬於 UIScrollView 的子類別，顯示的內容與數量也必須透過 UICollectionViewDataSource 來設置，iOS 的相簿就是採用 UICollectionView 來進行展示的。

圖 17.1 相簿頁面

當你的畫面需要使用網格展示時，就可以使用 UICollectionView 來進行設計，我們開啟一個新的專案，並且於畫面中新增一個 UICollectionView 到你的頁面之中。

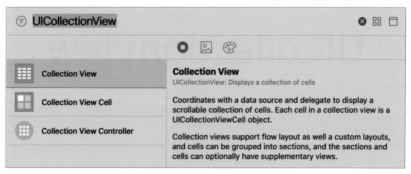

圖 17.2 UICollectionView

接著，我們隨意增加條件約束，讓整個UICollectionView充滿頁面，這邊與 UITableView相同，也是必須透過重用辨識碼來展示對應的Cell，因此你必須設置對應的辨識碼，這邊我們隨便設置一個辨識碼，並且設置背景顏色。

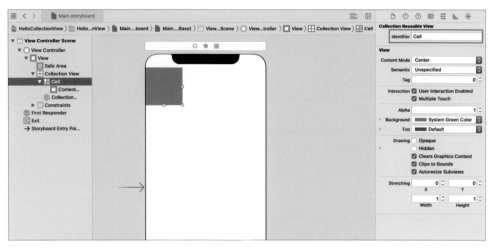

圖 17.3 設置 UICollectionViewCell

我們要使用UICollectionView，必須要設置對應的DataSource，因此我們使用 extension來實作UICollectionViewDataSource。

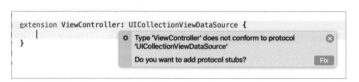

圖 17.4 UICollectionViewDataSource

這邊有兩個必須實作的函式：

- numberOfItemsInSection：有多少個Item在這個Section之內。

- cellForItemAt：每個Item顯示的Cell為何。

如果你已經熟悉使用UITableView的話，你會發現這邊的函式與UITableView十分類似，因此我們可以設置對應的函式，並且將這個UICollectionView的DataSource指定成我們的頁面類別，完整的程式碼如下：

```
class ViewController: UIViewController {
```

```
    @IBOutlet var collectionView: UICollectionView!

    override func viewDidLoad() {
        super.viewDidLoad()
        collectionView.dataSource = self
    }

}

extension ViewController: UICollectionViewDataSource {

    func collectionView(_ collectionView: UICollectionView,
                        numberOfItemsInSection section: Int) -> Int {
        return 10
    }

    func collectionView(_ collectionView: UICollectionView,
                        cellForItemAt indexPath: IndexPath) -> UICollectionViewCell {
        let cell = collectionView.dequeueReusableCell(withReuseIdentifier: "Cell", for:
indexPath)
        return cell
    }
}
```

UICollectionView 也是使用重用機制，因此取得對應的 Cell，必須呼叫 dequeueReusableCell 函式，並且傳入對應的辨識碼以及對應的 IndexPath，這些程式碼完成後，你可以試著執行看看專案。

圖 17.5　UICollectionView

17.2 客製化 UICollectionViewCell

與 UITableViewCell 一樣，我們也可以透過新建 UICollectionViewCell 的子類別客製化 UICollectionViewCell。

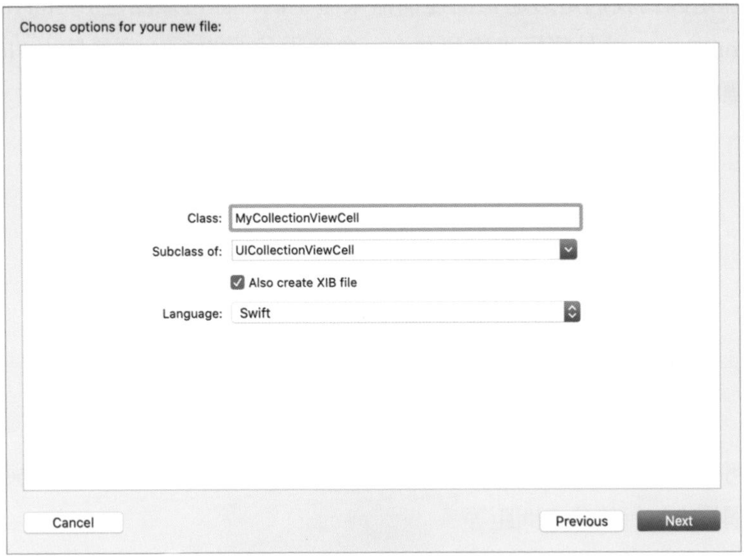

圖 17.6 UICollectionViewCell

你可以透過 Storyboard 來客製化你的 Cell，或者使用 XIB 來進行設計，這邊我們使用 XIB 來進行說明，於新增視窗中勾選「產生 XIB」選項並儲存，Xcode 會自動產生對應的程式碼以及 XIB 檔案。

這邊我們將 XIB 內的 Cell 背景顏色替換成藍色，接著於程式碼中使用這個 Cell，我們提過 UICollectionView 也是使用重用機制來展示 Cell，因此如果是透過 XIB 產生的 Cell，則需要註冊並且設置對應的重用辨識碼：

```swift
let nib = UINib(nibName: "MyCollectionViewCell", bundle: .main)
collectionView.register(nib, forCellWithReuseIdentifier: "Cell")
```

剩下的流程就與原本的流程相同，基本上你只要熟悉 UITableView 的使用，那麼學習 UICollectionView 將會覺得十分簡單，因為大部分的流程都是相似的。

17.3 UICollectionViewFlowLayout

UICollectionView 與 UITableViw 最大的差異就是必須設置對應的 Layout，也就是每個 Cell 間的佈局模式，你可能會想前幾個範例不是沒有設置嗎？為什麼可以運作呢？那是因為我們是透過畫面建構器來產生的，你可以點選於 Storyboard 上的 UICollectionView，並且將目光移到右方，會發現我們的 Layout 是使用 Flow，並且設置了對應的捲動方向。

圖 17.7　Layout

接著你可以切換標籤，這邊可以設置每個 Cell 的寬高，以及每個 Item 與之間的最小間距、網格中每行的最小間距等。

圖 17.8　設置屬性

你可以直接於畫面建構器中設置這些屬性，或者透過程式碼產生 UICollectionView FlowLayout：

```
let layout = UICollectionViewFlowLayout()
```

接下來我們來介紹有關 UICollectionViewFlowLayout 的一些可設置屬性：

● itemSize: CGSize：每個項目的大小。

```
layout.itemSize = CGSize(width: 100, height: 100)
```

● minimumLineSpacing: CGFloat：最小列與列之間的間距。

● minimumInteritemSpacing: CGFloat：最小項目與項目之間的間距。

itemSize、minimumLineSpacing、minimumInteritemSpacing 這三個屬性必須一起判斷，UICollectionView 會先滿足 itemSize，讓每一個 Cell 的寬高如同你設定的一樣，但是間距的部分只能儘可能滿足，因為 UICollectionView 可捲動方向只有一邊，不是水平就是垂直，因此寬度或高度一定有一個是受限制的，只能儘量完成全部的需求，如果沒辦法完成，也會儘量靠近你所設置的數值。舉例來說：

```
let layout = UICollectionViewFlowLayout()
layout.itemSize = CGSize(width: 50, height: 50)
layout.minimumLineSpacing = 100
layout.minimumInteritemSpacing = 0
```

這邊設置了寬高為「50」，列之間的距離為「100」，項目之間的距離為「0」，實際的結果如圖 17.9 所示。

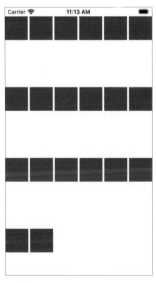

圖 17.9　**UICollectionView**

以上的結果是寬高 50、列與列之間距離 100 都滿足了，但是項目之間距離為 0 並沒辦法滿足，但也儘可能將距離縮小了。

因此設置這三個屬性時必須一併考慮，UICollectionView 只能儘可能滿足你所設定的條件，如果執行結果與你預期的不太相符，這是十分正常的。

● scrollDirection: UICollectionView.ScrollDirection：可捲動的方向，預設為垂直捲動。

垂直捲動：

```
layout.scrollDirection = .vertical
```

項目會從左上開始，到最右邊後，會換行繼續顯示剩下的項目，畫面如果顯示不完，則可以透過垂直捲動來顯示其他的項目。

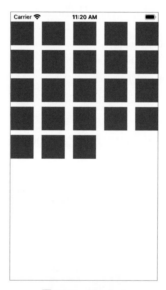

圖 17.10　Vertical

水平捲動：

```
layout.scrollDirection = .horizontal
```

項目會從左上開始，到最下面會換列繼續顯示剩下的項目，畫面內如果空間不夠顯示，則可以透過水平捲動來顯示其他的項目。

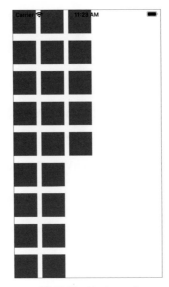

圖 17.11 Horizontal

當你建立並設置完屬性後，就可以將 UICollectionView 的 Layout 替換成你產生的 Layout：

```
collectionView.collectionViewLayout = layout
```

17.4 UICollectionViewDelegateFlowLayout

UICollectionViewDelegateFlowLayout 是 UICollectionViewDelegate 的子協議，它在既有的函式中增加了許多有關 FlowLayout 的設定，因此大部分使用 UICollection View 的開發者，會直接使用 UICollectionViewDelegateFlowLayout 來取代 UICollection ViewDelegate。

因此這邊我們一併說明有哪些常見的函式：

● didSelectItemAt：使用者點選某一個 Item 後會觸發該函式，並且傳入對應的 IndexPath。

```
extension ViewController: UICollectionViewDelegateFlowLayout {
    func collectionView(_ collectionView: UICollectionView,
```

```
                            didSelectItemAt indexPath: IndexPath) {
        print("section: \(indexPath.section) row: \(indexPath.row)")
    }
}
```

　　這邊你會發現 UICollectionView 也是使用 IndexPath 來定義目前的選項爲何，這是因爲它與 UITableView 一樣，有 Section 與 Row。

　　因此，這邊補充說明一下有關 UICollectionViewDataSource 的函式：

● numberOfSections：要展示多少個 Secion 於 UICollectionView 之中，預設爲 1。

```
func numberOfSections(in collectionView: UICollectionView) -> Int {
    return 2
}
```

　　透過先前的章節，我們知道 UICollectionView 可以設置三個屬性：itemSize、minimumLineSpacing、minimumInteritemSpacing，UICollectionView 會依照這三個屬性來決定如何展示 Cell，這邊我們也可以實作對應的函式來設置這三個屬性。

● sizeForItemAt：每個 Item 的大小，你可以實作此函式來定義每個 Item 的大小，這個函式會傳入 IndexPath，因此你可以客製化每個 Item，設置成不同的大小。

```
func collectionView(_ collectionView: UICollectionView,
                    layout collectionViewLayout: UICollectionViewLayout,
                    sizeForItemAt indexPath: IndexPath) -> CGSize {
    return CGSize(width: 100, height: 100)
}
```

● minimumLineSpacingForSectionAt：最小列與列之間的間距。

```
func collectionView(_ collectionView: UICollectionView,
                    layout collectionViewLayout: UICollectionViewLayout,
                    minimumLineSpacingForSectionAt section: Int) -> CGFloat {
    return 20
}
```

- minimumInteritemSpacingForSectionAt：最小項目與項目之間的間距。

```
func collectionView(_ collectionView: UICollectionView,
                    layout collectionViewLayout: UICollectionViewLayout,
                    minimumInteritemSpacingForSectionAt section: Int) -> CGFloat {
    return 20
}
```

17.5　Footer 與 Header

UICollectionView 也可以設置 Footer 與 Header，不過這邊必須要使用 UICollection ReusableView 來建立，並且也要如同 Cell 一樣，設置重用辨識碼。

- 註冊 Header：

```
collectionView.register(UICollectionReusableView.self,
                        forSupplementaryViewOfKind: UICollectionView.elementKindSectionHeader,
                        withReuseIdentifier: "Header")
```

- 註冊 Footer：

```
collectionView.register(UICollectionReusableView.self,
                        forSupplementaryViewOfKind: UICollectionView.elementKindSectionFooter,
                        withReuseIdentifier: "Footer")
```

第二個參數要輸入你要註冊 Footer 或者 Header，這時我們可以使用 UICollection View 宣告的常數：

```
UICollectionView.elementKindSectionFooter
UICollectionView.elementKindSectionHeader
```

最後則是設置對應的重用辨識碼。

接著我們可以實作 UICollectionViewDataSource 內的函式，來產生對應的 UI 元件，這個函式會傳入對應的 IndexPath 以及 SupplementaryElementOfKind，因此你可以透過這個辨識碼來決定目前要產生 Footer 還是 Header。

這邊我們透過 dequeueReusableSupplementaryView 傳入必要的函式來取得重用的 View。舉例來說，我們要取得 Header，那麼你就必須要像這樣來取得：

```
let headerView = collectionView.dequeueReusableSupplementaryView(
    ofKind: UICollectionView.elementKindSectionHeader,
    withReuseIdentifier: "Header",
    for: indexPath)
```

因此，我們的 SupplementaryElementOfKind 可以這樣寫，透過傳入的 kind 來決定要取得 Footer 還是 Header，並且設置不同的顏色：

```
func collectionView(_ collectionView: UICollectionView,
                    viewForSupplementaryElementOfKind kind: String,
                    at indexPath: IndexPath) -> UICollectionReusableView {
    var reusableView: UICollectionReusableView!

    if kind == UICollectionView.elementKindSectionHeader {
        reusableView = collectionView.dequeueReusableSupplementaryView(
            ofKind: UICollectionView.elementKindSectionHeader,
            withReuseIdentifier: "Header",
            for: indexPath)
        reusableView.backgroundColor = UIColor.red
    }

    if kind == UICollectionView.elementKindSectionFooter {
        reusableView = collectionView.dequeueReusableSupplementaryView(
            ofKind: UICollectionView.elementKindSectionFooter,
            withReuseIdentifier: "Footer",
            for: indexPath)
        reusableView.backgroundColor =  UIColor.green
    }

    return reusableView
}
```

最後，你必須設置每個 Footer 與 Header 的大小，你可以透過 UICollectionView DelegateFlowLayout 實作對應的函式：

● referenceSizeForFooterInSection：設定 Footer 的大小。

● referenceSizeForHeaderInSection：設置 Header 的大小。

```
func collectionView(_ collectionView: UICollectionView,
                    layout collectionViewLayout: UICollectionViewLayout,
                    referenceSizeForFooterInSection section: Int) -> CGSize {
    return CGSize(width: collectionView.frame.size.width,
             height: 50)
}


func collectionView(_ collectionView: UICollectionView,
                    layout collectionViewLayout: UICollectionViewLayout,
                    referenceSizeForHeaderInSection section: Int) -> CGSize {
    return CGSize(width: collectionView.frame.size.width,
             height: 30)
}
```

最後設置完成後，結果應該會如圖 17.12 的樣子。

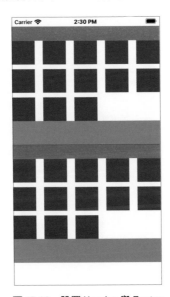

圖 17.12　**設置 Header 與 Footer**

18

日期與日期選擇器

18.1　Date

　　Date 是用來代表特定時間點的一個結構，通常用於處理日期的增減與比較，我們可以透過以下的建構子產生一個 Date 的實體，且爲使用者當前的時間。

```
let date = Date()
```

　　接著我們試著透過 DateFormatter 來進行時間的轉換，因爲我們可能會需要將時間轉換成字串，以便顯示或進行處理。

```
let dateFormatter = DateFormatter()
dateFormatter.dateFormat = "yyyy/MM/dd"
```

　　最後透過 Dateformatter 將 Date 轉換成字串：

```
let dateString = dateFormatter.string(from: date)
print(dateString)
```

　　此外，你也可以透過 Unix 時間來產生對應的 Date，Unix 時間是 Unix 或類 Unix 系統所使用的時間，從 1970 年 1 月 1 日 0 時 0 分 0 秒到現在的總秒數。舉例來說：

```
let date = Date(timeIntervalSince1970: 1)
```

　　上面這個例子的時間就會是 1970 年 1 月 1 日 0 時 0 分 1 秒，你也可以存取 Date 的 Unix 時間：

```
let timeInterval = date.timeIntervalSince1970
```

　　如果你想要透過字串轉換成 Date，當然也是做得到的，也是必須協助 DateFormatter 來完成，輸入對應的日期格式，之後透過 date(from:) 函式來轉換，結果爲可選型別，因此我們使用可選綁定來進行安全解包：

```
let dateFormatter = DateFormatter()
dateFormatter.dateFormat = "yyyy/MM/dd"
if let date = dateFormatter.date(from: "2020/10/01") {
```

```
    print(date)
}
```

18.2 DateFormatter

DateFormatter 是用於轉換 Date 成你所指定格式的字串的一個類別，我們可以透過指定 dateFormat 屬性來定義要轉換的字串格式：

```
let date = Date()
let dateFormatter = DateFormatter()
dateFormatter.dateFormat = "yyyy"
print(dateFormatter.string(from: date))
```

這個例子我們將 dateFormat 指定成 yyyy，透過轉換後會取得日期年份的部分，我們可以透過以下的表格來知道有哪些特殊的格式可以使用，要特別注意的是「大小寫是有區別的」。

	格式	範例	說明
年份	y	200, 2014, 10	單純的年份。
	yy	00, 14, 03	年份後兩位，會自動補 0。
	yyyy	0200, 2014, 0010	四位數的年份，會自動補 0。
季度	Q	1, 2, 3, 4	第幾季，每季三個月。
	QQ	01,02,03,04	第幾季，會自動補 0。
	QQQ	Q1, Q2, Q3, Q4	第幾季，前方多 Q。
	QQQQ	1st quarter	完整的說明第幾季度。
月份	M	1, 3, 10, 12	單純的月份。
	MM	01, 03, 10, 12	月份，會自動補 0。
	MMM	Oct, Dec, Mar	月份的縮寫。
	MMMM	December	月份的全寫。
	MMMMM	O, D, M	月份的開頭字母。
週	E	Tue	星期幾的縮寫。
	EEEE	Tuesday	星期幾的全寫。
	EEEEE	T	星期幾的開頭字母。
	EEEEEE	Tu	星期幾的短寫。
日	d	1, 14, 31	單純的日期。
	dd	01, 03, 14, 31	日期，會自動補 0。

	格式	範例	說明
時	h	1, 4, 11	12 小時制的時間。
	hh	01, 04, 11	12 小時制的時間，會自動補 0。
	H	1, 4, 13, 22	24 小時制的時間。
	HH	01, 04, 13, 22	24 小時制的時間，會自動補 0。
	a	AM, PM	上午或下午。
分	m	1, 14, 31	幾分。
	mm	01, 03, 14, 31	幾分，會自動補 0。
秒	s	1, 14, 31	幾秒。
	ss	01, 03, 14, 31	幾秒，會自動補 0。

我們可以透過以上的表格來組合出我們需要的日期格式，也可以將對應的日期字串轉換成 Date，如果你的日期格式包含非特殊格式的話，它會自動忽略並且直接拿來當字串使用：

```
let date = Date()
let dateFormatter = DateFormatter()
dateFormatter.dateFormat = "yyyy/MM/dd HH:mm"
print(dateFormatter.string(from: date)) //2020/09/01 12:00
```

上面這個例子中，我們使用「/」來分隔日期，接著用「:」分隔時間，其他都是合法的日期格式，因此會轉換成對應的日期，其他則繼續沿用。

我們也可以直接加入一些隨意的字元，以相同的例子來說：

```
let date = Date()
let dateFormatter = DateFormatter()
dateFormatter.dateFormat = "yyyy 年 MM 月 dd 日 HH 時 mm 分 ss 秒 "
print(dateFormatter.string(from: date))
```

以上的結果會印出當前時間，並且有中文說明當區隔，例如：2020 年 09 月 01 日 12 時 30 分 15 秒。

18.3　Locale

　　Locale 是用來處理不同語系格式化相關的一個結構，我們可以透過設置 Locale 到 DateFormatter 之中，指定目前對應的語系爲何，上一章節我們知道要轉換 Date 成完整的月份，可以透過「MMMM」這個格式化字串達成：

```
let date = Date()
let dateForamtter = DateFormatter()
dateForamtter.dateFormat = "MMMM"
print(dateForamtter.string(from: date))
```

　　這段程式碼在不同的裝置會有不同的結果，如果你的手機語系是英文語系，會印出對應的月份英文全名，例如：September，而中文語系則會印出中文全名：九月，有時這可能不是你想要的結果，也許你想要每個語系都印出英文語系的結果，這時你就可以設置 DateFormatter 對應的 Locale 爲英文：

```
dateForamtter.locale = Locale(identifier: "en")
```

　　加入以上的程式碼後，DateFormatter 的轉換就會依照英文語系來做日期格式化轉換。

　　Locale 使用對應的語系字串來初始化，以下提供一些常見的字串與對應的語系：

字串	說明
en	英文。
zh	中文。
zh-Hant	繁體中文。
zh-Hant-TW	繁體中文 - 台灣。
zh-Hant-HK	繁體中文 - 香港。
zh-Hans	簡體中文。
zh_Hans_CN	簡體中文 - 中國。
ja_jp	日文。
ko	韓文。

　　如果想知道更多語系對應的字串，可以透過 Google 搜尋以下的關鍵字「Locale identifier」，有許多好心人整理更完整的表格。

18.4 Calendar

Calendar 是用於處理時間跟時間之間的計算。舉例來說，我們想要取得當前時間加上三天之後的日期，就可以透過以下的程式碼達成：

```
let date = Date()
// 取得使用者的日曆
let calendar = Calendar.current
// 當前日期加上三天
let newDate = calendar.date(byAdding: .day, value: 3, to: date)
```

你可以自由選擇要增減的對象為何，第一個傳入的參數就是你要增減的類型。

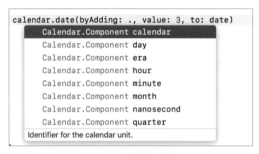

圖 18.1　不同的參數

如果你今天的需求是當天的日期減掉三天，那麼你只需要將 value 的參數改成「-3」，就可以達成這個需求：

```
let newDate = calendar.date(byAdding: .day, value: -3, to: date)
```

有時我們可能需要得知兩個日期的相差天數，我們一樣可以透過 Calendar 來計算。舉例來說，我們有兩個日期，分別是 2020/01/01 與 2020/10/01：

```
let dateFormatter = DateFormatter()
dateFormatter.dateFormat = "yyyy/MM/dd"
if let date1 = dateFormatter.date(from: "2020/01/01"),
   let date2 = dateFormatter.date(from: "2020/10/01") {

}
```

　　我們想知道這兩個日期相差多少天，我們可以透過 dateComponents，並且指定只需要日期，接著將兩個日期放入參數之中，第一個參數是一個 Set，資料型態一樣為 Calendar.Component，我們輸入「.day」，代表只需要日期。

```
let calendar = Calendar.current
let dateComponents = calendar.dateComponents([.day], from: date1, to: date2)
print(dateComponents.day!)
```

　　如果你想知道相差了幾個月又幾天，可以將程式碼改成這個樣子：

```
let calendar = Calendar.current
let dateComponents = calendar.dateComponents([.month, .day], from: date1, to: date2)
print(dateComponents.month!)
print(dateComponents.day!)
```

　　最後，如果你想知道兩個日期誰比較大，或者是它們是否相符，你可以很簡單的使用比較運算子來進行比較。由於 Date 有實作 Comparable 這個協議，因此如果你要比較日期的話，可以這樣寫：

```
if date1 > date2 {
    print("date1 大於 date2")
}

if date1 == date2 {
    print("date1 等於 date2")
}

if date1 < date2 {
    print("date1 小於 date2")
}
```

18.5　UIDatePicker

　　UIDatePicker 是用於提供使用者選擇日期的一個畫面元件，使用起來與 UIPicker View 相當類似，使用者可以透過滾動來選擇對應的日期。

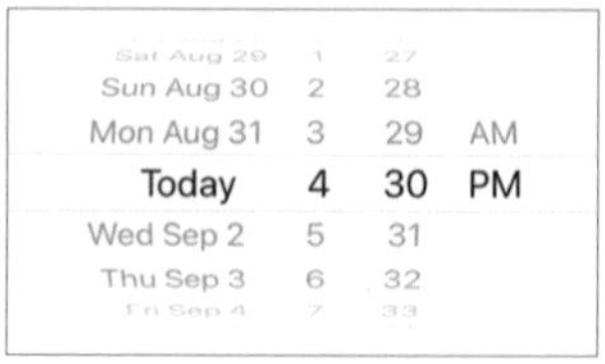

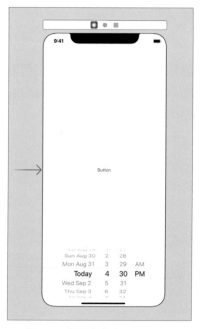

圖 18.2　UIDatePicker

　　我們開啓專案後，於 Storyboard 中新增 UIDatePicker，並加入到 ViewController 的畫面下方，接著於畫面中央增加一個按鈕，按鈕需要設置 IBAction，我們希望點選按鈕時，可以得知使用者目前選擇的日期爲何，因此我們還要設置 UIDatePicker 的 IBOutlet，此時你的畫面應該會如圖 18.3 所示。

圖 18.3　設置完成的 Storyboard

　　程式碼的內容應該會是以下的樣子，設置了 IBOutlet 與 IBAction：

```
class ViewController: UIViewController {
    @IBOutlet weak var datePicker: UIDatePicker!

    override func viewDidLoad() {
        super.viewDidLoad()
```

```
    }

    @IBAction func buttonTapped(_ sender: Any) {

    }
}
```

UIDatePicker 使用起來十分簡單，我們不需要設置 DataSource 與 Delegate。當我們要取出對應的日期，只需要透過存取 date 屬性即可：

```
let date = datePicker.date
```

如果你想要更換 UIDatePicker 可以選擇的種類，我們可以直接於 Storyboard 的介面中設定，你可以透過更改 mode 屬性來指定不同的樣式。

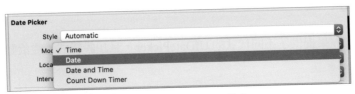

圖 18.4　設定不同的顯示樣式

你也可以透過程式碼來設定 datePickerMode，有四種模式可以提供設定：

- time：時間。

- date：日期。

- dateAndTime：日期與時間。

- countDownTimer：倒數計時。

```
datePicker.datePickerMode = .date
```

如果你想要限制使用者的可選擇日期範圍，可以設置以下兩個屬性來約束 DatePicker：

- minimumDate：最小日期。

- maximumDate：最大日期。

```
// 最小日期為今天
let minDate = Date()
datePicker.minimumDate = minDate
// 最大日期為今天加上一年
let maxDate = Calendar.current.date(byAdding: .year, value: 1, to: Date())
datePicker.maximumDate = maxDate
```

以上面的例子來說，可選擇的日期就只有今天到一年後，不能選擇的日期會自動變成灰色，且無法選擇，如圖 18.5 所示。

圖 18.5　**設置限制的日期選擇器**

18.6　UIDatePicker 樣式

iOS14 後，蘋果提供了不同樣式的 UIDatePicker，且預設樣式也從滾動式調整成如圖 18.6 的形式。

圖 18.6　**新樣式的 UIDatePicker**

你可以從畫面建構器中設置要展示的樣式，如圖 18.7 所示。

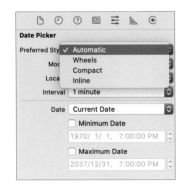

圖 18.7　設置樣式

如果你還是比較喜歡原本的滾動樣式，那麼就將它設置成「Wheels」，如此一來，它就會是你常見的滾動樣式了。

你也可以透過程式碼來設置樣式，但是要注意的是 iOS 13.4 以上才有這個屬性，因此如果你的專案支援 13.4 以下的版本，那麼你必須將程式碼改成以下的樣子：

```
if #available(iOS 13.4, *) {
    datePickerView.preferredDatePickerStyle = .wheels
}
```

$\mathcal{19}$

閉包

19.1 Closure 基本介紹

「閉包」（Closure）也稱為「匿名函式」，是一個獨立的函式區塊，可以於程式碼中傳遞與使用，簡單的說，你可以定義一個獨立的函式區塊，當成變數傳遞與使用。舉例來說，我們都知道該如何宣告一個整數變數：

```
var age: Int?
```

接下來我們來看看這行程式碼：

```
var closure: (() -> Void)?
```

在上面的例子中，我們宣告了一個變數 closure，而它的資料型態是一個沒有傳入值、也沒有回傳值的函式，定義 Closure 其實就如同定義函式一樣，也是需要定義是否有傳入值與回傳值。

一開始定義 Closure 可能會遇到許多困難，我們可以先從我們熟悉的函式開始定義，以上面的例子來說，定義一個沒有回傳值也沒有傳入值的函式應該如下：

```
func myFunc() {

}
```

接著我們把 func 與函式名稱拿掉：

```
() {

}
```

再將函式區塊也拿掉：

```
()
```

因為這個函式是沒有回傳值的，因此也可以說它是回傳一個空的東西：

```
() -> ()
```

最後你可以將空的東西改成 Void，會更好理解：

```
() -> Void
```

透過這些步驟將原本的函式拆解成 Closure 的資料型態。

我們可以試著再看另外一個例子，假設有傳入值、也有回傳值的函式，要如何定義成 Closure 呢？我們一樣先從函式最原始的樣子來定義：

```
func myFunc(a: Int) -> Int {

}
```

首先將 func 與名稱都拿掉：

```
(Int) -> Int {

}
```

接著將函式區塊拿掉：

```
(Int) -> Int
```

如此一來，你就定義了一個需要傳入一個整數並回傳整數的 Closure 了。這邊稍微總結一下，該如何定義一個 Closure：

```
（傳入參數）-> 回傳參數
```

大概知道這個概念後，你應該能回答得出來，以下定義的 Closure 是代表什麼樣的函式了：

```
(Int?, String) -> [Int]
```

由於 Closure 是屬於資料型態的一種，因此若我們要定義某個 Closure 是可選型別，你必須使用「()」將它整個包起：

```
var closure: (() -> Void)?
```

以上的程式碼代表定義了一個沒有傳入值與回傳值的型態的 Closure 變數，並且是可選型別。

至此，我們學會了如何定義 Closure，那我們該如何指派與使用呢，我們一樣回到原本熟悉的整數變數來當例子：

```
var age: Int?
age = 3
print(age!)
```

以上的程式碼，定義了整數變數，且資料型態是可選型別，接著將 3 存入到變數之中，最後透過 print 印製出來。

我們透過類似的例子來示範，一樣定義一個 Closure，接著將某個函式區塊存入到變數之中，最後執行函式區塊：

```
var closure: (() -> Void)?
closure = {
    print("Hello")
}
closure!()
```

第一行代表定義了一個沒有傳入值、也沒有回傳的 Closure，這個部分目前應該沒有太大的問題；第二行是指派了一個函式區塊給 closure 這個變數，由於這個變數的資料型態是沒有傳入值、也沒有回傳的 Closure，因此在這邊定義了對應的函式區塊；第三行則是執行這個 Closure，因為目前這個變數所儲存的函式區塊是透過 print 印製出 Hello，因此執行的話會執行該區塊。

定義函式區塊的基本格式如下：

```
{（參數）-> 回傳的資料型態 in
    要執行的程式碼
}
```

我們一樣可以透過過去熟悉的定義函式來學習如何定義函式區塊：

```
func myFunc() {
    print("Hello")
}
```

接著我們將 func 與名稱移除：

```
{
    print("Hello")
}
```

你會發現這個樣子就跟範例中定義函式區塊的語法是相同的。

接著我們可以看一下呼叫的部分，原本的函式呼叫如下：

```
myFunc()
```

而呼叫儲存到 Closure 變數之中的呼叫方式也是一樣的：

```
closure!()
```

到這邊，你可能會有點好奇，那我可不可以直接拿現有的函式指派到 Closure，而不是透過定義函式區塊，答案是可以的：

```
var closure: (() -> Void)?
closure = myFunc
closure!()

func myFunc() {
    print("Hello")
}
```

19.2 Closure 的語法

接下來我們會舉一些 Closure 的例子，讓你更熟悉該如何定義與使用。

無傳入值、無回傳值的函式與 Closure

● 函式：

```
func myFunc() {
    print("Hello")
}
```

```
}

myFunc()
```

● Closure：

```
var closure: () -> Void

closure = {
    print("Hello")
}

closure()
```

有傳入值、無回傳值的函式與 Closure

● 函式：

```
func myFunc(name: String) {
    print("Hello \(name)")
}

myFunc(name: "Jerry")
```

● Closure：

```
var closure: (String) -> Void

closure = { name in
    print("Hello \(name)")
}

closure("Jerry")
```

　　這邊要特別注意的是，因為我們定義的是有傳入值的 Closure 型態，因此在定義函式區塊的時候，必須為傳入的參數命名，這邊我們命名為「name」，你可以依照需求任意命名成較符合你定義的函式區塊的名稱。

　　如果你的函式區塊並沒有要使用傳入的參數，可以使用底線「_」將其忽略：

```
closure = { _ in
    print("Hello")
}
```

有多個傳入值、無回傳值的函式與 Closure

19

● 函式：

```
func myFunc(number1: Int, number2: Int) {
    print("\(number1 + number2)")
}

myFunc(number1: 1, number2: 1)
```

● Closure：

```
var closure: (Int, Int) -> Void

closure = { number1, number2 in
    print("\(number1 + number2)")
}

closure(1,1)
```

無傳入值、有回傳值的函式與 Closure

● 函式：

```
func myFunc() -> String {
    return "Hello"
}

let message = myFunc()
```

● Closure：

```
var closure: () -> String

closure = {
    return "Hello"
```

```
}

let message = closure()
```

● 有傳入值、有回傳值的函式與 Closure

● 函式：

```
func myFunc(name: String) -> String {
    return "Hello \(name)"
}

let message = myFunc(name: "Jerry")
```

● Closure：

```
var closure: (String) -> String

closure = { name in
    return "Hello \(name)"
}

let message = closure("Jerry")
```

這邊簡單的介紹了幾個種類，基本上你只要有辦法定義成函式，就有辦法定義對應的 Closure。

定義函式區塊時，可以透過許多簡寫來簡化程式碼，主要有以下幾個例子：

● 傳入值可以使用 $0~$n 來代替

假設我們有一個 Closure 如下：

```
var closure: (String) -> String

closure = { name in
    return "Hello \(name)"
}

let message = closure("Jerry")
```

我們在定義函式區塊的時候，可以將傳入值 name in 省略成 $0，代表區塊中第一個傳入值，有多個傳入值則依序增加，例如：$0 $1 $2。

```
var closure: (String) -> String

closure = {
    return "Hello \($0)"
}

let message = closure("Jerry")
```

要簡寫成以上的樣子有一些條件，你必須每個傳入的參數都使用到，如果你有兩個參數，程式碼中卻只使用到一個就不行：

```
var closure: (String, String) -> String

closure = {
    return "Hello \($0)"
}

let message = closure("Jerry", "Tom")
```

或者你已經先定義傳入的參數名稱，也沒辦法簡寫成 $0~$n：

```
closure = { name1, name2 in
    return "Hello \($0), \($1)"
}
```

● 單行可省略 return 不寫

如果你的 Closure 是需要有回傳值的：

```
var closure: (String) -> String

closure = { name in
    return "Hello \(name)"
}

let message = closure("Jerry")
```

如果程式碼只有單行的話，那麼可以省略成以下的形式：

```
closure = { name in
    "Hello \(name)"
}
```

將這兩個技巧搭配起來使用的話，你的程式碼可以簡化成以下的樣子：

```
var closure: (String) -> String

closure = { "Hello \($0)" }

let message = closure("Jerry")
```

透過這兩個章節，你應該能夠理解 Closure 的基本概念，簡單來說，你可以把函式當成過去所學的資料型態，可以保存於常數與變數之中，或者傳入到其他函式作為傳入參數，甚至可以當另一個函式的回傳值。

之前章節提過切換頁面的程式碼，其中就需要帶入一個沒有傳入值、也沒有回傳的 Closure，當切換頁面完成後，會執行 Closure 的內容，這就是一個使用上的例子，也許你執行的函式需要一段時間後才能完成，當完成後需要通知另一個函式，這時就可以將它設置成 Closure 儲存起來，直到完成後才去執行下一個函式。

```
let storyboard = UIStoryboard(name: "Main", bundle: nil)
let bViewController = storyboard.instantiateViewController(identifier: "BViewController")
present(bViewController, animated: true, completion: {
    print("切換到 B 頁面囉")
})
```

19.3 把 Closure 當參數傳遞

我們知道函式可以擁有參數，當然也可將 Closure 當成參數來使用，呼叫參數的對象必須定義函式區塊，被呼叫的函式就可以取得所定義的區塊，等到特定的時機點再進行呼叫：

```
func someFunctionThatTakesAClosure(closure: () -> Void) {
    // 執行了某些程式碼後


    // 執行 clsoure
    closure()
}

// 呼叫函式，並且定義對應的 Closure 區塊
someFunctionThatTakesAClosure(closure: {
    print("Hello")
})
```

也有可能單一函式中，擁有多個 Closure 的參數：

```
func myFunc(age: Int, onSuccess: () -> Void, onError: () -> Void) {
    if age >= 18 {
        onSuccess()
    } else {
        onError()
    }
}

// 呼叫函式
myFunc(age: 17, onSuccess: {
    print(" 成功 ")
}, onError: {
    print(" 失敗 ")
})
```

這邊有一個可以簡寫的部分，如果你的 Closure 參數在函式中的最後一個，也就是所謂的尾隨 Closure，那麼你可以將程式碼簡寫成以下的樣式：

```
someFunctionThatTakesAClosure {
    print("Hello")
}
```

19.4 高階函式

　　高階函式（higher order functions）可以將函式傳給另一個函式的參數，其實就是 Closure 的應用，這邊稍微介紹一些 Swift 所提供的方法，主要是針對集合型別做出一些處理，產生新的集合或者是找出特定的值。

⬡ map

　　遍歷整個集合，並對集合中的每個元素執行相同的操作，最後產生新的集合。舉例來說，我們有一個整數陣列，想將全部的值變成 2 倍，我們可以透過迴圈來處理：

```swift
var numbers = [1,2,3,4,5]

var doubled: [Int] = []

for number in numbers {
    doubled.append(number * 2)
}

print(doubled)
```

　　我們可以透過 map 來進行快速的轉換，map 需要傳入一個 Closure，它定義的資料型態如下：

```swift
(Element) throws -> T
```

　　Element 是這個集合原本的資料，而 T 則是自定義的新的資料型態為何，map 會遍歷整個集合，再依照你傳入的 Closure 做轉換，最後產生一個新的集合，以這個例子來說，我們還只是想要將整數變成兩倍，因此資料型態還是整數。

```swift
var numbers = [1,2,3,4,5]
var doubled = numbers.map { (number) -> Int in
    return number * 2
}

print(doubled)
```

　　回傳值是支援型別推斷的，再加上先前學會的縮寫方式，因此這整段程式碼可以縮寫成一行：

```
numbers.map({ $0 * 2 })
```

　　高階函式運用得好，可以寫得十分簡短，map 也可以將原本的型別進行轉換，舉例來說，我們可以將整數陣列轉換成字串陣列：

```
var numbers = [1,2,3,4,5]
var stringArray = numbers.map({ String($0) })
print(stringArray)
```

◆ filter

　　filter 是篩選的意思，一樣會先遍歷整個集合，再依照你給的判斷值決定是否要將這個元素篩選出來：

```
(Element) throws -> Bool
```

　　它會將每個元素傳入到 Closure 之中，接著你要根據你的需求回傳對應的 Bool，當 Bool 回傳 true 時，代表符合你的要求，這個元素就會被篩選出來。舉例來說，我們有一個整數陣列，要找出所有偶數的值為何：

```
var numbers = [1,2,3,4,5,6]

var evenNumbers = numbers.filter { (number) -> Bool in
    if number % 2 == 0 {
        return true
    } else {
        return false
    }
}

print(evenNumbers) // 2, 4, 6
```

　　透過餘數運算子「%」來進行計算，數值除與 2 時，餘數若為 0 則為偶數。以上的程式碼也可以簡寫成以下的樣子：

```
var numbers = [1,2,3,4,5,6]

var evenNumbers = numbers.filter({ $0 % 2 == 0 })

print(evenNumbers) // 2, 4, 6
```

另外一個例子，我們可以透過 filter 找出少於 5 個字的名稱：

```
let cast = ["Vivien", "Marlon", "Kim", "Karl"]

let shortNames = cast.filter({ $0.count < 5 })

print(shortNames) // Kim, Karl
```

forEach

將集合的元素遍歷出來，於 Closure 之中使用，基本上就等同使用 for-in，將所有集合的元素遍歷是一樣的意思：

```
let numbers = [1,2,3,4,5]

for number in numbers {
    print(number) // 1,2,3,4,5
}

numbers.forEach({
    print($0)      // 1,2,3,4,5
})
```

first、last

找出集合中第一個元素與最後一個元素，因為集合可能是空的，因此回傳的型態為可選型別：

```
let numbers = [1,2,3,4,5]
print(numbers.first) // optional(1)
print(numbers.last)  // optional(5)
```

以上的用法是直接取得集合中第一或最後的元素，這邊也有提供高階函式版本，你將傳入一個 Closure，指定你的條件，會找出第一個或最後一個符合你設定條件的元素，但也有可能找不到，因此所回傳的屬性也是可選型別。舉例來說，我們想找到整數陣列中，第一個偶數與最後一個偶數為何：

```
let numbers = [1,2,3,4,5]
let first = numbers.first(where: { $0 % 2 == 0 })
let last = numbers.last(where: { $0 % 2 == 0 })
```

flatMap

當集合型別包含另一種集合型別時，可以透過 flatMap 將它們合併成單一集合型別。舉例來說，我們有一個陣列，陣列的內容為整數陣列：

```
let array = [[1,2,3,4,5], [1,2,3], [1,2]]
```

透過 flatMap，我們一樣會遍歷整個陣列內容，如果你只是需要它合併成單一陣列，那麼你可以遍歷後直接回傳原始陣列內容：

```
let array = [[1,2,3,4,5], [1,2,3], [1,2]]
let numbers = array.flatMap({ $0 })
print(numbers)
// [1, 2, 3, 4, 5, 1, 2, 3, 1, 2]
```

如果我們想要在合併陣列的過程中，針對每個陣列做處理，也可以寫在 Closure 之中，我們想將所有值都變成兩倍，那麼我們可以在 flatMap 中，再針對每一個陣列進行 map 的動作：

```
let array = [[1,2,3,4,5], [1,2,3], [1,2]]
let numbers = array.flatMap({ $0.map({ $0 * 2 }) })
print(numbers)
// [2, 4, 6, 8, 10, 2, 4, 6, 2, 4]
```

compactMap

與 map 十分類似，遍歷整個集合，並對集合中的每個元素執行相同的操作，最後產生新的集合，但是會將 nil 的部分去除。舉例來說，我們有一個陣列，其中有一些值為 nil，我們透過 map 與 compactMap 做相同的處理：

```
let numbers = [1, 2, nil, 3, nil, 5]
let mapResult = numbers.map({ $0 })
let compactMapResult = numbers.compactMap({ $0 })
print(mapResult)        // [1, 2, nil, 3, nil, 5]
print(compactMapResult) // [1, 2, 3, 5]
```

因為這個特性，所以使用起來非常方便。舉例來說，我們有一個字串的陣列，想將它們轉型成整數陣列，這時你就可以使用 compactMap 來達成此任務：

```
let stringArray = ["1", "QQ", "2", "3", "WW"]
let numbers = stringArray.compactMap({ Int($0) })
print(numbers) // [1,2,3]
```

⬡ reduce

reduce 是用於遍歷集合後，產生一個新的值。舉例來說，有一個整數陣列，我們想知道這個陣列加總為何，就可以使用 reduce。reduce 的定義如下：

```
func reduce<Result>(_ initialResult: Result, _ nextPartialResult: (Result, Element) throws
-> Result) rethrows -> Result
```

看起來有些複雜，其實十分簡單，總共需要兩個參數：

- initialResult: Result：代表初始值。

- nextPartialResult: (Result, Element) throws -> Result：用於計算的 Clousre，會傳入以下兩個參數，並且要求回傳這一次元素計算的結果。

參數	說明
Result	上一個元素的計算結果。
Element	目前的元素。

直接拿一個例子來說明：

```
let numbers = [1,3,5,7,8]
let sum = numbers.reduce(0, { x, y in
    return x + y
})

print(sum) // 24
```

reduce 會遍歷整個集合，初始值為 0；x 代表上一次的計算結果，一開始為 0；y 則是所遍歷到的值，會慢慢加總，值到整個集合的元素都計算過後，最終產生一個結果，就是總計的值。

19.5 實際應用

在之前的章節中，我們示範過 UITableViewCell 透過 Delegate，將更改後的狀態透過函式傳遞到實作該協議的類別，這邊我們可以改使用 Closure 來傳遞。開啟一個新的專案後，增加 UITableView 到畫面之中，並且設置對應的 UITableViewCell，Cell 上設置一個 UISwitch。

圖 19.1　**UITableView**

接下來新增 UITableViewCell 的 Custom Class，設置對應的 IBOutlet 以及 IBAction：

```
class MyTableViewCell: UITableViewCell {

    @IBOutlet var mySwitch: UISwitch!

    @IBAction func switchDidValueChanged(_ sender: UISwitch) {
```

```
        }
    }
```

MyTableViewCell 設置完成後，我們繼續將 UITableView 所需要的程式碼補完：

```
class ViewController: UIViewController {

    @IBOutlet var tableView: UITableView!
    var tableViewData: [Bool] = []

    override func viewDidLoad() {
        super.viewDidLoad()
        for _ in 0...15 {
            tableViewData.append(true)
        }
        tableView.dataSource = self
    }

}


extension ViewController: UITableViewDataSource {
    func tableView(_ tableView: UITableView, numberOfRowsInSection section: Int) -> Int {
        return tableViewData.count
    }

    func tableView(_ tableView: UITableView,
                   cellForRowAt indexPath: IndexPath) -> UITableViewCell {
        guard let cell = tableView.dequeueReusableCell(withIdentifier: "Cell") as?
MyTableViewCell else {
            fatalError()
        }

        cell.mySwitch.isOn = tableViewData[indexPath.row]
        return cell
    }

}
```

接著我們要設計點選後會觸發的 Closure，因此我們於 MyTableViewCell 類別中增加一個變數，用於存放 Closure：

```
var switchChangedHandler: ((Bool) -> Void)?
```

我們可以於 IBAction 中去觸發這個 Closure，並且將當前 UISwitch 的 isOn 透過 Closure 傳遞出去：

```
@IBAction func switchDidValueChanged(_ sender: UISwitch) {
    switchChangedHandler?(sender.isOn)
}
```

如此一來，我們就可以於 cellForRowAt 函式中指定 Closure，進而將當前 Cell 的 UISwitch 開關狀態儲存起來：

```
func tableView(_ tableView: UITableView,
               cellForRowAt indexPath: IndexPath) -> UITableViewCell {
    guard let cell = tableView.dequeueReusableCell(withIdentifier: "Cell") as?
MyTableViewCell else {
        fatalError()
    }

    cell.mySwitch.isOn = tableViewData[indexPath.row]
    cell.switchChangedHandler = { [unowned self] isOn in
        self.tableViewData[indexPath.row] = isOn
    }
    return cell
}
```

你可以依照需求來決定要使用 Delegate 或者 Closure 來觸發對應的函式，使用 Closure 是比較簡潔的作法。

20

自動參考計數

20.1 自動參考計數

「自動參考計數」（ARC，Automatic Reference Counting）是 Swift 透過 ARC 來管控記憶體使用狀況，大部分情況下，Swift 會自動釋放掉不需要的記憶體。

參考計數（Reference Counting）僅用於類別的實體（Class Instance），也就是所謂的「參考型別」（Reference Type）、「結構」（struct）與「列舉」（enum）是屬於值型別（Value Type），不是透過參考的方式傳遞與儲存。

接下來，我們提供一個例子來說明 ARC 的運作方式。我們都知道初始化的建構子關鍵字為 init，而實體的要結束時會觸發解構子，解構子的關鍵子為 deinit，因此我們可以把類別的 init 當成出生，而 deinit 則是死亡：

```swift
class Person {
    let name: String

    init(name: String) {
        self.name = name
        print("\(name) init")
    }

    deinit {
        print("\(name) deinit")
    }
}
```

接下來，我們透過建構子產生一個 Person：

```swift
var somePerson: Person? = Person(name: "Tom")
```

此時，Person 將實體分配給 somePerson 變數，因此 somePerson 會對 Person 實體產生強參考，目前的參考計數為 1，所以 ARC 會保留這個實體使用的記憶體。

接著我們試著將 somePerson 變數設置成 nil：

```swift
somePerson = nil
```

這時，因為設置了 nil，somPerson 的參考就被斷開了，此時對於這個實體的參考計數會減少為 0，因此 ARC 會回收這個實體的記憶體，並且觸發 deinit，將實體銷毀。

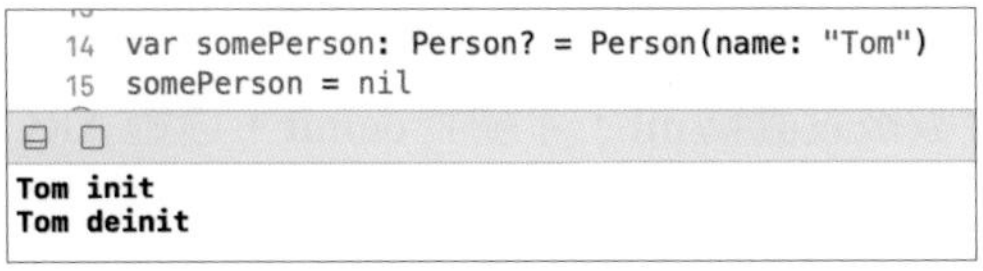

```
14  var somePerson: Person? = Person(name: "Tom")
15  somePerson = nil

Tom init
Tom deinit
```

圖 20.1　init 與 deinit

這麼一來，你應該對 ARC 的運作有一些理解了。接下來我們提供下一個範例，我們建置三個變數：

```
var reference1: Person?
var reference2: Person?
var reference3: Person?
```

我們為第一個變數產生對應的實體：

```
reference1 = Person(name: "Jerry")
```

根據上面的範例可知，此時參考計數會增加 1，因此 ARC 會保留這個實體的記憶體空間。

接著，我們將同樣的實體分配給另外兩個變數：

```
reference2 = reference1
reference3 = reference1
```

此時，這二個變數會對同一個實體產生強參考，因此參考計數會增加 2，此時這個實體一共有三個強參考，而參考計數則為 3。

如果此時我們將其中二個變數設置為 nil，這麼一來，會破壞 2 個強參考，但因為參考計數尚未歸零，因此並不會釋放此實體的記憶體空間：

```
reference1 = nil
reference2 = nil
```

這個實體的記憶體會保留到參考計數歸零，才會回收記憶體空間，因此如果你要回收，則需要連第三個變數也設置為 nil，破壞強參考，ARC 才會回收該實體的記憶體空間。

我們可以透過 print 得知每個步驟發生了什麼事情，你會發現建構子觸發了類別的 init，而直到第三個變數被設置為 nil，才觸發 deinit，透過 ARC 回收記憶體空間：

```
reference1 = Person(name: "Jerry")
print(" 第一個參考 ")
reference2 = reference1
print(" 第二個參考 ")
reference3 = reference1
print(" 第三個參考 ")


reference1 = nil
print(" 清空第一個參考 ")
reference2 = nil
print(" 清空第二個參考 ")
reference3 = nil
print(" 清空第三個參考 ")
```

而終端機輸出的資料順序如下：

```
Jerry init
第一個參考
第二個參考
第三個參考
清空第一個參考
清空第二個參考
清空第三個參考
Jerry deinit
```

20.2 類別實體間的強參考循環

在上一節的範例中，ARC 能夠自動追蹤你建立的實體的參考計數，並於參考計數為 0 時回收記憶體空間，但是有些情況下會造成參考計數永遠不會歸零，如果兩個類別間互相強參考，會導致兩個實體互相參考對方，導致無法減少參考計數，這種情況被稱爲「強參考循環」（strong reference cycle）。

接下來我們提供一個範例來說明什麼情況會產生強參考循環。我們一共定義了兩個類別，Person 與 Dog，即人與狗：

```
class Person {
    let name: String
    var pet: Dog?

    init(name: String) { self.name = name }

    deinit { print("Person \(name) deinit") }
}

class Dog {
    let name: String
    var owner: Person?

    init(name: String) { self.name = name }

    deinit { print("Pet \(name) deinit") }
}
```

每個 Person 內有一個可選的 pet 屬性，pet 屬性是可選的，因爲不是每個人都有寵物，而 Dog 內有一個 owner 屬性，owner 也是可選的，因爲不是每隻狗都擁有主人。

這兩個類別都有定義 deinit，我們可以透過此區塊來確認這兩個類別產生的實體是否正常釋放記憶體空間。

接下來我們宣告兩個可選型別的變數：

```
var tom: Person?
var bobo: Dog?
```

並且爲這兩個變數建立實體：

```
tom = Person(name: "Tom")
bobo = Dog(name: "Bobo")
```

這時候，這兩個實體的強參考關係如圖 20.2 所示。

圖 20.2　實體參考圖

接著，我們試著將兩個實體連接再一起，讓 tom 擁有寵物狗 bobo，而狗 bobo 擁有主人 tom：

```
tom!.pet = bobo
bobo!.owner = tom
```

這時，實體參考圖會變成圖 20.3 的樣子：

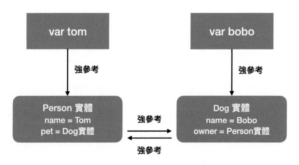

圖 20.3　實體參考圖

接下來，你可以試著將 tom 與 bobo 變數設置成 nil，但是你會發現並不會觸發 deinit，因為 Person 的實體與 Dog 的實體彼此擁有對方：

```
tom = nil
bobo = nil
```

此時的實體參考圖會變成圖 20.4 的樣子。

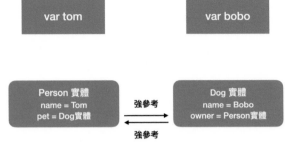

圖 20.4　實體參考圖

這兩個實體之間的強參考將保留，並且無法斷開，此時就會產生強參考循環，導致記憶體外洩，這兩個實體永遠不會被 ARC 回收，除非你先解開這兩個參考：

```
tom!.pet = nil
bobo!.owner = nil
tom = nil
bobo = nil
```

但是，這樣有些麻煩，因此 Swift 提供了其他的作法。

20.3　解決強參考循環

Swift 針對強參考循環提供了兩種作法：

- 弱參考（weak reference）。

- 無主參考（unowned reference）。

這兩種參考方式會讓實體中引用例外一個實體時，不會保持強參考，因此實體之間可以互相引用，而不會產生強參考循環。

當兩個實體間互相參考時，你可以判斷哪個實體的生命週期較短，也就是這個實體會先被釋放記憶體空間。以上面的例子來說，對於人的生命週期，可能有些時間是沒有寵物的，因此於 Person 的 pet 變數可以設置成弱參考：

```
class Person {
    let name: String
    weak var pet: Dog?
```

```
    init(name: String) { self.name = name }

    deinit { print("Person \(name) deinit") }
}

class Dog {
    let name: String
    var owner: Person?

    init(name: String) { self.name = name }

    deinit { print("Pet \(name) deinit") }
}
```

上面的程式碼與先前的章節一樣，但是 Person 類別中的 pet 於變數前面增加 weak 關鍵字，這麼一來，將會宣告此變數為弱參考（weak reference），接著我們一樣產生兩個變數，並且將它們彼此互相參考：

```
var tom: Person?
var bobo: Dog?
tom = Person(name: "Tom")
bobo = Dog(name: "Bobo")
tom!.pet = bobo
bobo!.owner = tom
```

我們可以看一下改變後的實體參考圖，如圖 20.5 所示。

圖 20.5　實體參考圖

此時，Person 實體對於 Dog 實體為弱參考，因此當 Dog 實體被釋放時，並不會因為 Person 實體的參考產生影響；當你將 bobo 變數設置為 nil 時，對於 Dog 實體的參考計數將會歸零，接著 ARC 會回收該記憶體。

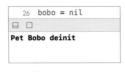

圖 20.6　deinit

接著你可以看一下將變數 bobo 設置成 nil 後的實體參考圖，如圖 20.7 所示。

圖 20.7　**實體參考圖**

最後你可以將 tom 也設定成 nil，這麼一來，Person 實體的強參考也會被斷開，ARC 將會回收剩下的記憶體空間，如此就解決了強參考循環的問題。

```
tom = nil
```

假設你設計的類別有可能互相參考，那麼你可能就要思考哪個類別生命週期較短，將它參考對象的變數設置成弱參考，這樣既不會產生強參考循環，也可以讓它們彼此參考。

弱參考的變數於實體的生命週期中，可能會沒有值，也就是 nil，我們透過上面的例子可以知道這點，因此弱參考的變數必須為可選型別，因為可能有、也可能沒有的狀況，就與可選型別是一致的，所以要宣告為可選型別。

20.4 無主參考

「無主參考」（unowned reference）與弱參考相同，不會對參考對象產生強參考，因此也可以處理強參考循環。無主參考與弱參考不同的點是，無主參考的對象具有相同或更長的生命週期時，將使用無主參考。你可以於變數前方加上 unowned 關鍵字來宣告成無主參考。

接下來，我們宣告兩個類別：Customer 與 CreditCard（客戶與信用卡），客戶不一定有信用卡，但信用卡一定有客戶：

```
class Customer {
    let name: String
    var card: CreditCard?

    init(name: String) {
        self.name = name
    }
}

class CreditCard {
    let number: Int
    unowned let customer: Customer

    init(number: Int, customer: Customer) {
        self.number = number
        self.customer = customer
    }
}
```

客戶的生命週期會比信用卡來得長，且信用卡一定擁有客戶，因此這邊使用無主參考來宣告信用卡內的客戶變數，且非可選型別。

接著我們產生一個客戶，並且為他新增一張信用卡：

```
var customer: Customer? = Customer(name: "Jerry")
customer?.card = CreditCard(number: 12345, customer: customer!)
```

此時，你已經將兩個實體互相連接，此時參考圖如圖 20.8 所示。

圖 20.8　**實體參考圖**

20

接著，我們將 customer 設置爲 nil，將會斷開對 Customer 實體的參考，而 CreditCard 實體對於 Customer 的參考爲無主的，因此不會產生強參考循環，所以 Customer 實體可以被回收，最後因爲 Customer 實體的記憶體空間被回收，因此對於 CreditCard 的強參考也被斷開，CreditCard 實體的記憶體空間也會被回收。

這麼一來，你應該對無主參考有一定的瞭解了，你可以依照不同的情境選擇要使用弱參考、還是無主參考。

20.5　Closure 與強參考循環

除了類別產生的實體間的互相參考會產生強參考循環之外，Closure 存取類別實體的變數或函式時，Closure 會對 self 產生強參考，進而產生強參考循環。

假設我們有個類別，裡面有個屬性爲 name 以及一個 Closure，這個 Closure 會回傳 name：

```
class MyClass {

    let name: String
    init(name: String) {
        self.name = name
    }

    lazy var getNameClosure: () -> String = {
        return self.name
    }

    deinit {
```

```
        print("deinit")
    }
}
```

　　接著我們試著產生這個類別的實體，並且儲存到一個變數內，然後呼叫該 Closure，最後將該變數設置為 nil：

```
var myClass: MyClass? = MyClass(name: "QQ")
print(myClass!.getNameClosure())
myClass = nil
```

　　這時你會發現並不會觸發 deinit，因為我們的 getNameClosure 是一個 Closure，並且存取了 self 的屬性，這邊產生了一個強參考，因此無法被 ARC 所清空。

　　因此我們要調整一下程式碼，你可以於使用 self 的閉包中，宣告 self 為弱參考或無主參考：

```
lazy var getNameClosure: () -> String = { [unowned self] in
    return self.name
}
```

　　如此一來，將不會產生強參考循環的問題，也能正常透過 ARC 回收記憶體，這邊要使用弱參考或無主參考，與之前的範例相同，你可以思考一下這個 Closure 執行時，self 是否一定有值，如果是的話，則使用無主參考（unowned），如果 self 可能為 nil 的話，則使用弱參考（weak）。

21
CHAPTER

UIAlertController

21.1　提示框

「提示框」是一種常見的介面，會於畫面中央彈出，顯示對應的資訊或者要求使用者確認接下來的動作，我們可以將重要的資訊或決定顯示於提示框中，接著展示給使用者查看。

圖 21.1　**提示框**

接下來我們將示範如何使用提示框。首先開啓一個新的專案，於 StoryBoard 中加入一個按鈕，並且關聯 IBAction 到 ViewController 之中，我們希望可以在按鈕被點擊之後，彈出提示框：

```
@IBAction func alertButtonTapped(_ sender: Any) {

}
```

要使用提示框，就必須建置一個 UIAlertController，並且傳入三個參數：

- title：標題。
- message：訊息。
- style：類型的樣式。

類型	說明
.alert	提示框樣式。
.actionSheet	動作表樣式。

以上面的例子來說，產生 UIAlertController 的建構子可以寫成以下的樣子：

```
let alertController = UIAlertController(title: "請選擇", message: "你喜歡貓還是狗？",
preferredStyle: .alert)
```

這麼一來，就建立出一個最簡單的提示框，因為提示框是繼承於 UIViewController，因此我們可以使用先前學會的切換頁面的程式碼來展示這個提示框：

```
present(alertController, animated: true, completion: nil)
```

接著你可以試著執行看看，應該會看到以下的畫面呈現於你的裝置之上。

圖 21.2　一個簡單的提示框

此時你會發現這個提示框沒有辦法隱藏了，永遠顯示於畫面之上。正常來說，提示框不應該沒有任何的按鈕，我們可以透過增加 UIAlertAction 到 UIAlertController 之中，讓使用者可以跟提示框做互動。

21.2 UIAlertAction

UIAlertAction 是提示框的按鈕，可以透過此建構子來產生對應的實體：

```
init(title: String?, style: UIAlertAction.Style, handler: ((UIAlertAction) -> Void)? = nil)
```

主要有三個參數：

● title：按鈕的文字。

● style：按鈕的樣式。

類型	說明
.default	預設樣式。
.cancel	取消樣式。
.destructive	警告樣式，會顯示紅色。

● handler：使用者點選後的動作，是一個函式類型，若使用者點選後不需要做任何處理，可忽略此參數或者傳入 nil。

handler 所要求的函式類型如下：

```
(UIAlertAction) -> Void)?
```

產生出 UIAlertAction 後，在使用 addAction 將它加入到 UIAlertController 之中，你可以加入多個 UIAlertAction，按鈕的順序是由 addAction 的順序，現在你將程式碼改成以下的樣子：

```
let alertController = UIAlertController(title: "請選擇", message: "你喜歡貓還是狗？",
preferredStyle: .alert)
let catAction = UIAlertAction(title: "貓", style: .default, handler: { _ in
    print("你喜歡貓！")
})
let dogAction = UIAlertAction(title: "狗", style: .default, handler: { _ in
    print("你喜歡狗")
})
alertController.addAction(catAction)
alertController.addAction(dogAction)
present(alertController, animated: true, completion: nil)
```

這樣你就可以產生一個很簡單的提示訊息，讓使用者選擇喜歡貓還是狗，你可以試著將 UIAlertAction 的 Style 更改成不一樣的樣式，看看會有什麼樣的區別。

圖 21.3　不同的 UIAlertAction 樣式

21.3 增加輸入框到提示框之中

有時你可能會想要提示框之中可以有輸入框，讓使用者輸入完成後，再點選「完成」按鈕，我們可以透過 UIAlertController 的 addTextField 函式來增加輸入框：

```
func addTextField(configurationHandler: ((UITextField) -> Void)? = nil)
```

configurationHandler 是一個函式類型，會於函式中傳入對應的 UITextField，你可以在這個函式中對它進行設定，如果不需要任何設定可以忽略或者傳入 nil。

configurationHandler 要求的函式類型如下：

```
(UITextField) -> Void
```

加入輸入框的順序，也是依照你呼叫 addTextFiled 這個函式的順序。舉例來說，我們有一個提示框，希望使用者可以輸入帳號與密碼，帳號與密碼都有 placeholder，密碼輸入框的格式希望是密碼型態的，最後再加上「登入」與「取消」兩個按鈕，如圖 21.4 所示。

圖 21.4　擁有輸入框的提示框

要達成以上的需求，你可以參考以下的程式碼：

```
let alertController = UIAlertController(title: "提示", message: "請輸入帳號密碼",
preferredStyle: .alert)
```

```
alertController.addTextField(configurationHandler: { textField in
    textField.placeholder = "帳號"
})


alertController.addTextField(configurationHandler: { textField in
    textField.placeholder = "密碼"
    textField.isSecureTextEntry = true
})


let loginAction = UIAlertAction(title: "登入", style: .default, handler: nil)
let cancelAction = UIAlertAction(title: "取消", style: .cancel, handler: nil)
alertController.addAction(loginAction)
alertController.addAction(cancelAction)
present(alertController, animated: true, completion: nil)
```

　　這樣你便建立了一個擁有輸入框的提示框，接下來我們希望在使用者點選「登入」時，取得輸入框內的文字，我們可以透過存取 UIAlertController 的 textFields 陣列來取得對應的 TextField，這個陣列的順序會依照你 addTextField 的順序增加對應的 TextField，因此我們於登入的 UIAlertAction 的 handler 中，增加以下的程式碼來取得對應的文字：

```
let loginAction = UIAlertAction(title: "登入", style: .default, handler: { _ in
    if let textFields = alertController.textFields,
       let account = textFields[0].text,
       let password = textFields[1].text {
        print("帳號:\(account), 密碼 \(password)")
    }
})
```

21.4　動作表

　　「動作表」（Action Sheet）是用於引導使用者完成動作的畫面，一樣是透過 UIAlert Controller 搭配 UIAlertAction 使用，唯一的差異就是初始化時的參數稍微修改一下即可。

圖 21.5   **Action Sheet**

最主要的差異如下，將 UIAlertController 的建構參數，設置成 .actionSheet：

```
preferredStyle: .actionSheet
```

完整的程式碼如下，大部分與提示框是一樣的：

```
let alertController = UIAlertController(title: "請選擇", message: "最喜歡哪種動物?",
preferredStyle: .actionSheet)
let catAction = UIAlertAction(title: "貓", style: .default, handler: nil)
let dogAction = UIAlertAction(title: "狗", style: .default, handler: nil)
let dolphinAction = UIAlertAction(title: "海豚", style: .default, handler: nil)
alertController.addAction(catAction)
alertController.addAction(dogAction)
alertController.addAction(dolphinAction)
present(alertController, animated: true, completion: nil)
```

假如你的 UIAlertAction 的 style 為 .cancel，這個按鈕將會與 default 按鈕分開。舉例來說，我們增加一個 UIAlertAction：

```
let cancelAction = UIAlertAction(title: "都不喜歡 :(", style: .cancel, handler: nil)
alertController.addAction(cancelAction)
```

你所執行的結果會如圖 21.6 的樣子。

圖 21.6　.cancel 樣式

21.5　增加一個專門顯示訊息的函式

　　許多時候，我們會使用 UIAlertController 來提醒使用者一些資訊，但是若是每次提醒時都要寫對應的程式碼，則會讓你的程式變得十分混雜，你可以將這個需求獨立成一個函式，呼叫函式的對象只需要輸入標題與訊息：

```
func showAlerController(title: String, message: String) {
    let alertController = UIAlertController(title: title, message: message, preferredStyle:
.alert)
    let confirmAction = UIAlertAction(title: "確認", style: .default, handler: nil)
    alertController.addAction(confirmAction)
    present(alertController, animated: true, completion: nil)
}
```

　　如此一來，使用起來就十分地簡單：

```
// 當使用者帳號或密碼錯誤時
showAlerController(title: "錯誤", message: "帳號或密碼輸入錯誤")
// 當網路連線錯誤時
showAlerController(title: "錯誤", message: "網路錯誤，請確認你的網路狀態")
```

22

容器視圖控制器

22.1 容器視圖控制器

　　UIKit 提供許多容器視圖控制器（Container View Controllers），你可以透過這些類別將 App 設計得更加美麗與符合使用者行為。本章會介紹各種不同的容器視圖控制器，藉由範例來理解如何使用，進而設計出符合 iOS 使用者的 App。

22.2 UINavigationController

　　UINavigationController（導航控制器）是十分常見的容器視圖控制器，會於 UIViewController 增加一個 UINavigationBar（導航欄）。iOS 的設定介面中，你點選任意的選項進入詳細設定時，該頁面就是使用 UINavigationController 來展示的。

圖 22.1　設定頁面

　　你可以參考以上的圖示，最上方的區塊就是 UINavigationBar，使用者可以透過上方的標題得知該頁面的作用，也能透過按鈕來回到上一頁或者觸發某些事件等，算是十分常見的畫面設計。

　　接下來我們開啟一個新的專案，並且於畫面建構器中選擇我們的 UIView Controller，然後於上方的欄位中選擇「Editor → Embed In → Navigation Controller」。

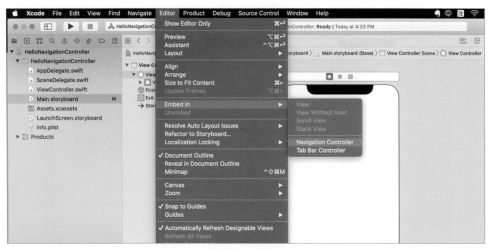

圖 22.2 **設置 UINavigationController**

設定完成後，你會發現 Storyboard 整個樣子改變了，起始 UIViewController 變成 UINavigationController，接著下一頁才是我們原本的 ViewController，我們原本的 ViewController 上方多了一塊 UINavigationBar。

這樣代表我們設置了 UINavigation 架構，UINavigationController 是由兩個區塊所組成的，分別是：

● UINavigationBar：導航欄位，位於上方，可放置按鈕與標題。

● RootViewController：目前展示的 UIViewController。

你可以點選 UINavigationController，會看到它設置了 RootViewController 為我們原本的 ViewController。

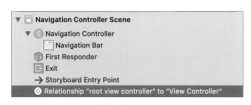

圖 22.3 **RootViewController**

接著你可以增加其他頁面，並且於原本的頁面增加一個按鈕，然後透過這個按鈕產生 Action Segue，來進行頁面的切換，此時你會發現新的頁面也產生了 UINaviagtionBar，並且擁有「回到上一頁」的按鈕。

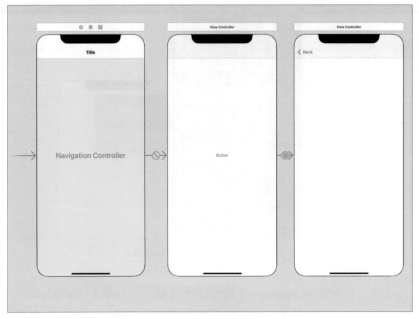

圖 22.4　**切換頁面**

　　會有這樣的結果，是因為你的頁面若是 UINavigationController 架構的話，透過 Segue 來換頁，就會自動沿用 UINavigationController 架構，成為新的 RootView Controller，並且產生「回到上一頁」的按鈕，你可以實際執行看看程式碼。

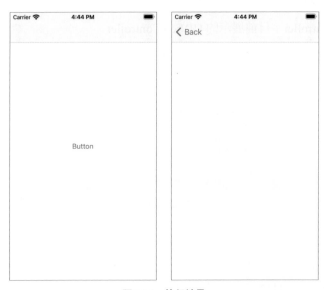

圖 22.5　**執行結果**

　　如此一來，你應該對使用 UINavigationController 有初步的瞭解了，此外如果要回到上一頁，除了可以透過按鈕返回外，iOS 也提供了另一個手勢，當你的手指於畫面左邊邊緣時，可以透過拖曳將這個頁面移除，所以可以回到上一頁。

圖 22.6　**透過拖曳移除當前頁面**

接下來我們來說明一些可設定的屬性與函式：

◈ 標題

我們可以點選 UINavigationBar 後，針對每個頁面來設置不同的標題。

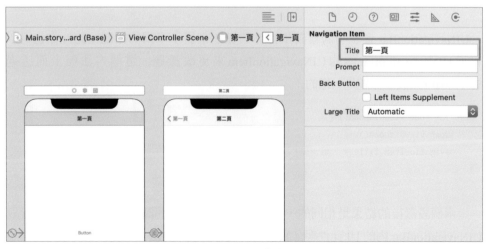

圖 22.7　**設置標題**

當你設置完標題後，你會發現第二頁的「回到上一頁」的標題變成「第一頁」的標題了，這樣使用者可以透過此標題得知上一頁是屬於哪個頁面。

圖 22.8　返回按鈕更改標題

如果你要透過程式碼來改對應的標題，那麼你只需要設置 title 這個屬性即可：

```
override func viewDidLoad() {
    super.viewDidLoad()
    title = " 第一頁 "
}
```

UINavigationBar 會聰明的自動依據你的標題來展示不同的標題，此外你也可以存取 UINavigationBar 內的 UINavigationItem 來更改標題，這個方法與上面透過 Storyboard 來設置標題是一樣的：

```
override func viewDidLoad() {
    super.viewDidLoad()
    navigationItem.title = " 第一頁 "
}
```

這兩個設置後的結果是相同的，這邊你可能會有一些問題：為什麼可以直接存取 UINavigationBar 內的 UI 元件呢？我們明明沒有設置對應的 IBOutlet 或者做其他的事情，這是因爲 UINavigationController 透過 extension 爲所有的 UIViewController 增加以下的屬性，這麼一來，當這個 UIViewController 是使用 UINavigationController 架構時，就可以存取對應的屬性。

```
88  <  >    🔀 UIKit.UINavigationController                          ≣🔲 🗗
🔘 UIKit ⟩ 🔀 UINavigationController ⟩ No Selection
150  }
151
152  extension UIViewController {
153
154
155      open var navigationItem: UINavigationItem { get } // Created on-demand so
             that a view controller may customize its navigation appearance.
156
157      open var hidesBottomBarWhenPushed: Bool // If YES, then when this view
             controller is pushed into a controller hierarchy with a bottom bar
             (like a tab bar), the bottom bar will slide out. Default is NO.
158
159      open var navigationController: UINavigationController? { get } // If this
             view controller has been pushed onto a navigation controller, return
             it.
160  }
161
```

圖 22.9　**UINavigationController 為 UIViewController 擴展產生對應的屬性**

因此所有的 UIViewController 都可以存取以下三個屬性：

- navigationItem

- hidesBottomBarWhenPushed

- navigationController

不過，這個 UIViewController 必須是位於 UINavigationController 架構之內，否則可能會有不可預期的問題產生。

◈ 切換頁面

於 UINavigationController 架構下，如果要切換頁面，你可以使用 Segue 來進行頁面的切換，Segue 會偵測目前的架構爲何自動進行轉換，因此可以放心使用 Segue 來切換頁面：

```
performSegue(withIdentifier: "DisplayBVC", sender: nil)
```

如果你想要產生對應的頁面後才進行換頁，這時你不能使用 present，而是必須存取 navigationController，接著使用其中的函式進行切換頁面：

```
navigationController?.pushViewController(bVC, animated: true)
```

如此一來就可以透過程式碼來切換頁面，如果你於 UINavigationController 架構下使用 present 函式來進行頁面的切換，那麼結果會像這個樣子：

```
present(bVC, animated: true, completion: nil)
```

圖 22.10　**執行結果**

你會發現這樣的情況下，原本的 UINavigationController 就會被壓在底下，有時這樣的結果可能會是你要的，因此你可以依照需求來決定要使用 push、還是 present 函式進行頁面的切換。

此外，如果你要結束頁面，那麼你可以呼叫以下的函式：

```
navigationController?.popViewController(animated: true)
```

這邊稍微總結一下有關 UINavigationController 架構的切換頁面：

- 切換到下一個頁面：
  - 使用 Segue。
  - 存取 navigationController 後，呼叫 pushViewController 函式。
- 結束當前頁面：popViewController。

如果你的頁面位於好幾個頁面之後，然後你想要一口氣回到第一個頁面的話，你可以呼叫以下的函式，這麼一來所有頁面都會被結束，回到第一個頁面：

```
navigationController?.popToRootViewController(animated: true)
```

viewControllers

UINavigationController 所有的頁面都會暫存於 viewControllers 堆疊之中，透過 pushViewController，會將下一個頁面的 UIViewController 加入到堆疊內，而 popViewController 則是將最上方的頁面移除。

因此你可以存取該變數來得知目前有多少頁面於堆疊之中：

```
let viewControllers = navigationController?.viewControllers
```

接著，你也可以透過此函式來更改堆疊內的頁面。舉例來說，我們有 ABCD 四個頁面存放於堆疊中，這時我們希望留下 AD 兩個頁面，因此只需要陣列內第一個與最後一個選項，你可以呼叫 setViewControllers 函式，傳入新的堆疊陣列，並且決定是否要有動畫效果，就可以更改堆疊所儲存的頁面了：

```
let viewControllers = navigationController!.viewControllers
let newViewControllers = [viewControllers[0],
                          viewControllers[3]]
navigationController?.setViewControllers(newViewControllers,
                                 animated: true)
```

如此一來，堆疊內的資料就從 ABCD 頁面變成 AD 頁面了。

UIBarButtonItem

UIBarButtonItem 是位於 Bar 上的按鈕，我們可以使用於 UINavigationBar 之上，透過畫面建構器搜尋「UIBarButtonItem」，就可以找到它。

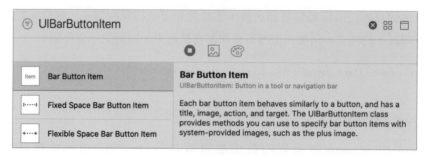

圖 22.11　**UIBarButtonItem**

你可以將它拖曳到 UINavigationBar 的左方與右方，拖曳上去後，你會發現增加了 Left Bar Button Items 與 Right Bar Button Items 兩個區塊。

圖 22.12　**Bar Button Items**

這邊會用 Items 這個單字，是因為左右兩邊都可以增加多個 UIBarButton，我們先各增加一個，接下來我們可以設置這兩個按鈕標題，選擇該按鈕後，就可以於右方的屬性欄位進行設置。

圖 22.13　**設置按鈕標題**

設置完成後，我們可以為這兩個 UIBarButton 增加 IBAction，當使用者點選後，就可以觸發對應的函式，整體來說，與一般的 UIButton 使用起來十分的類似：

```
@IBAction func leftButtonTapped(_ sender: Any) {
    print(" 左邊按鈕點擊 ")
}

@IBAction func rightButtonTapped(_ sender: Any) {
    print(" 右邊按鈕點擊 ")
}
```

如果你想要透過程式碼產生這兩個按鈕也是十分簡單，我們只需要透過建構子產生按鈕，並且設置對應的標題，最後指派到對應的按鈕區之中：

```
let leftButton = UIBarButtonItem(title: " 左邊按鈕 ",
                                 style: .plain,
                                 target: self,
                                 action: #selector(leftButtonTapped))
```

當然別忘記宣告這個按鈕要觸發的函式：

```
@objc func leftButtonTapped() {
    print(" 左邊按鈕點擊 ")
}
```

接下來你可以指派這個按鈕成為 UINavigationBar 的左邊或右邊，因此你必須存取 navigationItem 內的變數：

- leftBarButtonItems: [UIBarButtonItem]

- rightBarButtonItems: [UIBarButtonItem]

這兩個變數分別對應左邊的按鈕與右邊的按鈕，因為可能有多個按鈕，因此資料型態是陣列的形式存在。

瞭解了如何設置後，你可以參考以下的完整程式碼：

```
class ViewController: UIViewController {
    override func viewDidLoad() {
        super.viewDidLoad()
```

```
        let leftButton = UIBarButtonItem(title: " 左邊按鈕 ",
                                         style: .plain,
                                         target: self,
                                         action: #selector(leftButtonTapped))
        let rightButton = UIBarButtonItem(title: " 右邊按鈕 ",
                                          style: .plain,
                                          target: self, action:
                                          #selector(rightButtonTapped))

        navigationItem.leftBarButtonItems = [leftButton]
        navigationItem.rightBarButtonItems = [rightButton]
    }
    @objc func leftButtonTapped() {
        print(" 左邊按鈕點擊 ")
    }
    @objc func rightButtonTapped() {
        print(" 右邊按鈕點擊 ")
    }
}
```

設置完成後，你可以試著執行專案，應該可以於 UINavigationBar 上看到我們使用
程式碼建立的 UIBarButton。

圖 22.14　**透過程式碼設置 UIBarButtonItem**

22.3 UITableView 與 UINavigationController

　　許多情況中，我們會使用 UITableView 搭配 UINavigationController，你可以開啓一個新的專案，並且將頁面設置成 UINavigation 架構，接著新增一個 UITableView 於畫面之中，設置簡單的約束。

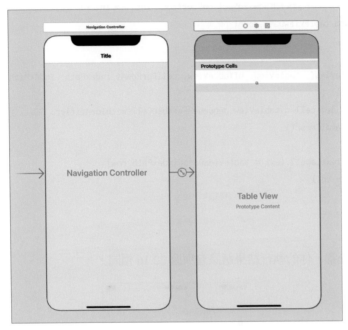

圖 22.15　**設置結果**

　　畫面設置完成後，我們來撰寫程式碼，這邊我們建立一個資料陣列，內容儲存一些文字，並且實作 UITableView 需要的 UITableViewDataSource，讓資料可以呈現於 UITableView 之上：

```swift
class ViewController: UIViewController {
    @IBOutlet var tableView: UITableView!
    var tableViewData: [String] = []

    override func viewDidLoad() {
        super.viewDidLoad()

        for index in 0...10 {
            tableViewData.append(String(index))
```

```
        }
        tableView.dataSource = self
    }
}

extension ViewController: UITableViewDataSource {
    func tableView(_ tableView: UITableView,
                    numberOfRowsInSection section: Int) -> Int {
        return tableViewData.count
    }

    func tableView(_ tableView: UITableView, cellForRowAt indexPath: IndexPath) ->
UITableViewCell {
        guard let cell = tableView.dequeueReusableCell(withIdentifier: "Cell") else {
            fatalError()
        }
        cell.textLabel?.text = tableViewData[indexPath.row]
        return cell
    }
}
```

如果一切正常，你的執行結果應該會與圖 22.16 相同。

圖 22.16　**UITableView**

接下來，我們於 UINavigationBar 的左方增加一個 UIBarButtonItem，並且將種類
設置為「Add」。

圖 22.17　**設置 Add**

增加新增的 UIBarButtonItem 後，我們為它設置對應的 IBAction，當使用者點選這
個按鈕時，會新增一筆新的資料到資料集內，接著重整內容：

```
@IBAction func addButtonTapped(_ sender: Any) {
    tableViewData.append(String(Int.random(in: 0...10)))
    tableView.reloadData()
}
```

雖然這樣可以新增資料，但是只能固定於資料集的最後。如果我們想於特定 Cell
中間插入新的資料，這時我們就可以透過 UITableView 的編輯模式，當點選加號按鈕
時開啟編輯模式，因此我們可以將這個 IBAcion 的程式碼修改：

```
@IBAction func addButtonTapped(_ sender: Any) {
    tableView.setEditing(true, animated: true)
}
```

接下來我們要實作 UITableViewDataSource 內的函式，告知 UITableView 可以開啟
編輯模式：

```
func tableView(_ tableView: UITableView,
                canEditRowAt indexPath: IndexPath) -> Bool {
    return true
}
```

並且於 UITableViewDelegate 中設置目前的編輯模式為「insert」（插入）：

```
func tableView(_ tableView: UITableView,
               editingStyleForRowAt indexPath: IndexPath) -> UITableViewCell.EditingStyle {
    return .insert
}
```

最後，我們要實作 UITableViewDataSource 內的 commit 函式，當使用者產生編輯事件時，會觸發此函式，接著你就可以透過此函式來新增資料，並且更新 UITableView 的內容：

```
func tableView(_ tableView: UITableView,
               commit editingStyle: UITableViewCell.EditingStyle,
               forRowAt indexPath: IndexPath) {
    if editingStyle == .insert {
        tableViewData.insert(String(Int.random(in: 0...10)),
                             at: indexPath.row + 1)
        let newIndxPath = IndexPath(row: indexPath.row + 1,
                                    section: indexPath.section)
        tableView.beginUpdates()
        tableView.insertRows(at: [newIndxPath],
                             with: .fade)
        tableView.endUpdates()
    }
}
```

我們稍微說明一下這邊的程式碼：

- 判斷傳入編輯事件是 insert 時，才進行處理。

- 於 tableViewData 中插入新的資料。

- 產生要插入的 IndexPath。

- 透過 UITableView 內的函式 insertRowAt 來插入新的資料，前後透過 beginUpdates 與 endUpdates 函式，告知 UITableView 中間的區塊執行了更新 UITableView 的資訊。

這邊要撰寫的程式碼有點多，我們擷取有關 UITableViewDataSource 與 UITable ViewDelegate 的部分作為參考：

```swift
extension ViewController: UITableViewDataSource {

    func tableView(_ tableView: UITableView,
                   numberOfRowsInSection section: Int) -> Int {
        return tableViewData.count
    }


    func tableView(_ tableView: UITableView, cellForRowAt indexPath: IndexPath) ->
UITableViewCell {
        guard let cell = tableView.dequeueReusableCell(withIdentifier: "Cell") else {
            fatalError()
        }
        cell.textLabel?.text = tableViewData[indexPath.row]
        return cell
    }


    func tableView(_ tableView: UITableView,
                   canEditRowAt indexPath: IndexPath) -> Bool {
        return true
    }


    func tableView(_ tableView: UITableView,
                   commit editingStyle: UITableViewCell.EditingStyle,
                   forRowAt indexPath: IndexPath) {
        if editingStyle == .insert {
            tableViewData.insert(String(Int.random(in: 0...10)),
                                 at: indexPath.row + 1)
            let newIndxPath = IndexPath(row: indexPath.row + 1,
                                        section: indexPath.section)
            tableView.beginUpdates()
            tableView.insertRows(at: [newIndxPath],
                                 with: .fade)
            tableView.endUpdates()
        }
    }

}

extension ViewController: UITableViewDelegate {
    func tableView(_ tableView: UITableView,
                   editingStyleForRowAt indexPath: IndexPath) -> UITableViewCell.EditingStyle
{
```

```
        return .insert
    }
}
```

當一切都設置完成後，你可以試著執行專案，接著點選左上方的加號按鈕，開啟編輯模式，如圖 22.18 所示。接著你可以試著點點看這些綠色加號，就會觸發編輯事件，進而觸發 commit 函式，最後會於你點的加號下方新增資料，如圖 22.19 所示。

圖 22.18　**開啟編輯模式**　　　　　圖 22.19　**新增資料**

雖然我們完成了新增 UITableView 的功能，但是沒辦法切換回原本的模式，因此我們可以於 UINavigationBar 右方新增一個「完成」的按鈕，並且將編輯模式關閉。

圖 22.20　**Done 按鈕**

```
@IBAction func doneButtonTapped(_ sender: Any) {
    tableView.setEditing(false, animated: true)
}
```

接下來，如果你的 UITableView 需要讓使用者可以透過拖曳來更換排序的話，
UITableView 也可以十分簡單實現這項功能。首先我們要先實作 UITableViewData
Source 內的 canMoveRowAt 函式，將這個功能開啟：

```
func tableView(_ tableView: UITableView,
               canMoveRowAt indexPath: IndexPath) -> Bool {
    return true
}
```

並且實作 moveRowAt 函式，當使用者透過移動手勢更換內容時，會觸發這個函
式，因此我們必須於這個函式中將資料進行更換：

```
func tableView(_ tableView: UITableView,
               moveRowAt sourceIndexPath: IndexPath,
               to destinationIndexPath: IndexPath) {
    // 取出原本位置的資料
    let sourceData = tableViewData[sourceIndexPath.row]
    // 將原本位置的資料移除
    tableViewData.remove(at: sourceIndexPath.row)
    // 新增到新的位置
    tableViewData.insert(sourceData,
                         at: destinationIndexPath.row)
}
```

這個函式會傳入來源與目的地的 IndexPath，我們可以將來源的資料暫存於變數之
中，接著移除來源的資料，最後插入到目的地的 Index 之中。當你完成程式碼後，進
入到編輯模式後，你可以透過右方的移動按鈕進行拖曳，接著就可以將內容更換位
置，如圖 22.21 所示。

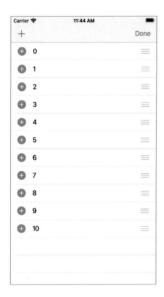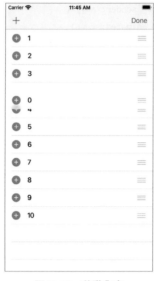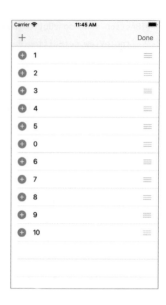

圖 22.21　**移動內容**

接下來將說明如何爲我們的 UITableView 增加刪除的功能，這邊你可以開啓一個新的專案來練習，基本的架構可以與之前練習的相同，只是左邊的 UIBarButtonItem 改成「Edit」，其他都相同。

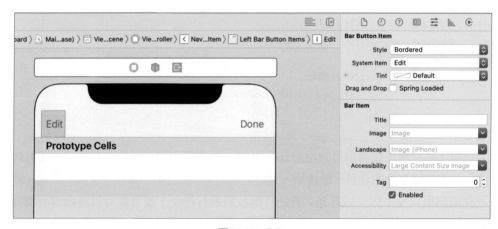

圖 22.22　**Edit**

圖 22.23　**UITableView**

接下來記得開啟 canEditRowAt，並且設置編輯模式為 delete：

● UITableViewDataSource

```
func tableView(_ tableView: UITableView,
               canEditRowAt indexPath: IndexPath) -> Bool {
    return true
}
```

● UITableViewDelegate

```
func tableView(_ tableView: UITableView,
               editingStyleForRowAt indexPath: IndexPath) -> UITableViewCell.EditingStyle {
    return .delete
}
```

這些設置都與插入是相同的，因此不多做說明，最後你必須實作接收到使用者觸發刪除的函式，也就是 UITableViewDataSource 內的 commit 函式：

```
func tableView(_ tableView: UITableView,
               commit editingStyle: UITableViewCell.EditingStyle,
               forRowAt indexPath: IndexPath) {
```

```
    if editingStyle == .delete {
        // 移除資料
        tableViewData.remove(at: indexPath.row)
        // 移除 Row
        tableView.deleteRows(at: [indexPath], with: .fade)
    }
}
```

　　如果一切設定正常，你的執行結果應該會如圖 22.24 所示。當開啓編輯模式後，每個 Cell 左方會有「刪除」按鈕，點擊後右方會出現「刪除」按鈕，你再次點擊後就會移除該 Cell 的內容。

圖 22.24　執行結果

　　此外，如果你於非編輯模式時，canEditRowAt 回傳 true，且 editingStyleForRowAt 是 delete 模式的話，使用者可以透過左滑某個 Cell 進行刪除的動作，如圖 22.25 所示。

　　如果你的頁面需要展示 UITableView 並讓使用者進行編輯的話，那麼你可以將這個頁面設計成 UINavigationController 架構。於 UINavigationBar 內增加對應的按鈕，用於切換編輯模式，進而讓使用者可以與 UITableView 進行互動。

圖 22.25 **透過滑動手勢來刪除 Cell**

22.4 UIBarButtonItem

除了使用文字與系統預設的種類外，你也可以客製 UIBarButtonItem，像是為它設置自定義圖片等。

如果你要自行設計圖片的話，那麼依據蘋果官方提供的畫面指南，它的大小應該要是 48×48(2x) 與 72×72(3x)。

Navigation Bar and Toolbar Icon Size

Use the following sizes for guidance when preparing custom navigation bar and toolbar icons, but adjust as needed to create balance.

Target sizes	Maximum sizes
72px × 72px (24pt × 24pt @3x)	84px × 84px (28pt × 28pt @3x)
48px × 48px (24pt × 24pt @2x)	56px × 56px (28pt × 28pt @2x)

圖 22.26 **圖片大小**

當你選擇好圖片後，就可以於畫面建構器中為你的 UIBarButtonItem 設置圖片。

圖 22.27　設置圖片

　　設置完圖片後，你可能會發現圖片的顏色被改成藍色了，那是因爲 UINavigationBar 上面的按鈕顏色是依照 UINavigationBar 的 Tint 顏色決定的，如果你要替換，則必須更換 Tint 的顏色。

圖 22.28　Tint

　　如果你要透過程式碼產生使用圖片的 UIBarButtonItem，則需要使用另一種建構子來產生：

```
let barButtonItem = UIBarButtonItem(
    image: UIImage(named: "home"),
    style: .plain,
    target: self,
    action: #selector(buttonTapped))
```

　　如此一來，你就可以透過圖片產生客製化 UIBarButtonItem 了。

　　如果你想要將 UINavigationBar 自動產生的「返回」按鈕隱藏，那麼你可以將這個變數設置爲 true，如此一來將會隱藏「返回」按鈕：

```
navigationItem.hidesBackButton = true
```

22.5 UITabbarController

　　UITabbarController（標籤列表控制器）也是十分常見的控制器架構，iOS 內的照片就是採用 UITabbarController 架構。

圖 22.29　**照片頁面**

　　照片的底下那幾個欄位就是 UITabbar，有不同的選項可供使用者選擇，進而切換畫面。這邊我們新增一個專案並到 Storyboard 畫面，和增加 UINavigationController 的方式一樣，選擇上方的工具列「Editor → Embed In → Tab Bar Controller」，如此你就可以設置 Tab Bar 架構到你的畫面之中。

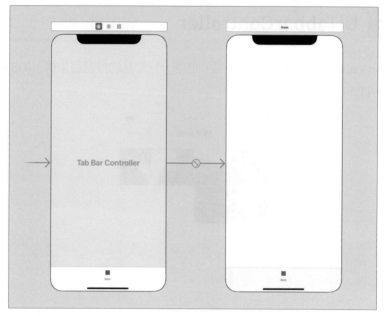

圖 22.30　**UITabbarController**

　　你會發現下方增加了 Tabbar，並且有一個選項，然後 UITabbarController 連接到我們的畫面之中，代表這個選項對應的頁面是我們目前的頁面。

　　接下來，你可以試著額外增加兩個畫面，並將這三個頁面設置不同的顏色，如圖 22.31 所示。

　　你會發現 UITabbarController，是透過 Segue 來關聯不同的 UIViewController，因此我們要讓其他兩個頁面加入到 UITabbarController 架構裡面，也必須使用 Segue，所以我們從 UITabbarController 拉一條 Segue 關聯到另外兩頁，要特別注意的是，這邊我們必須選擇以下的選項，而不是先前常用的 Show，如圖 22.32 所示。

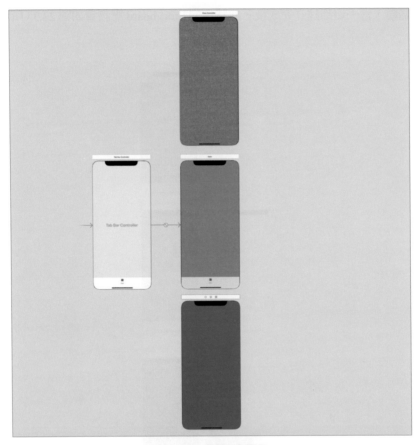

圖 22.31　**設置三個頁面**

圖 22.32　**Relationship Segue**

　　選擇這個選項，代表我們的 UIViewController 成為 UITabbarController 的一員，建立起了關聯，此時你會發現當關聯建立起來後，立刻增加了一個新的 Bar Item，並且指向我們的 UIViewController 之內，你可以將其他的 UIViewController 也透過此種方式建立關聯，當一切都建立完成後，此時你的 Storyboard 應該會如圖 22.33 所示的樣子。

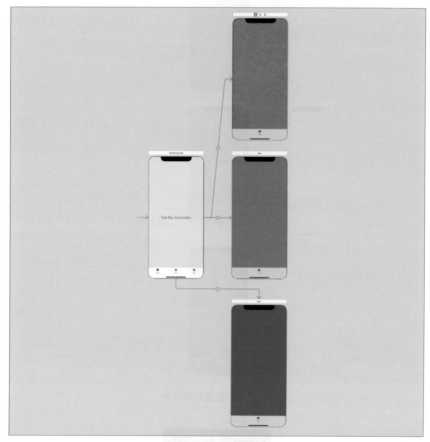

圖 22.33　**關聯圖**

這麼一來，你就建立好與 UITabbarController 的關聯了，你可以試著執行看看程式，接著可以透過底下的 Bar Item 進行畫面的切換，如圖 22.34 所示。

接著我們可以為每個 Item 設置對應的標題與圖示，根據蘋果提供的 Guidelines，我們可以得知每個 icon 的大小應該為 $50 \times 50(2x)$、$75 \times 75(3x)$，這邊我們加入三個圖片到我們的專案之中，可以用於設置 Bar Item 的 icon，如圖 22.35 所示。

圖 22.34 執行結果

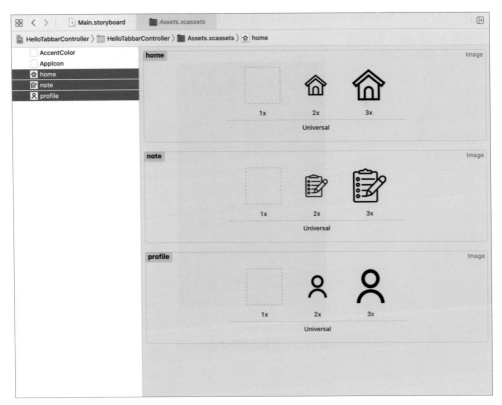

圖 22.35 圖片

圖片設置完成後，你就可以於 Storyboard 中設定 Bar Item 的圖片，這邊我們可以一併設定標題。

圖 22.36　設置圖片與標題

你可以將另外兩個 Bar Item 都設置對應的圖片與標題，這麼一來，三個 Bar Item 都擁有各自的圖片與標題了。

圖 22.37　設置圖片與標題的結果

接著，如果你想要客製化 UITabbar 的背景顏色，以及選擇中的圖片與標題顏色，那麼你必須先選擇 UITabbarController 內的 UITabbar，接著於右邊的屬性設置欄位來設置對應的屬性：

- Image Tint：選擇中的圖片與標題的顏色。

- Bar Tint：UITabbar 的背景顏色。

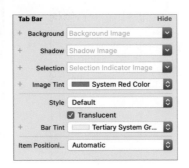

圖 22.38　**設置屬性**

設置完顏色後的結果，如圖 22.39 所示。

圖 22.39　**設置完顏色後的結果**

如此一來，你應該對 UITabbarController 的使用有一些瞭解了，接下來我們可以將內容設置為 UINavigationController，這兩個架構是可以合在一起使用的，我們點選綠色的頁面，並且為它設置 UINavigationController。

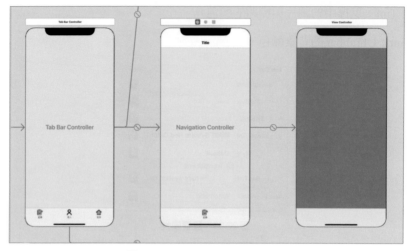

圖 22.40　**UINavigationController**

如此一來，綠色的頁面就同時有 UITabbarController 與 UINavigationController 兩種架構。我們可以於綠色頁面的後方增加一個頁面，並且利用按鈕切換過去，我們將第二頁設置成黃色。

圖 22.41　**設置頁面**

接下來你可以試著執行專案，並且於綠色頁面切換到第二頁後，再由底下的 Bar Item 切換到其他頁面，最後再切換回原本的 Item 之中，你會發現這頁還是維持在第二個頁面，也就是黃色頁面，這樣的使用者行為也許不是你要的，因此你可以設定頁面屬性來關閉 UITabbar 的顯示。

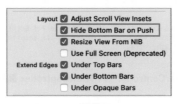

圖 22.42　隱藏 UITabbar

透過設置此屬性，將會隱藏底下的 UITabbar。

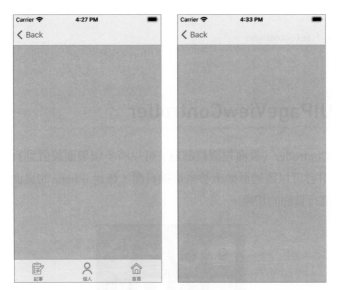

圖 22.43　設置該屬性的前後差異

　如此一來，使用者要切換 Bar Item，就必須回到首頁。大部分情況下，這種設定是比較好的，不然使用者也許會進入到很深入的頁面後，直接到其他的頁面進行操作，這樣也許會產生許多錯誤。

　如同 UINavigationController 一樣，於 UITabbarController 也有為 UIViewController 擴展設置兩個可存取的屬性，如圖 22.44 所示。

```
extension UIViewController {

    open var tabBarItem: UITabBarItem! // Automatically created lazily with
        the view controller's title if it's not set explicitly.

    open var tabBarController: UITabBarController? { get } // If the view
        controller has a tab bar controller as its ancestor, return it.
        Returns nil otherwise.
}
```

圖 22.44　**UITabbarController 為 UIViewController 擴展產生對應的屬性**

　　因此我們於 UIViewController 存取到這兩個屬性。舉例來說，我們想透過程式碼直接切換當前選擇的 Bar Item，這時我們就可以存取此屬性來切換當前選擇的 Bar Item：

```
tabBarController?.selectedIndex = 2
```

22.6　UIPageViewController

　　UIPageViewController（頁面視圖控制器）可以將多個畫面設置到頁面視圖控制器之中，接著使用者可以透過滑動手勢來切換頁面，像是 iPhone 的桌面就是採用頁面視圖控制器來進行頁面的切換。

圖 22.45　**iPhone 首頁**

我們開啓一個新的專案，接著於專案中新增一個繼承於 UIPageViewController 的子
類別，這邊我們命名爲「MyPageViewController」。

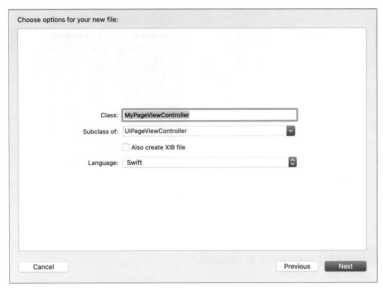

圖 22.46　**UIPageViewController**

然後我們開啓 Storyboard，將預設的 ViewController 刪除，選擇後按下「刪除」鍵。
這邊我們先不需要使用這個頁面，接著新增 UIPageViewController，並且設置對應的
Custom Class，以及讓它成爲這個 Storyboard 的起始頁面。

圖 22.47　**UIPageViewController**

接著我們增加三個頁面,並且設置不同的顏色以及不同的 Storyboard 辨識碼,可以透過程式取得對應的頁面,進而加入到 UIPageViewController 之中。

圖 22.48　三個不同的頁面

這三個頁面我們分別給予不同的辨識碼:

- 紅色頁面:RedViewController。

- 綠色頁面:GreenViewController。

- 藍色頁面:BlueViewController。

如此一來,我們就可以透過這個辨識碼取得對應的頁面,接下來回到我們的程式碼之中,使用 UIPageViewController 需要實作對應的 DataSource,因此我們透過擴展來實作對應的函式,UIPageViewControllerDataSource 一共有兩個必須實作的函式:

- viewControllerBefore:當前頁面的上一個頁面為何。

- viewControllerAfter:當前頁面的下一個頁面為何。

我們實作這兩個函式之前,要先建置要顯示的頁面列表,因此我們先產生一個全域變數,用於存放要展示的頁面列表:

```
var pages: [UIViewController] = []
```

接著,於 viewDidLoad 中產生對應的頁面,並且存放到這個陣列之中。這邊我們透過剛才設置的辨識碼來取得該頁面:

```
let storyboard = UIStoryboard(name: "Main", bundle: .main)
let page1 = storyboard.instantiateViewController(withIdentifier: "RedViewController")
let page2 = storyboard.instantiateViewController(withIdentifier: "BlueViewController")
let page3 = storyboard.instantiateViewController(withIdentifier: "GreenViewController")
pages.append(page1)
pages.append(page2)
pages.append(page3)
```

這麼一來，我們就有頁面列表的陣列了，接著設定 dataSource 與當前顯示的頁面為何：

```
dataSource = self
setViewControllers([page1],
                   direction: .forward,
                   animated: true,
                   completion: nil)
```

這邊我們呼叫 setViewControllers 函式，需要傳入四個參數，第一個參數是最重要的「目前展示的頁面們為何」。我們展示的頁面為第一個頁面，因此產生一個陣列並且放入第一個頁面。

接下來，我們來看如何實作 UIPageViewDataSource 要求的兩個函式：

◆ viewControllerBefore

這個函式必須告知它「上一個頁面為何」，如果當前為第一頁，上一個頁面則為 nil，該函式會傳入當前頁面來幫助你判別上一個頁面為何：

```
let currendIndex = pages.firstIndex(of: viewController)!
```

我們透過陣列的 firstIndexOf 函式來查找對應的 Index，因為我們很肯定這個 viewController 一定是頁面列表內的其中一頁，因此使用驚嘆號強制解包。

接下來我們寫一個簡單的條件判斷，如果當前的頁面 index > 0，代表不是第一頁，因此前一頁為當前頁面的 index - 1。

而如果當前頁面的 index = 0，那麼代表這個頁面為第一頁，因此前一頁就為空：

```
// 取得當前頁面
let currendIndex = pages.firstIndex(of: viewController)!

if currendIndex > 0 {
    // 如果當前頁面不是第一頁，那麼前一頁就為當前頁面的 idnex - 1
    return pages[currendIndex - 1]
} else {
    // 如果當前頁面為第一頁，那麼前一頁就為 nil
    return nil
}
```

⬢ viewControllerAfter

這個函式與上面的相同，只是這個函式詢問的是下一個頁面為何，我們一樣可以透過陣列的 firstIndexOf 來取得當前頁面的 Index，接著判斷當前頁面是否為最後一頁，並傳回對應的頁面：

```
// 取得當前頁面
let currendIndex = pages.firstIndex(of: viewController)!

if currendIndex < pages.count - 1 {
    // 如果當前的頁面不是最後一頁，那麼下一頁為當前頁面的 Index + 1
    return pages[currendIndex + 1]
} else {
    // 如果當前頁面為最後一頁，那麼下一頁就為 nil
    return nil
}
```

這麼一來，你應該完成全部的程式碼了，你可以試著執行看看，並且透過滑動手勢切換頁面，如圖 22.49 所示。

圖 22.49　**執行結果**

你會發現這邊的轉場特效是翻頁，如果你不喜歡這個特效，那麼可以將轉場特效改成 Scroll，這麼一來就會如同 ScrollView 一樣，透過左右捲動來切換頁面。

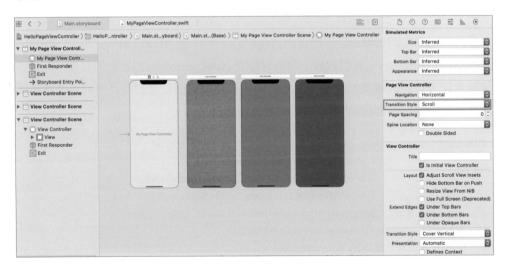

圖 22.50　**修改轉場特效**

如果你想知道使用者切換了頁面，那麼你可以實作 UIPageViewControllerDelegate 內的函式，這邊我們一樣透過擴展來實作對應的函式。

⬢ didFinishAnimating

```
func pageViewController(_ pageViewController: UIPageViewController,
                        didFinishAnimating finished: Bool,
                        previousViewControllers: [UIViewController],
                        transitionCompleted completed: Bool) {

}
```

這個函式一共傳入四個參數：

- pageViewController：觸發此函式的 UIPageViewController。

- finished：動畫是否結束。

- previousViewControllers：上一個頁面。

- completed：轉場是否成功。

得知了每個參數的意義後，這邊須特別注意的是，假設使用者轉場一半又反悔回到上一頁，也是會觸發該函式，但是 completed 會回傳 false。因此我們可以透過這些參數來得知「轉場是否有成功」以及「上一個頁面爲何」。

此外，如果我們想得知目前的頁面爲何的話，可以透過存取 UIPageViewController 內的 viewControllers，我們於最一開始有設置 viewControllers 爲紅色的頁面，而這個變數會隨著頁面的轉換而更改，因此我們可以存取這個值來詢問頁面列表，當前的頁面 Index 爲何，如此就能得知目前的頁面是哪頁了：

```
func pageViewController(_ pageViewController: UIPageViewController,
                        didFinishAnimating finished: Bool,
                        previousViewControllers: [UIViewController],
                        transitionCompleted completed: Bool) {
    let currentPage = pageViewController.viewControllers!.first!
    let index = pages.firstIndex(of: currentPage)!
    print("當前頁面的 Index 爲 \(index)")
}
```

當然不要忘記設置 Delegate：

```
delegate = self
```

　　如此一來，每次使用者切換頁面時，就可以得知當前頁面的 Index 為何，最後附上完整的程式碼：

```swift
class MyPageViewController: UIPageViewController {

    var pages: [UIViewController] = []

    override func viewDidLoad() {
        super.viewDidLoad()

        let storyboard = UIStoryboard(name: "Main", bundle: .main)
        let page1 = storyboard.instantiateViewController(withIdentifier: "RedViewController")
        let page2 = storyboard.instantiateViewController(withIdentifier: "BlueViewController")
        let page3 = storyboard.instantiateViewController(withIdentifier: "GreenViewController")
        page1.view.tag = 0
        page2.view.tag = 1
        page3.view.tag = 2
        pages.append(page1)
        pages.append(page2)
        pages.append(page3)

        dataSource = self
        delegate = self
        setViewControllers([page1],
                           direction: .forward,
                           animated: true,
                           completion: nil)
    }
}

extension MyPageViewController: UIPageViewControllerDataSource {
    func pageViewController(_ pageViewController: UIPageViewController,
                           viewControllerBefore viewController: UIViewController) ->
UIViewController? {
        // 取得當前頁面
        let currendIndex = pages.firstIndex(of: viewController)!

        if currendIndex > 0 {
            // 如果當前頁面不是第一頁，那麼前一頁就為當前頁面的 idnex - 1
            return pages[currendIndex - 1]
        } else {
```

```
            // 如果當前頁面為第一頁,那麼前一頁就為 nil
            return nil
        }
    }


    func pageViewController(_ pageViewController: UIPageViewController, viewControllerAfter
viewController: UIViewController) -> UIViewController? {
        // 取得當前頁面
        let currendIndex = pages.firstIndex(of: viewController)!

        if currendIndex < pages.count - 1 {
            // 如果當前的頁面不是最後一頁,那麼下一頁為當前頁面的 Index + 1
            return pages[currendIndex + 1]
        } else {
            // 如果當前頁面為最後一頁,那麼下一頁就為 nil
            return nil
        }
    }
}


extension MyPageViewController: UIPageViewControllerDelegate {
    func pageViewController(_ pageViewController: UIPageViewController,
                            didFinishAnimating finished: Bool,
                            previousViewControllers: [UIViewController],
                            transitionCompleted completed: Bool) {
        let currentPage = pageViewController.viewControllers!.first!
        let index = pages.firstIndex(of: currentPage)!
        print("當前頁面的 Index 為 \(index)")
    }
}
```

22.7 Container View

　　有時我們可能會希望某個區塊的 View 也可以透過 UIViewController 進行管控,因為某些畫面必須透過 UIViewController 才能使用,像是 UIPageViewController 與 UITableViewController 的 Static Cell,可是我們可能只需要特定區塊,而不是整個頁面都顯示,這時你就可以透過 Container View 來展示對應的 UIViewController。

我們可以於 Storyboard 中搜尋 Container View，就可以找到這個 UI 元件。

圖 22.51 Container View

接著你可以將它加入到你的畫面之上，並且設置你要的大小，你會發現它會透過 Segue 顯示一個 UIViewController。

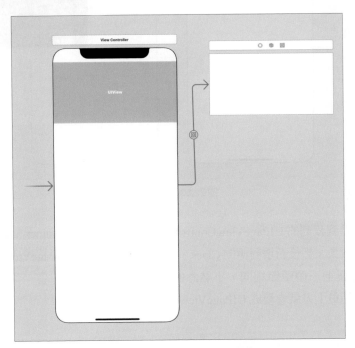

圖 22.52 Container View 的內容

你可以為你的 Container View 顯示不同的 UIViewController 以及其子類別，只是它的大小會與 Container View 相同。使用 Container View 可以幫助你設計較複雜畫面，將各個區塊依照不同的功能設置不同的 UIViewController。

　　舉例來說，這邊我們想顯示上一個章節所學會的 UIPageViewController，當作廣告用的 Banner 展示，於頁面上方提供不同的資訊給使用者查看。我們可以先刪除自動產生的 UIViewController，接著新增 UIPageViewController，然後從 Container View 拉 Segue 到 UIPageViewController，並且選擇「Embed」。

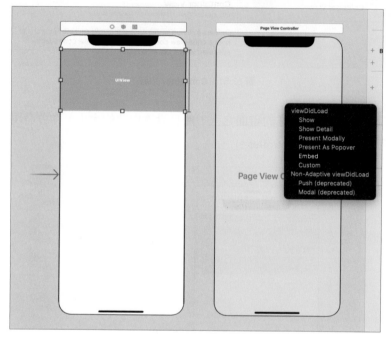

圖 22.53　**Embed**

　　這時你會看到我們的 UIPageViewController 的大小變成與 Container View 相同，這是我們要的效果，然後新增對應的 Class，並設置三個頁面給 UIPageViewController。相關的流程與上一個章節相同，不熟悉的同學可以多加練習，當一切都設定完成後，你的頁面最上方就會變成 UIPageViewController。

22

圖 22.54　**UIPageViewController**

　　有時我們可能會需要從原本的頁面取得 Container View 內的 UIViewController 為何，這時候你只需要透過 Segue 即可，因為關聯 Container View 的是使用 Segue，因此我們一樣可以透過以下的函式來取得頁面：

```swift
override func prepare(for segue: UIStoryboardSegue, sender: Any?) {
    super.prepare(for: segue, sender: sender)
    if let myPageViewController = segue.destination as? MyPageViewController {
        print("取得頁面")
    }
}
```

　　Container View 算是十分方便的 UI 元件，當你的頁面有一部分特別複雜的時候，你可以透過 Container View 將它分離出去，或者某些一定得使用 UIViewController 才可以展示的畫面，也能透過 Container View 來展示。

23

客製化UIView

23.1 客製化 UIView

有時許多頁面可能會使用到相同的畫面設計，這時你就可以將相同的部分組合成一個客製化 UIView，這麼一來，可以保證每個頁面的畫面效果與行為都相同，且如果要進行修改，只需要修改源頭就可以。設計 App 之前，可以先將所有頁面都先看過一次，接著將相同的部分製作成客製化 UI，除了可以省去重複製作的時間，還能增加可維護性。

首先我們新增一個 UIView 的子類別並隨意的命名，這邊我們命名為「MyView」。

圖 23.1　**MyView**

按下「儲存」按鈕後，Xcode 會自動產生對應的程式碼樣板，這邊我們會看到有一個函式 draw 被註解起來，你可以透過覆寫這個函式來重新繪製這個 UIView，這邊我們先不覆寫這個函式，因此將註解的部分刪除。

接下來，我們希望這個 MyView 的背景固定為紅色，因此我們覆寫建構子來設置對應的顏色。之前的章節中提過 UI 元件的建構子大部分都是透過 init(frame:) 來進行初始化的，因此我們覆寫這個建構子，並且將顏色設置成紅色：

```
override init(frame: CGRect) {
    super.init(frame: frame)
    backgroundColor = UIColor.red
}
```

當你覆寫完這個函式後，你會發現 Xcode 發出了警告訊息。

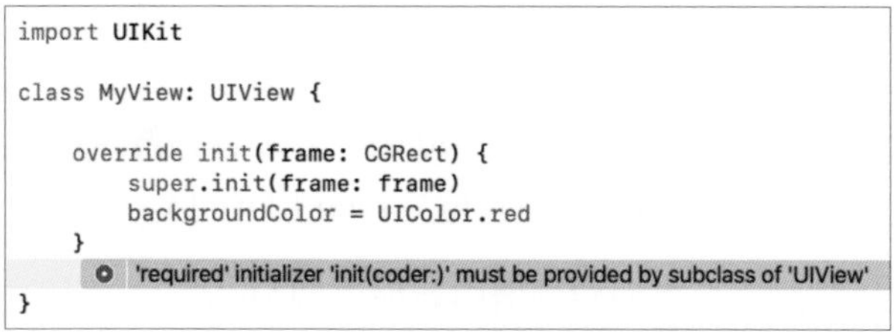

```
import UIKit

class MyView: UIView {

    override init(frame: CGRect) {
        super.init(frame: frame)
        backgroundColor = UIColor.red
    }
    ⊘ 'required' initializer 'init(coder:)' must be provided by subclass of 'UIView'
}
```

圖 23.2　**錯誤訊息**

這段訊息是你必須提供 init(coder:) 這個建構子，你可能會想這個建構子完全沒用過，爲什麼 Xcode 在這邊強迫你要提供給它？因爲你覆寫了 init(frame:) 這個建構子，透過 frame 來產生 UI 元件，是程式碼產生 UI 元件時會用到的，而 init(coder:) 這個建構子，則是透過畫面建構器產生 UI 元件時會用到的，也就是你直接從 Storyboard 加入一個 UI 元件，那個 UI 元件的建構子就會使用 init(coder:) 來初始化。

因爲你不能確定使用你的 UI 元件的開發者，會使用程式碼或者是畫面建構器來初始化，因此你必須提供兩種初始化的方式。只要你覆寫了 init(frame:)，就必須要提供 init(coder:) 建構子，你可發現 init(coder:) 使用 required 關鍵字，代表必要的。我們一樣將背景顏色設置成紅色，這麼一來，最簡單的客製化 UIView 算是完成了，完整的程式碼如下：

```
class MyView: UIView {

    override init(frame: CGRect) {
        super.init(frame: frame)
        backgroundColor = UIColor.red
    }

    required init?(coder: NSCoder) {
        super.init(coder: coder)
        backgroundColor = UIColor.red
    }
}
```

接下來，你可以試著於程式碼中產生這個 MyView，我們先使用 frame 來進行初始化：

```
let rect = CGRect(x: 100,
                  y: 100,
                  width: 100,
                  height: 100)
let myView = MyView(frame: rect)
view.addSubview(myView)
```

你可以將以上的程式碼放在 viewDidLoad 之中，接著試著執行專案，如果一切正常，你應該會得到一個寬高為 100，並且位於 (100,100) 的 MyView。

接下來，你可以試試看於畫面建構器中新增這個 MyView，因為它是屬於 UIView 的子類別，因此我們搜尋 UIView 後，加入到畫面之中，並且設置簡單的條件約束。

設置完成後，我們點選這個 UIView，並且將目光移到右方，將它的 Custom Class 改成「MyView」，如圖 23.3 所示。這麼一來，這個 UIView 實質上就會是 MyView，而這邊是使用畫面建構器產生的，因此它的建構子會使用 init(coder:) 來進行初始化。

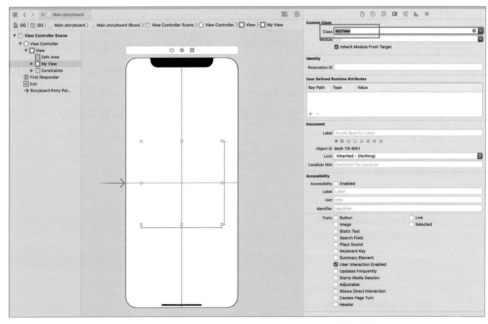

圖 23.3　**設置 Custom Class**

　　如果一切正常，你應該會得到如圖 23.4 所示的結果，透過 Storyboard 產生的客製化 UIView。

圖 23.4　**MyView**

　　這麼一來，你應該對產生客製化 UIView 有一些瞭解了，可以透過覆寫建構子來進行客製化設定，建構子有兩個：

- init(frame:)：當使用程式碼產生 UI 元件時會使用這個建構子。
- init(coder:)：使用畫面建構器產生 UI 元件時所使用的建構子。

23.2　增加 UI 元件

　　我們設置完背景顏色後，我們可以試著將 UI 元件增加到我們的客製化 UIView 之中，這邊我們希望增加一個 UILabel 到畫面的正中央，因此我們新增一個函式，用於設置 UILabel 的相關屬性，並且新增一個變數，用於存放 UILabel：

```
var label: UILabel!
```

這邊我們使用隱式解包，因為我們很確定這個屬性在存取時是一定有值的，接著增加一個設置 label 的函式，用於加入到我們的 MyView 之中，並且增加簡單的條件約束，讓它位於畫面的中央：

```
private func setupLabel() {
    label = UILabel(frame: .zero)
    addSubview(label)
    label.translatesAutoresizingMaskIntoConstraints = false
    label.centerXAnchor.constraint(equalTo: centerXAnchor).isActive = true
    label.centerYAnchor.constraint(equalTo: centerYAnchor).isActive = true
}
```

接著別忘了於兩個建構子都呼叫這個函式，這麼一來，不管是使用程式碼產生，或者是使用畫面建構器產生，都可以將這個 UILabel 加入到我們的客製化 UIView 之內。

因為我們的 label 是屬於非私有的，因此使用我們的客製化 UIView 的畫面，可以存取 label 進行設置一些屬性。我們可以將 Storyboard 內的 MyView，設置 IBOutlet，接著透過 IBoutlet 來存取 MyView 內的 label 屬性：

```
class ViewController: UIViewController {

    @IBOutlet var myView: MyView!

    override func viewDidLoad() {
        super.viewDidLoad()
        myView.label.text = "Hello World!"
    }

}
```

最後，你可以試著執行專案，你的客製化 UIView 內部應該會多一個 UILabel，並且顯示「Hello World!」，如圖 23.5 所示。

圖 23.5　MyView

如此一來，你應該學會如何於客製化 UIView 內部增加額外的 UI 元件，客製化 UIView 其實就是把一系列 UI 元件整合在一起，這樣不需要重複設置屬性。良好的設計應該是將複雜的設置包裝於客製化 UIView 內部，而使用它的頁面只需要很簡單的設定位置與大小即可。

23.3　使用 XIB 來設計客製化 UIView

在前面的小節中，我們學會了在建構子增加其他的 UI 元件到我們的客製化 UIView 之中，但是這麼做有一個缺點，那就是在設計畫面的時候，只能使用程式碼來進行條件約束的設置，這對某些人來說，可能是十分痛苦的一件事，因此本小節會教導如何使用 XIB 來建置客製化 UIView。

這邊我們開啟一個新的專案，並且一樣先新增 MyView 到我們的專案之中，接著我們新增對應的 xib 檔案，按下「新增」按鈕後選擇「View」，如圖 23.6 所示，並且一樣命名為「MyView」。

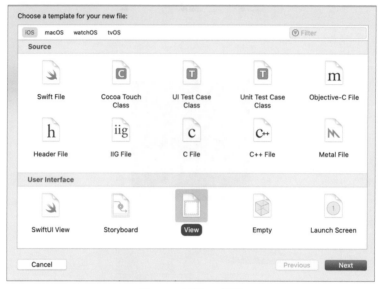

圖 23.6　**新增 xib 檔案**

通常來說，客製化 UIView 對應的 XIB 檔案，它們兩個的名稱最好使用相同的，這樣會比較好辨識，此時你的專案應該會有這兩個檔案，如圖 23.7 所示。

圖 23.7　**MyView**

接下來，我們點開 MyView.xib 這個檔案，你會發現它看起來與 Storyboard 十分相像，xib 也是屬於畫面建構器的一種，比較早期還沒有 Storyboard 這套工具時，設計 App 畫面全部都是使用 XIB 來進行設計，但是有了 Storyboard 之後，大部分的頁面設計都改使用 Storyboard，而其他 UI 畫面還是使用 XIB 來進行設計。

開啓 XIB 後，你會發現這個 UIView 目前看起來與畫面一樣大，我們可以將模擬大小改成 Feed form，如此就可以透過調整，將這個 UIView 調整成適當的大小，如圖 23.8 所示。

當你設置成 Feedform 後，就可以自由調整畫面的大小，這邊的畫面大小與實際使用上是沒有太大的關聯，只是你可以將預覽大小調整成你這個元件心目中的大小。

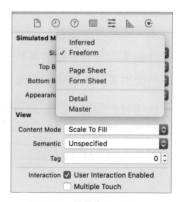

圖 23.8　**設置為 Feedform**

接著我們可以設置背景顏色，這次我們使用綠色作為我們的元件背景色，然後一樣加入一個 UILabel 到我們的畫面中央，並設置簡單的條件約束，基本上與之前的例子相同，只是改成使用 XIB 建置，如圖 23.9 所示。

圖 23.9　設置完成的 XIB

接下來我們要設置這個 XIB 的檔案擁有者（File's Owner），你可以將目光移到上方的 Placeholders，選擇「File's Owner」，並且於右方的 Class 輸入我們的「MyView」。

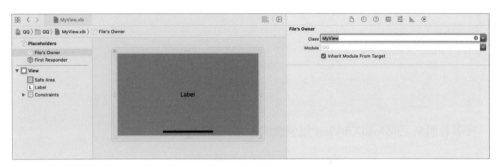

圖 22.10　設置 File's Owner

這麼一來，這個 XIB 的擁有者就設置為 MyView.swift，我們可以設置 IBOutlet 與 IBAction 到 MyView 之內，這邊我們將畫面中央的 UILabel 設置 IBOutlet 到程式碼之中，你可以使用 Control + option + command + Enter 快捷鍵，讓畫面自動分割，方便你拉 IBOutlet 的關聯線。

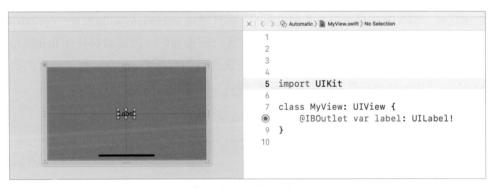

圖 23.11　設置 IBOutlet

到了這個步驟，你可能會想是不是已經完成了，事實上還沒，你必須將 XIB 的內容加入到 MyView 裡面，因此我們透過覆寫 UIView 的建構子，並且增加一個載入 XIB 到 MyView 內的函式：

```
override init(frame: CGRect) {
    super.init(frame: frame)
    loadXibView()
}

required init?(coder: NSCoder) {
    super.init(coder: coder)
    loadXibView()
}

private func loadXibView() {

}
```

接著我們來完成 loadXibView 這個函式：

```
// 取得當前的 Bundle
let bundle = Bundle(for: type(of: self))
// 透過當前的 Bundle 與 xib 名稱取得 xib 實體
let nib = UINib(nibName: "MyView", bundle: bundle)
// 取得 xib 內的第一個畫面
let xibView = nib.instantiate(withOwner: self,
                              options: nil).first as? UIView
```

因為同一個 XIB 內是可以有多個畫面的，因此透過 instantiate(withOwner: options:) 函式會回傳一個陣列。而我們的例子是只有一個畫面的，因此直接使用 first 取出第一個內容，並且將它轉型成 UIView，而後面我們需要將 xibView 加入到我們的 MyView 之中，這邊我們可以使用可選綁定將它進行解包：

```
guard let xibView = nib.instantiate(withOwner: self,
                                    options: nil).first as? UIView
else { return }
```

　　取得 XIB 內的畫面後，接下來就是要將它加入到我們的 MyView 之中。因為我們希望 MyView 展示的畫面就是 XIB 的內容，因此我們將 xibView 貼合我們的MyView，所以你的條件約束可以這樣寫：

```
addSubview(xibView)
xibView.translatesAutoresizingMaskIntoConstraints = false
xibView.topAnchor.constraint(equalTo: topAnchor).isActive = true
xibView.leftAnchor.constraint(equalTo: leftAnchor).isActive = true
xibView.rightAnchor.constraint(equalTo: rightAnchor).isActive = true
xibView.bottomAnchor.constraint(equalTo: bottomAnchor).isActive = true
```

　　如此一來，xibView 就會完整展開於 MyView 之上，從外觀看起來就是 xib 的樣子。接下來你可以實際加入到畫面之中使用看看，如果一切正常，你應該會得到如圖 23.12 所示的畫面結果。

圖 23.12　**MyView**

　　這邊提供完整的程式碼內容：

```
class MyView: UIView {

    @IBOutlet var label: UILabel!

    override init(frame: CGRect) {
```

```swift
        super.init(frame: frame)
        loadXibView()
    }

    required init?(coder: NSCoder) {
        super.init(coder: coder)
        loadXibView()
    }

    private func loadXibView() {
        // 取得當前的 Bundle
        let bundle = Bundle(for: type(of: self))
        // 透過當前的 Bundle 與 xib 名稱取得 xib 實體
        let nib = UINib(nibName: "MyView", bundle: bundle)
        // 取得 xib 內的第一個畫面
        guard let xibView = nib.instantiate(withOwner: self,
                                        options: nil).first as? UIView else {
            return
        }
        addSubview(xibView)
        xibView.translatesAutoresizingMaskIntoConstraints = false
        xibView.topAnchor.constraint(equalTo: topAnchor).isActive = true
        xibView.leftAnchor.constraint(equalTo: leftAnchor).isActive = true
        xibView.rightAnchor.constraint(equalTo: rightAnchor).isActive = true
        xibView.bottomAnchor.constraint(equalTo: bottomAnchor).isActive = true
    }

}
```

總結一下使用 XIB 製作客製化 UIView 的步驟：

● 新增 UIView 的子類別。

● 新增 XIB 檔案，名稱與你的客製化 UIView 名稱相同。

● 設置 Feedform，讓你可以自由調整畫面大小。

● 設置 File's Owner，讓你可以設置 IBOutlet 與 IBAction。

● 覆寫 UIView 的建構子進行設定。

● 將 XIB 的畫面內容載入到客製化 UIView 的畫面之上。

● 設置對應的條件約束。

使用 XIB 來建置客製化 UIView 的優點是你可以直接看到預覽畫面，設置條件約束也比較簡單，不過有些人比較喜歡使用程式碼來完成這一切。我建議兩種方式都要學會，這樣與其他人合作時，可以互相配合與討論。

23.4　客製化 UIControl

有時你可能會希望你的客製化 UI 元件也能透過偵測使用者與這個元件互動的事件，像是增加 IBAction 或者是 addTarget-action 等，本小節就來示範如何讓你的客製化 UI 元件能夠設置這些。

其實非常簡單，你只需要於新增子類別時，將 UIView 改成 UIControl 就可以了。舉例來說，我們新增一個 MyControl，是繼承於 UIControl 的子類別。

圖 23.13　**MyControl**

這邊你會發現 UIControl 的程式碼架構與 UIView 相同，事實上它們也是十分類似的存在，UIControl 是繼承於 UIView 的子類別，於 UIView 的基礎上增加了偵測使用者互動的機制，因此它與 UIView 十分相似是很正常的。

接下來，你可以覆寫建構子，將背景顏色設置為藍色，如同先前的練習一樣：

```swift
class MyControl: UIControl {

    override init(frame: CGRect) {
        super.init(frame: frame)
        backgroundColor = UIColor.blue
    }

    required init?(coder: NSCoder) {
        super.init(coder: coder)
        backgroundColor = UIColor.blue
    }

}
```

這麼一來，你的客製化 UIContol 就完成了，你可以於程式碼中試著加入它，並且使用 addTarget-action 為它增加一個 UIControl 事件：

```swift
override func viewDidLoad() {
    super.viewDidLoad()
    let rect = CGRect(x: 100,
                      y: 100,
                      width: 100,
                      height: 100)
    let myControl = MyControl(frame: rect)
    view.addSubview(myControl)
    myControl.addTarget(self,
                        action: #selector(myControlTapped),
                        for: .touchUpInside)
}

@objc func myControlTapped() {
    print("Hello!")
}
```

當然，如果你要使用畫面建構器新增這個客製化 UIControl 也是可以的，不過這邊你還是得選擇 UIView，接著於 Custom Class 設置成我們的 MyControl。

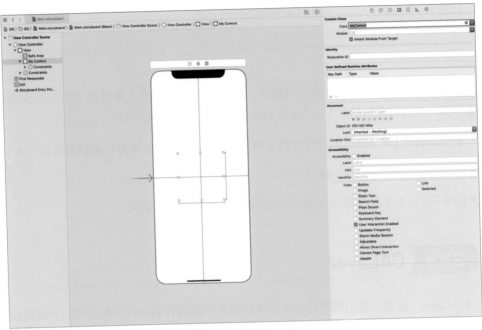

圖 23.14 **MyControl**

當你設置完成後，就可以為這個客製化 UIControl 設置對應的 IBAction，這邊我們一樣為 Touch Up Inside 設置一個對應的函式。

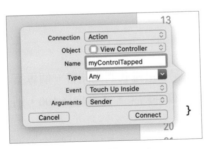

圖 23.15 **設置 IBAction**

如此一來，你應該對如何製作一個客製化 UIControl 有一定程度的瞭解了。接下來你可以試著使用 xib 來建置客製化 UIControl，基本上流程與建置客製化 UIView 完全一樣，但是有一個步驟必須特別注意，當你加入 xibView 到你的客製化 UIControl 時，要將「xibView 與使用者互動」選項關閉，否則使用者的事件無法穿透 xibView 到下方的客製化 UIControl，這麼一來就無法觸發對應的函式了。

因此你的 loadXibView 函式必須增加這行程式碼：

```
xibView.isUserInteractionEnabled = false
```

將「xib 與使用者互動」的選項關閉，這樣使用者的行為才會讓底下的 UIControl 接收到，進而觸發對應的 UIControl.Event。

製作客製化 UIControl 的流程整體上與製作 UIView 相同，但是有兩點要特別注意：

● 繼承對象必須改為 UIControl。

● 如果使用 xib 來設計畫面，要將 xib 的使用者互動的選項關閉。

23.5 CALayer

CALayer（圖層）是用於管控你所提供的畫面、維護有關內容的相關資訊，像是位置、大小、轉換等，你可能會想說這不是 UIView 的工作嗎？事實上，UIView 之所以可以顯示畫面，是因為每個 UIView 都是透過 CALayer 作為畫面繪製的基礎。

你可以透過 UIView 的程式碼定義發現，裡面有一個名為「layer」、資料型態為「CALayer」的屬性，你可以透過存取這個屬性來進行設定：

```
view.layer
```

那麼這個屬性可以做什麼呢？這邊我們先開啟一個專案，並且於畫面中央增加一個 UIview，接著設置簡單的條件約束，寬高均為 100，別忘了設置背景顏色，如圖 23.16 所示。

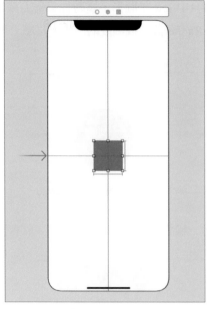

圖 23.16　**UIView**

設置完成後，我們為這個UIView增加IBOutlet，讓我們可以於程式碼之中使用它：

```
@IBOutlet var myView: UIView!
```

我們可以使用這個UIView來了解CALayer可以做哪些設定。

◉ 圓角

- cornerRadius: CGFloat：你可以設置圓角半徑，CALayer會依據你設定的圓角半徑進行切割，讓你的畫面擁有圓角的效果：

```
myView.layer.cornerRadius = 8
```

圖 23.17　**設置圓角後的 UIView**

有時你可能會希望你的 UIView 是圓形，這時你只需要確定你的 UIView 的長寬相同，接著你可以將 cornerRadius 設定成高度的一半，這麼一來就會切成圓形的樣子：

```
myView.layer.cornerRadius = myView.frame.height / 2.0
```

圖 23.18　圓形的 UIView

如果你的寬比高還長，一樣設置為高度的一半的話，就會變成圖 23.19 這個樣子。

圖 23.19　設置圓角的 UIView

邊框

CALayer 也可以增加邊框，你只需要設置以下兩個屬性：

● borderWidth: CGFloat：邊框的寬度。

● borderColor: CGColor：邊框的顏色。

這邊要特別注意的是，用於 CALayer 的顏色資料型態都是 CGColor，與我們之前熟悉的 UIColor 並不相同，但是 UIColor 有對應的屬性，可以直接轉換成 CGColor，因此如果我們要設置邊框的話，可以這樣設定：

```
myView.layer.borderWidth = 1
myView.layer.borderColor = UIColor.black.cgColor
```

這麼一來，我們就指定了邊框的顏色為黑色，且寬度為 1，實際的執行結果可以參考以下的圖示。

圖 23.20　設置邊框

🔷 陰影

如果你要爲你的 CALayer 增加陰影，你必須設置以下的屬性：

● shadowOffset: CGSize：陰影的偏移量。

● shadowColor: CGColor：陰影的顏色。

● shadowOpacity: Float：陰影的透明度。

● shadowRadius: CGFloat：陰影的半徑。

```
myView.layer.shadowOffset = CGSize(width: 3, height: 3)
myView.layer.shadowColor = UIColor.black.cgColor
myView.layer.shadowOpacity = 0.5
myView.layer.shadowRadius = 3
```

實際的結果可以參考圖 23.21 的圖示。

圖 23.21　設置陰影

23.6 IBInspectable 與 IBDesignable

我們使用畫面建構器的時候，可以從右方的屬性欄位設置該 UI 元件常見的屬性，像是背景顏色、文字大小、文字內容等。

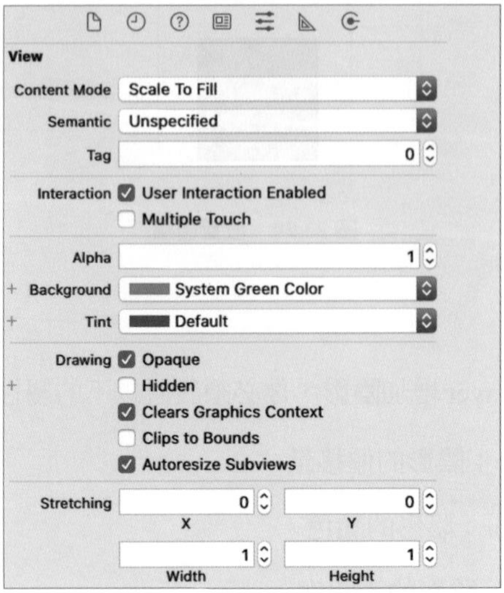

圖 23.22　**UIView 的屬性**

　　那麼，你可能會想我們自己製作的客製化 UI 元件是否也能透過畫面建構器來設置相關的屬性，答案是可行的，你只要使用 IBInspectable 告知畫面建構器，我們的客製化 UI 元件有自定義屬性，請幫我們顯示於右方的屬性欄位。

　　這邊我們先開啟一個新的專案，並且增加一個 UIView 的子類別，名為 MyView：

```
class MyView: UIView {

}
```

　　接著我們增加一個圓角屬性，當存取這個值的時候，會對應到這個 UIView 內的 CALayer 的圓角屬性，這樣我們可以直接存取這個屬性來設置圓角，這邊我們透過計算屬性，針對 setter 與 getter 來存取 CALayer 的圓角值：

```
var cornerRadius: CGFloat {
    set {
        layer.cornerRadius = newValue
    }
    get {
        return layer.cornerRadius
    }
}
```

　　這麼一來，你可以直接存取該屬性來設置圓角，以及取得當前圓角大小，但是目前還是只能於程式碼中存取，沒辦法直接透過畫面建構器來設置，因此我們可以在變數前方加入關鍵字「@IBInspectable」，代表這個屬性是可以設置的客製化屬性。

```
@IBInspectable var cornerRadius: CGFloat {
    set {
        layer.cornerRadius = newValue
    }
    get {
        return layer.cornerRadius
    }
}
```

　　這時候，你可以試著於你的畫面中新增一個 UIView，並且將它的 Custom Class 設定成「MyView」，接著你可以於右方的屬性設定區看到我們 MyView 的屬性 cornerRadius，可以透過畫面建構器來進行設定了。

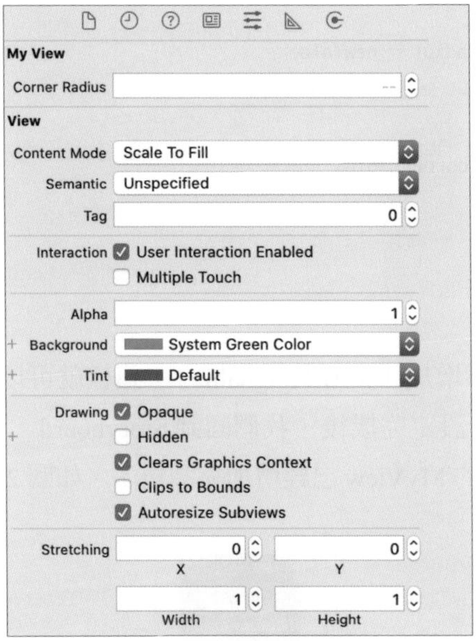

圖 23.23　**MyView 的屬性**

　　IBInspectable 支援許多不同的資料型態，像是 UIColor、String、Bool 等，你可以根據你的需求將特定的屬性設置成「IBInspectable」，這樣可以很方便的於畫面建構器中使用。

My View	
Corner Radius	10 ↕
My Color	▬ System Green Color ↕
My Bool	On ↕
My String	Hello World

圖 23.24　不同的屬性

　　我們設置了圓角的屬性，但是在畫面建構器上看起來還是方的，你必須執行程式碼才能看到即時的結果，這樣看起來稍微不夠直覺，這時 IBDesignable 就派上用場了，我們只要於 UI 元件的類別中增加「@IBDesignable」關鍵字，告知畫面建構器必須即時渲染我們的 UI 元件，因此你將程式碼改成以下的樣子，我們的 MyView 可以於畫面建構器中即時渲染：

```
@IBDesignable
class MyView: UIView {

    @IBInspectable var cornerRadius: CGFloat {
        set {
            layer.cornerRadius = newValue
        }
        get {
            return layer.cornerRadius
        }
    }
}
```

　　你只需要在 Class 上方增加「@IBDesignable」，這樣就可以告知畫面建構器我們的 UI 元件需要即時渲染。設定完成後，我們回到 Storyboard，你會發現你設置的屬性直接產生效果，畫面上的 MyView 已經增加完圓角了，如圖 23.25 所示。

圖 23.25　MyView

23.7 DataSource 與 Delegate

過去我們練習了許多 UIKit 提供的 UI 元件，這些 UI 元件有些會使用 DataSource 與 Delegate，這邊我們試著於客製化 UI 元件中增加 DataSource 與 Delegate。

開啟一個新的專案後，增加一個 UIView 的子類別，並且命名成「MyView」，接著我們建立對應的 xib 檔案，並且於程式碼中增加載入 xib 的程式碼，確認 MyView 會顯示 xib 的畫面後，我們來設計這個 MyView 的畫面。

我們希望這個 MyView 是由左右兩個 UIView 所組合的，你可以使用 UIStackView 來進行畫面的設計，並且塞入兩個 UIView，讓它們的寬度相等。

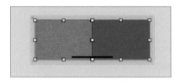

圖 23.26　**MyView**

接著將這兩個 UIView 設置對應的 IBOutlet，並命名爲「leftView」與「rightView」：

```
@IBOutlet var leftView: UIView!
@IBOutlet var rightView: UIView!
```

這麼一來，事前準備算是完成了。這邊我們希望透過 DataSource 來設定這兩個 UIView 的顏色，因此我們可以建立一個 MyViewDataSource 的 Protocol。有兩個函式，分別是設置 leftView 與 rightView 的背景顏色：

```
protocol MyViewDataSource: AnyObject {
    func colorForLeftView(in myView: MyView) -> UIColor
    func colorForRightView(in myView: MyView) -> UIColor
}
```

接下來我們要於 MyView 內增加 DataSource 的變數，這樣可以讓使用這個 MyView 的類別實作 DataSource 後，讓該類別成爲 MyView 的 DataSouce：

```
weak var dataSource: MyViewDataSource?
```

接著我們要覆寫 layoutSubviews 函式，這個函式是 UIView 的函式，有許多情況下會觸發此函式，當 UIView 設置完對應的大小與位置時就會觸發，因此我們可以覆寫此函式，接著透過 DataSource 來取得對應的設定：

```
override func layoutSubviews() {
    super.layoutSubviews()
    leftView.backgroundColor = dataSource?.colorForLeftView(in: self)
    rightView.backgroundColor = dataSource?.colorForRightView(in: self)
}
```

這麼一來，我們設計的 DataSource 就完成了，你可以於頁面中試著使用看看。實作對應的 DataSource，並且回傳顏色，讓 MyView 透過 DataSource 來取得對應的顏色：

```
class ViewController: UIViewController {
    @IBOutlet var myView: MyView!

    override func viewDidLoad() {
        super.viewDidLoad()
        myView.dataSource = self
    }
}

extension ViewController: MyViewDataSource {
    func colorForLeftView(in myView: MyView) -> UIColor {
        return UIColor.green
    }

    func colorForRightView(in myView: MyView) -> UIColor {
        return UIColor.yellow
    }
}
```

如果一切都正常，執行結果應該會如圖 23.27 所示。

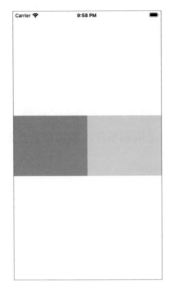

圖 23.27　**透過 DataSource 設置的顏色**

如此你應該學會如何設計 DataSource 了，接著我們試著設計 Delegate。當使用者點選左邊或右邊的 View 的時候，會觸發對應的函式。

這邊我們可以直接在 UIView 上面增加按鈕，並且將按鈕文字與背景顏色都去除，這樣使用者從外觀來看與原本的相同，但是其實可以觸發按鈕的事件。

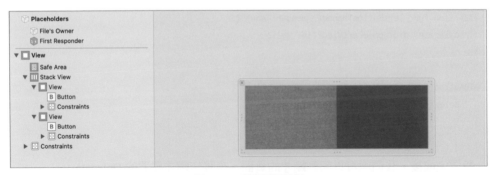

圖 23.28　**增加兩個按鈕**

這兩個按鈕我們設置對應的 IBAction：

```
@IBAction func leftButtonTapped(_ sender: Any) {

}
```

```
@IBAction func rightButtonTapped(_ sender: Any) {

}
```

當這兩個按鈕被點選後，我們希望透過 Delegate 將這個事件傳出去。如果使用這個 MyView 的頁面，需要知道這兩個事件，就可以實作對應的函式來接收。

這邊我們來製作對應的 Protocol：

```
@objc protocol MyViewDelegate: AnyObject {
    @objc optional func didTappedLeftView(in myView: MyView)
    @objc optional func didTappedRightView(in myView: MyView)
}
```

這邊我們使用 @objc 來修飾，因為這兩個函式我們期望它是可選的，不像 DataSource 一樣一定要實作，使用它的類別可以依據需求決定要實作哪些。

最後於我們的 IBAction，透過 delegate 去觸發對應的函式，別忘了要增加一個變數來代表我們的 Delegate：

```
weak var delegate: MyViewDelegate?

@IBAction func leftButtonTapped(_ sender: Any) {
    delegate?.didTappedLeftView?(in: self)
}

@IBAction func rightButtonTapped(_ sender: Any) {
    delegate?.didTappedRightView?(in: self)
}
```

設置完成後，我們就可以回到剛才的頁面，來實作剛才建置的 Delegate：

```
extension ViewController: MyViewDelegate {
    func didTappedLeftView(in myView: MyView) {
        print(" 左邊的 View 被點擊 ")
    }

    func didTappedRightView(in myView: MyView) {
        print(" 右邊的 View 被點擊 ")
```

```
    }
}
```

別忘了要指派 Delegate：

```
myView.delegate = self
```

如此一來，你應該學會了在客製化 UI 元件中使用 DataSource 與 Delegate 設計模式，這種模式算是十分常見的，因為 UIKit 有許多 UI 元件就是採用這樣的模式。如果你的客製化 UI 元件也採用此模式來進行設計，這樣對於與你合作的其他開發者來說，使用你的 UI 元件的門檻會大大降低。

手勢辨識

24.1 手勢辨識

UIKit 提供了多種不同的手勢識別器，我們可以依據需求來決定要使用哪一種手勢識別器，於之前的章節中，我們使用過 UITapGestureRecognizer 來偵測使用者點擊的手勢，進而縮放 UIScrollView，在本章中我們會介紹其他的手勢識別器。

UIGestureRecognizer（手勢識別器）是所有手勢識別器的基礎類別，這個類別中定義了許多手勢識別的基礎屬性與函式，像是增加手勢識別器偵測到時所觸發的函式，或者是識別器目前的狀態等。

24.2 UITapGestureRecognizer

UITapGestureRecognizer（點擊手勢識別器）是用於識別使用者點擊特定的 UI 元件時被偵測到。舉例來說，我們可以於 UIViewController 中為我們的 view 增加這個識別器，並且傳入對應的 target-action，當偵測到時就會觸發該函式：

```
class ViewController: UIViewController {

    override func viewDidLoad() {
        super.viewDidLoad()
        let recognizer = UITapGestureRecognizer(target: self,
                                                action: #selector(handleTap))
        view.addGestureRecognizer(recognizer)
    }

    @objc func handleTap() {
        print(" 使用者點擊 ")
    }

}
```

如此一來，我們就將 UITapGestureRecognizer 加入到我們的 view 裡頭，當你點擊畫面時就會被手勢偵測器所偵測，進而觸發對應的函式，於終端機中輸出對應的文字。

接下來我們介紹可設置的屬性：

- numberOfTapsRequired: Int：總共需要點擊幾下才會被偵測到，預設為 1。

- numberOfTouchesRequired: Int：總共需要多少手指頭同時點選才會觸發，預設為 1。

你可以修改這兩個屬性來決定偵測的內容，舉例來說：

```
// 需要點擊 5 下
recognizer.numberOfTapsRequired = 5
// 需要 2 根手指頭同時點擊
recognizer.numberOfTouchesRequired = 2
```

如果你想要於觸發的函式中取得偵測器，那麼你可以將函式改成有傳入值，且資料型態為該偵測器，並且 action 也要改成對應的函式：

```
let recognizer = UITapGestureRecognizer(target: self,
                                        action: #selector(handleTap(recognizer:)))


@objc func handleTap(recognizer: UITapGestureRecognizer) {
    print(" 使用者點擊 ")
}
```

如此一來，就可以於函式中取得對應的手勢偵測器。

你也可以透過畫面建構器加入 UITapGestureRecognizer。

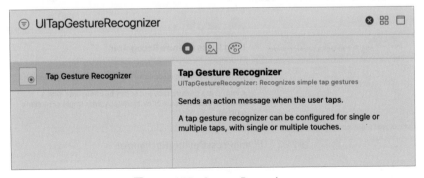

圖 24.1　UITapGestureRecognizer

你可以拖曳手勢識別器到你要識別的 UI 元件之中，接著設置對應的 IBAction，這麼一來就可以觸發對應的函式了：

```
@IBAction func handleTap(_ sender: UITapGestureRecognizer) {
    print(" 使用者點擊 ")
}
```

你也可以直接於畫面建構器中設置對應的屬性。

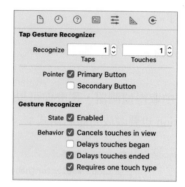

圖 24.2　**設置屬性**

24.3　UILongPressGestureRecognizer

UILongPressGestureRecognizer（長按手勢識別器）是用於識別使用者長按的手勢。

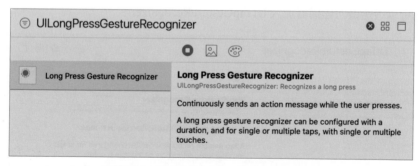

圖 24.3　UILongPressGestureRecognizer

接著，我們試著將 UILongPressGestureRecognizer 加入到我們的畫面之中，詳細的程式碼如下：

```
class ViewController: UIViewController {
```

```
override func viewDidLoad() {
    super.viewDidLoad()

    let recognizer = UILongPressGestureRecognizer(target: self,
                                        action: #selector(handleLongPress(
recognizer:)))
    view.addGestureRecognizer(recognizer)
}

@objc func handleLongPress(recognizer: UILongPressGestureRecognizer) {
    print(" 使用者長按 ")
}

}
```

實際執行專案時，你會發現長按後放開，總共會觸發兩次 handleLongPress，接著你可以試著長按後拖曳，會發現觸發多次 handleLongPress，會有這樣的結果是因為手勢識別器辨識到許多長按的狀態改變了，我們可以將 handleLongPress 進行修改，存取手勢識別器的狀態（state），來得知目前的狀態爲何：

```
@objc func handleLongPress(recognizer: UILongPressGestureRecognizer) {
    if recognizer.state == .began {
        print(" 長按開始 ")
    } else if recognizer.state == .changed {
        print(" 長按變化 ")
    } else if recognizer.state == .ended {
        print(" 長按結束 ")
    }
}
```

如此一來，你就可以得知目前的狀態爲何，當你開始長按時會先觸發 began，接著如果一邊長按一邊滑動，則會觸發 changed，最後放開是會觸發 ended。

State 是定義於 UIGestureRecognizer 的列舉，基本上所有的手勢識別器都是繼承於 UIGestureRecognizer，因此全部的識別器都可以存取該屬性來得知目前的狀態爲何。

State 總共定義了以下的狀態：

```
public enum State : Int {
    case possible = 0
    case began = 1
    case changed = 2
    case ended = 3
    case cancelled = 4
    case failed = 5
}
```

如果有需要，你可以於偵測到手勢所觸發的函式來得知目前的狀態為何，接著依照需求來執行特別的函式。

24.4　UIPanGestureRecognizer

UIPanGestureRecognizer（拖曳手勢識別器）是用於當使用者拖曳時會被偵測到。

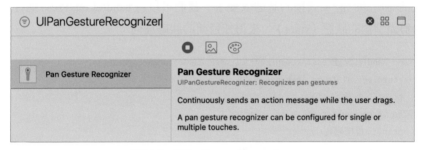

圖 24.4　**UIPanGestureRecognizer**

我們可以建立一個 UIView，加入到我們的畫面之中，並且增加拖曳手勢識別器，當拖曳時改變該 UIView 的位置，如此就可以讓使用者隨意拖曳該 UIView。

首先，我們增加一個 UIView 於我們的 ViewController 之中，並且設置背景顏色：

```
let rect = CGRect(x: 100,
                  y: 100,
                  width: 100,
                  height: 100)
myView = UIView(frame: rect)
myView.backgroundColor = UIColor.red
view.addSubview(myView)
```

接下來，我們為它增加 UIPanGestureRecognizer，並且設置對應的函式，當偵測到使用者手勢時，一併更改這個 myView 的位置，完整的程式碼如下：

```swift
class ViewController: UIViewController {

    var myView: UIView!

    override func viewDidLoad() {
        super.viewDidLoad()
        let rect = CGRect(x: 100,
                          y: 100,
                          width: 100,
                          height: 100)
        myView = UIView(frame: rect)
        myView.backgroundColor = UIColor.red
        view.addSubview(myView)

        let recognizer = UIPanGestureRecognizer(target: self, action: #selector(move(
recognizer:)))
        myView.addGestureRecognizer(recognizer)
    }

    @objc func move(recognizer: UIPanGestureRecognizer) {
        let point = recognizer.location(in: view)
        // 更改 myView 的位置
        myView.center = point
    }

}
```

這麼一來，你就可以使用手指拖曳這個 myView，接著會觸發我們所設置的 move 函式，這邊我們使用了識別器內的一個函式來得知座標位置：

```swift
let point = recognizer.location(in: view)
```

這個函式需要傳入一個 UIView，會回傳識別器手勢於這個 UIView 的座標為何，這邊我們傳入 UIViewController 所管控的 View，取得對應的座標後，接著更改我們的 myView 的中心點，進而達到拖曳更換座標的功能。

接下來我們介紹可設置的屬性：

- minimumNumberOfTouches: Int：最少需要多少隻手指才能拖曳，預設為 1。

- maximumNumberOfTouches: Int：最多可以多少隻手指拖曳。

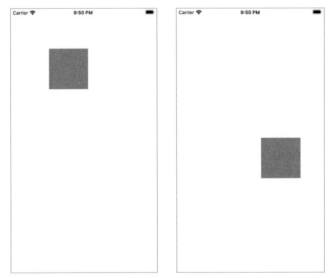

圖 24.5　使用拖曳手勢更換 UIView 的位置

24.5　UIPinchGestureRecognizer

UIPinchGestureRecognizer（縮放手勢識別器）是用於偵測使用者縮放手勢。

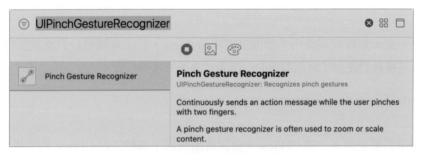

圖 24.6　UIPinchGestureRecognizer

你可以透過縮放手勢來放大縮小特定的 UI 元件。舉例來說，我們新增一個 UIView 到我們的畫面之中，並且增加縮放手勢識別器，用於放大縮小這個 UIView。

我們一樣先增加一個 UIView：

```
let rect = CGRect(x: 100,
                  y: 100,
                  width: 100,
                  height: 100)
myView = UIView(frame: rect)
myView.backgroundColor = UIColor.red
view.addSubview(myView)
```

接下來，為我們的 UIViewController 管控的 UIView 增加對應的縮放手勢識別器：

```
let recognizer = UIPinchGestureRecognizer(target: self, action: #selector(handlePinch(
recognizer:)))
view.addGestureRecognizer(recognizer)
```

我們可以於觸發的函式中取得當前縮放係數：

```
@objc func handlePinch(recognizer: UIPinchGestureRecognizer) {
    let scale = recognizer.scale
    print(scale)
}
```

　　接著你可以先試著執行專案，你可以使用縮放手勢來確認一下結果，如果你是使用模擬器來測試的話，可以按住 option 鍵並且拖曳滑鼠，如此就會觸發拖曳手勢。

圖 24.7　縮放手勢

　　確定縮放手勢正常運作後，我們可以將取得的縮放係數轉換我們的 myView 的大小，最後縮放識別器的縮放係數回歸初始化，完整的程式碼如下：

```
class ViewController: UIViewController {

    var myView: UIView!

    override func viewDidLoad() {
        super.viewDidLoad()
        let rect = CGRect(x: 100,
                          y: 100,
                          width: 100,
                          height: 100)
        myView = UIView(frame: rect)
        myView.backgroundColor = UIColor.red
        view.addSubview(myView)

        let recognizer = UIPinchGestureRecognizer(target: self, action: #selector(
handlePinch(recognizer:)))
        view.addGestureRecognizer(recognizer)
    }

    @objc func handlePinch(recognizer: UIPinchGestureRecognizer) {
        let scale = recognizer.scale
        myView.transform = myView.transform.scaledBy(x: scale, y: scale)
        recognizer.scale = 1
    }

}
```

　　transform 是 UIView 內的屬性，資料型態為 CGAffineTransform，是專門用於處理繪製畫面的屬性，我們透過存取該屬性來進行 UIView 的縮放。

　　接著你可以試著執行看看專案，使用縮放手勢來放大縮小我們加入的 UIView，如圖 24.8 所示。

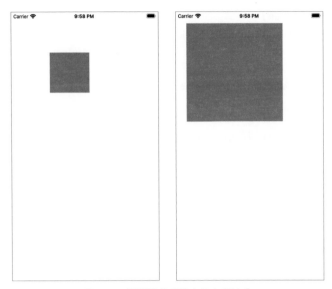

圖 24.8　**透過縮放手勢來放大與縮小**

24.6　UIRotationGestureRecognizer

UIRotationGestureRecognizer（旋轉手勢識別器）可用於偵測使用者旋轉手勢。

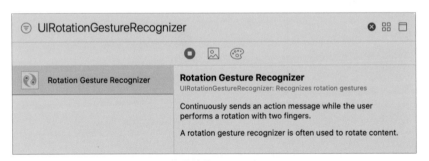

圖 24.9　**UIRotationGestureRecognizer**

　我們可以透過旋轉手勢辨識器來將特定的 UI 元件旋轉。這邊我們先試著增加旋轉手勢辨識器來確認運作是否正常：

```
class ViewController: UIViewController {

    override func viewDidLoad() {
```

```
        super.viewDidLoad()
        let recognizer = UIRotationGestureRecognizer(target: self,
                                            action: #selector(handleRotation(
recognizer:)))
        view.addGestureRecognizer(recognizer)
    }

    @objc func handleRotation(recognizer: UIRotationGestureRecognizer) {
        print(" 偵測到旋轉手勢 ")
    }

}
```

接下來我們實際執行專案，並且使用旋轉手勢。如果你是使用模擬器來進行測試，旋轉手勢一樣是按住 option 鍵後，使用滑鼠旋轉就會產生旋轉手勢。

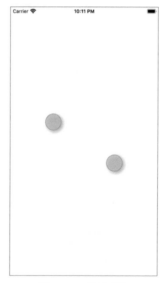

圖 24.10　**旋轉手勢**

當你確認旋轉手勢可以被觸發後，我們可以試著增加一個 UIView，接著透過旋轉手勢來更換 UIView 的角度，這邊與縮放手勢的例子十分相似，我們存取旋轉手勢識別器的 rotation（旋轉弧度），接著一樣存取 UIView 的 transform 進行旋轉，完整的程式碼如下：

```swift
class ViewController: UIViewController {

    var myView: UIView!

    override func viewDidLoad() {
        super.viewDidLoad()
        let rect = CGRect(x: 100,
                          y: 100,
                          width: 100,
                          height: 100)
        myView = UIView(frame:rect)
        myView.backgroundColor = UIColor.red
        view.addSubview(myView)

        let rotation = UIRotationGestureRecognizer(target: self,
                                                   action: #selector(rotation(recognizer:)))
        view.addGestureRecognizer(rotation)
    }

    @objc func rotation(recognizer: UIRotationGestureRecognizer) {
        // 弧度
        let radian = recognizer.rotation
        myView.transform = myView.transform.rotated(by: radian)
        // 重置
        recognizer.rotation = 0
    }

}
```

當你完成程式碼後，就可以試著透過旋轉手勢來旋轉我們的 View，如圖 24.11 所示。

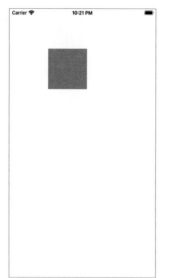

圖 24.11　透過旋轉手勢來旋轉

$$25$$

CHAPTER

錯誤處理

25.1 錯誤處理

「錯誤處理」（Error Handling）是程式設計中十分重要的一環，程式執行時存在著許多可能的錯誤，像是存取某個文件時，輸入了錯誤或不存在的路徑，這時候就會產生錯誤，Swift 定義錯誤是使用 Error 這個協議（Protocol），可以透過類別、結構與列舉來定義 Error。

舉例來說，我們想設計有關使用者登入的相關錯誤，這邊我們使用列舉來定義：

```
enum LoginError: Error {
    // 密碼錯誤
    case wrongPassword
    // 帳號不存在
    case accountNotExist
}
```

接著我們設計一個函式，會拋出（throws）錯誤：

```
func login(account: String, password: String) throws {
    if account != "Jerry001" {
        throw LoginError.accountNotExist
    }

    if password != "abcd1234" {
        throw LoginError.wrongPassword
    }

    print(" 登入成功 ")
}
```

這邊我們假設帳號如果不等於 Jerry001 的話，代表帳號不存在，因此拋出錯誤；而密碼不等於 abcd1234 時，則拋出密碼不正確的錯誤。

這邊多了兩個新的關鍵字：

● throw：拋出錯誤。

● throws：代表該函式可能會拋出錯誤。

接下來，你可以試著呼叫此函式，你會發現 Xcode 會發出警告訊息，你必須增加 try 以及錯誤並沒有被處理：

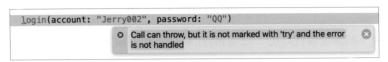

圖 25.1　需要錯誤處理

會產生這樣的錯誤是因為這個函式有 throws 關鍵字，因此你要處理這個函式所拋出的錯誤，你必須於函式前方增加 try 關鍵字，代表這個函式需要用試的，可能成功但也可能失敗：

```
try login(account: "Jerry002", password: "QQ")
```

加上 try 之後，我們還必須捕捉例外，這邊我們要增加額外的結構：

```
do {
    try login(account: "Jerry002", password: "QQ")
} catch {
    print(error)
}
```

當產生錯誤時，會進入 catch 的區塊，這個區塊會傳入 error，像這個例子會於終端機中輸出 accountNotExist。

此外，error 也可以像是 switch case 一樣，區分不同的錯誤來捕捉：

```
do {
    try login(account: "Jerry002", password: "QQ")
} catch LoginError.accountNotExist {
    print(" 帳號不存在 ")
} catch LoginError.wrongPassword {
    print(" 密碼錯誤 ")
} catch {
    print(" 其他錯誤 ")
}
```

如果你於函式中呼叫其他有拋出例外的函式，你又不想在這個函式中捕捉例外的話，那麼你可以將例外透過此函式再次拋出去：

```
func myFunc() throws {
    try login(account: "Jerry001", password: "ABCD1234")
}
```

如此一來,錯誤就會往外拋,呼叫 myFunc 函式的對象才需要處理所拋出的函式。

25.2 將錯誤轉換成可選值

你可以將錯誤透過 try? 關鍵字,使值轉換成可選值。舉例來說,我們有一個函式如下:

```
func someThrowingFunction() throws -> Int {
    // ...
}
```

這個函式會回傳一個整數,但會拋出錯誤,如果你不想處理該錯誤,那麼你可以直接使用 try? 來將值轉換成可選型別:

```
let value = try? someThrowingFunction()
```

以上的程式碼的結果與以下的程式碼相同:

```
let value: Int?
do {
    value = try someThrowingFunction()
} catch {
    value = nil
}
```

25.3 忽略錯誤

如果你很肯定錯誤不會發生,那麼你可以使用 try! 關鍵字來強制執行有拋出例外的函式:

```
let value = try! someThrowingFunction()
```

　　但是這樣的寫法不是很推薦，因為錯誤處理的核心理念就是要處理錯誤，這樣直接忽略錯誤，不是一個特別好的作法。而且如果使用 try! 來執行的函式拋出錯誤的話，App 將會當機閃退。

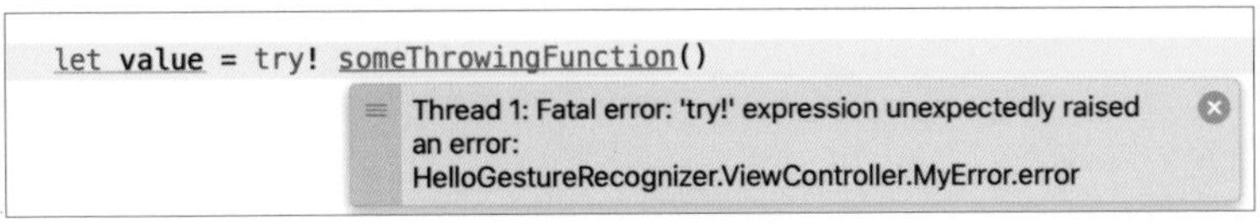

```
let value = try! someThrowingFunction()
```
```
≡  Thread 1: Fatal error: 'try!' expression unexpectedly raised    ⊗
   an error:
   HelloGestureRecognizer.ViewController.MyError.error
```

圖 25.2　發生錯誤

25.4　LocalizedError

　　有時我們可能會需要顯示錯誤訊息，這時你就可以實作 LocalizedError 這個 Protocol，接著設置 errorDescription 屬性來客製化每個錯誤訊息，這邊我們一樣使用登入錯誤來當範例：

```
enum LoginError: Error {
    // 密碼錯誤
    case wrongPassword
    // 帳號不存在
    case accountNotExist
}

extension LoginError: LocalizedError {
    var errorDescription: String? {
        switch self {
        case .wrongPassword:
            return "密碼錯誤"
        case .accountNotExist:
            return "密碼不存在"
        }
    }
}
```

　　當你實作完 LocalizedError 後，就可以存取 localizedDescription，取得對應的錯誤描述：

```
do {
    try login(account: "Jerry001", password: "QQ")
} catch {
    // 密碼錯誤
    print(error.localizedDescription)
}
```

26

JSON

26.1　JSON

　　JSON（JavaScript Object Notation）為 JavaScript 物件表示法，是一種輕量級的資料交換語言，許多時候我們都會使用到 JSON，像是與網路 API 做資料交換時，App 可能會需要傳送一些資料到網路後台，而網路後台也可能會回傳某些資料，這時就可能利用 JSON 當資料交換的格式。舉例來說，我們透過公共運輸整合資訊平台取得台北市公車到站資訊，平台所提供的資料格式就是 JSON。

```
{
    "StopUID": "TPE34707",
    "StopID": "34707",
    "StopName": {
        "Zh_tw": "松山車站(八德)",
        "En": "Songshan Station(Bade)"
    },
    "RouteUID": "TPE10181",
    "RouteID": "10181",
    "RouteName": {
        "Zh_tw": "205",
        "En": "205"
    },
    "Direction": 0,
    "EstimateTime": 1151,
    "StopStatus": 0,
    "MessageType": 0,
    "SrcUpdateTime": "2020-09-08T10:28:00+08:00",
    "UpdateTime": "2020-09-08T10:28:04+08:00"
},
```

圖 26.1　台北市公車到站資訊

　　JSON 與 Swift 中的 Dictionary 相當類似，也是使用 Key-Value 來當存取的格式，可以儲存一些較為基本的資料結構，像是整數、字串、浮點數、布林值與陣列等。

```
{
  "a" : "a",
  "b" : 0,
  "c" : 0.5,
  "d" : [1, 2, 3, 4, 5],
  "e" : {
    "e1": "e"
  }
}
```

　　以上是一個簡單的 JSON 結構，大括號「{}」代表物件，中括號「[]」則是陣列，冒號「:」的左方代表 key，右方則是 value，就如同 Swift 中的 Dictionary 一樣。

26.2 JSONSerialization

JSONSerialization 為 JSON 序列化（Serialization），是 Swift 提供的一個類別，用於將 JSON 物件轉換成 Swift 物件之用，或者將 Swift 物件轉換成 JSON 物件，我們知道 JSON 的本質與 Dictionary 相當類似，因此我們可以將 JSON 轉換成 Dictionary。舉例來說，我們有一個 JSON 字串如下：

```
let jsonString = """
{
  "a": "a",
  "b": 1,
  "c": 1.1
}
"""
```

接著可以將這個字串轉換成 Data 的格式，編碼選擇「utf8」，因為是可選型別，因此使用可選綁定來解包：

```
if let jsonData = jsonString.data(using: .utf8) {

}
```

取得 Data 之後，我們可以使用 JSONSerialization 類別來幫助我們將 Data 轉換成 Dictionary，使用 jsonObject 這個函式將 Data 轉換成 Dictionary：

```
class func jsonObject(with data: Data, options opt: JSONSerialization.ReadingOptions = [])
throws -> Any
```

這個函式一共需要兩個參數：

● data: 要轉換的 Data。

● opt: 轉換時需要的特殊選項，可以預設空陣列。

我們將 jsonData 傳入這個函式中，它會回傳一個 Any 的資料型態，根據我們 JSON 原始資料的格式，應該是 [String: Any] 形式，因此我們使用 as? 進行轉型：

```
let dictionary = JSONSerialization.jsonObject(with: jsonData, options: []) as? [String: Any]
```

因為這個函式還會拋出錯誤例外，因此我們必須增加 try 關鍵字，並且使用 do catch 將整個區塊包起來，用於捕捉所拋出的例外：

```
do {
    let dictionary = try JSONSerialization.jsonObject(with: jsonData, options: []) as? [String:
Any]
} catch {
    print(error.localizedDescription)
}
```

最後，因為轉型時 dictionary 變成可選型別了，再使用一層可選綁定來解包，如果一切順利，你就可以使用從 JSON 轉換成 Dictionary 的值了：

```
if let dictionary = try JSONSerialization.jsonObject(with: jsonData, options: []) as? [String:
Any] {
    print(dictionary["a"]!)
}
```

完整的程式碼如下：

```
let jsonString = """
{
  "a": "a",
  "b": 1,
  "c": 1.1
}
"""

if let jsonData = jsonString.data(using: .utf8) {
    do {
        if let dictionary = try JSONSerialization.jsonObject(with: jsonData, options: []) as?
[String: Any] {
            print(dictionary["a"]!)
        }
    } catch {
        print(error.localizedDescription)
    }
}
```

接下來我們試著將 Dictionary 轉換成 JSON 字串，一樣是透過 JSONSerialization 來完成。首先我們建置一個 Dictionary：

```
let dictionary: [String: Any] = ["a": "a", "b": 1, "c": 1.1]
```

一樣透過 JSONSerialization 將它轉換成 Data，不過這次是改使用這個函式：

```
class func data(withJSONObject obj: Any, options opt: JSONSerialization.WritingOptions = [])
throws -> Data
```

這個函式與剛才看到的相當類似，一樣需要兩個參數：

● obj：要轉換的物件。

● opt：轉換時需要的特殊選項，可以預設空陣列。

將 dictionary 當成要轉換的物件，接著不需要特殊選項：

```
let jsonData = JSONSerialization.data(withJSONObject: dictionary, options: [])
```

這個函式一樣會拋出例外，因此我們別忘了加上 try 以及捕捉例外的結構：

```
do {
    let jsonData = try JSONSerialization.data(withJSONObject: dictionary, options: [])
} catch {
    print(error.localizedDescription)
}
```

dictionary 轉換成 data 了，接下來可以將它轉換成字串：

```
if let jsonString = String(data: jsonData, encoding: .utf8) {
    print(jsonString)
}
```

完整的程式碼如下：

```
do {
    let dictionary: [String: Any] = ["a": "a", "b": 1, "c": 1.1]
    // 透過 JSONSerialization 將 Dictionary 轉換成 Data
    let jsonData = try JSONSerialization.data(withJSONObject: dictionary, options: [])
```

```
    // 將 Data 轉換成 String
    if let jsonString = String(data: jsonData, encoding: .utf8) {
        print(jsonString)
    }
} catch {
    print(error.localizedDescription)
}
```

26.3 Codable

透過上一小節，我們知道如何將 JSON 轉換成 Dictionary，但是 Dictionary 使用起來有些不方便，透過 Key 來存取資料，會有打錯字的風險，加上取出的值都是可選型別，必須透過可選綁定等方式來解包，程式碼會寫得十分複雜，因此我們可以透過 Codable 將 JSON 轉換成 Swift 物件。

Codable 是 Swift 所定義的 Protocol，它由兩個 Protocol 組合而成：

```
typealias Codable = Decodable & Encodable
```

- Decodable：可解碼的。

- Encodable：可編碼的。

你的類別或結構只要實作 Codable，就可以將 JSON 物件轉換成你定義的類型，或者是將你定義的類型轉換成 JSON 物件。

使用類別與結構來處理 JSON 會比使用 Dictionary 來得方便，你可以直接存取屬性來使用，不需要經過轉型與可選解包等。

我們一樣拿這個 JSON 字串來當例子說明：

```
let jsonString = """
{
  "a": "a",
  "b": 1,
  "c": 1.1
}
"""
```

　　這個 JSON 一共有三個值，即 a、b、c，而且是不同的資料型態，我們可以用 struct 來定義這個 JSON 的結構，並且實作 Codable 協議：

```
struct MyJSONModel: Codable {
    var a: String
    var b: Int
    var c: Double
}
```

　　如此一來，就可以透過 JSONDecoder 將 JSON 轉換成你所定義的結構，一樣先將 JSON 字串轉換成 Data：

```
if let jsonData = jsonString.data(using: .utf8) {

}
```

　　接著產生一個 JSONDecoder 的實體，然後透過 decode 函式將 Data 轉換成對應的物件內容：

```
let jsonDecoder = JSONDecoder()
let myJSONModel = try jsonDecoder.decode(MyJSONModel.self, from: jsonData)
```

　　decode 函式一共需要兩個參數：

- type：有實作 Decodable 的 Type。
- data：要轉換的 JSON 資料。

　　type 的部分，因為我們建立的 MyJSONModel 結構有實作 Codable，其中就有包含 Decodable 這個協議，因此只需要填入 MyJSONModel.self 即可。

　　最後，這個函式會拋出例外，因此我們也要使用 do-catch 將例外捕捉。完整的程式碼如下：

```
struct MyJSONModel: Codable {
    var a: String
    var b: Int
    var c: Double
}
```

```
let jsonString = """
{
  "a": "a",
  "b": 1,
  "c": 1.1
}
"""

if let jsonData = jsonString.data(using: .utf8) {
    do {
    let jsonDecoder = JSONDecoder()
    let myJSONModel = try jsonDecoder.decode(MyJSONModel.self, from: jsonData)
        print(myJSONModel.a) // a
        print(myJSONModel.b) // 1
        print(myJSONModel.c) // 1.1
    } catch {
        print(error.localizedDescription)
    }
}
```

我們也可以將物件內容轉換成 JSON，繼續使用上面的例子來說明，先透過建構子產生一個 MyJSONModel 的實體：

```
let myJSONModel = MyJSONModel(a: "123", b: 2, c: 3.5)
```

接著透過 JSONDecoder 來將它轉換成 Data：

```
let jsonEncoder = JSONEncoder()
let jsonData = jsonEncoder.encode(myJSONModel)
```

encode 這個函式必須傳入一個參數：

● value：有實作 Encodable 的實體。

因為 MyJSONModel 結構有實作 Codable，因此它產生出來的實體是包含實作 Encodable 的。

最後別忘了捕捉對應的例外：

```
struct MyJSONModel: Codable {
    var a: String
    var b: Int
    var c: Double
}

do {
    let myJSONModel = MyJSONModel(a: "123", b: 2, c: 3.5)
    let jsonEncoder = JSONEncoder()
    let jsonData = try jsonEncoder.encode(myJSONModel)
} catch {
    print(error.localizedDescription)
}
```

這麼一來，你應該會使用 JSONDecoder 與 JSONEncoder 了，你只需要於建立類別或物件時，實作 Codable 這個協議，就可以輕易將 JSON 轉換成你定義的類型，或者將實體轉換成 JSON，使用起來會比 Dictionary 還來得方便許多。

26.4　CodingKey

使用 Codable 協議時，你必須注意以下幾個重點：

● 名稱與類型必須與 JSON 提供的一致：JSON 提供的屬性與類型，你必須要定義相同，才能轉換成對應的實體。

● 如果該值可有可無，必須定義成可選型別：JSON 提供的值，如果有些情況下不會給，那麼你必定義成可選型別，否則當取得不到值的時候，會發生轉換錯誤。

我們都知道 Swift 的命名規則是採用小駝峰式命名法，可是 JSON 提供的 Key 也許並不符合小駝峰式命名法，如果妥協直接採用 JSON 的命名法，就會與 Swift 的命名有所衝突，這時你可以透過定義 CodingKey 來將 Key 轉換。

舉例來說，我們有一個 JSON 如下：

```
{
    "Name": "Jerry",
    "Age": 18,
}
```

這個 JSON 的字首都是大寫，與 Swift 所要求的小駝峰式命名衝突了，不過我們可以透過定義 CodingKey 來解決此問題，於你定義的類型中增加一個列舉：

```
struct User: Codable {
    var name: String
    var age: Int

    enum CodingKeys: String, CodingKey {
        case name = "Name"
        case age = "Age"
    }
}
```

你必須於 CodingKeys 這個列舉中，將所有屬性都定義出來，該屬性的名稱與你定義的名稱相同，值的部分則是與 JSON 的 Key 相同，這樣就會知道對應關係為何，便可以進行轉換了：

```
let jsonString = """
{
  "Name": "Jerry",
  "Age": 18
}
"""

if let jsonData = jsonString.data(using: .utf8) {
    do {
        let jsonDecoder = JSONDecoder()
        let user = try jsonDecoder.decode(User.self, from: jsonData)
        print(user.name) // Jerry
        print(user.age)  // 18
    } catch {
        print(error.localizedDescription)
    }
}
```

26.5 DecodingError

使用 JSONDecoder 時，時常會發生很多例外，最後導致無法轉換成對應的類型，我們可以捕捉對應的 DecodingError 來得知目前錯誤為何：

- keyNotFound：找不到對應的 Key。

- typeMismatch：類型錯誤。

- valueNotFound：非可選型別，卻找不到對應的值。

因此你的 do-catch 結構可以改成以下的樣子：

```
do {
    let jsonDecoder = JSONDecoder()
    let user = try jsonDecoder.decode(User.self, from: jsonData)
} catch DecodingError.keyNotFound(let key, let context) {
    print("keyNotFound key = \(key), context: \(context)")
} catch DecodingError.typeMismatch(let type, let context) {
    print("typeMismatch type = \(type), context: \(context)")
} catch DecodingError.valueNotFound(let type, let context) {
    print("valueNotFound type = \(type), context: \(context)")
} catch  {
    print(" 其他錯誤 \(error.localizedDescription)")
}
```

這麼一來，你在使用 JSONDecoder 時，就可以清楚知道發生了哪些例外。

26.6　更多的範例

接下來會提供一些範例，來示範如何定義對應的結構。

- JSON 內有其他 JSON 結構：

```
{
  "status": 0,
  "data": {
    "userName": "Jerry",
    "age": 30
  }
}
```

這是一個十分常見的例子，JSON 內部還有其他的 JSON 結構，我們可以使用巢狀類型來定義內部的類型：

```
struct UserRespose: Codable {
    var status: Int
    var data: Data

    struct Data: Codable {
        var userName: String
        var age: Int
    }
}
```

別忘了內部定義的結構也必須實作 Codable 哦！

● 整個 JSON 是一個陣列：

```
[
  {
    "name": " 小明 ",
    "score": 91
  },
  {
    "name": " 小華 ",
    "score": 82
  },
  {
    "name": " 小花 ",
    "score": 84
  }
]
```

有時整個 JSON 可能就是一個陣列，我們一樣先定義每個元素的結構：

```
struct Student: Codable {
    var name: String
    var score: Int
}
```

接著，你只要於 decode 的時候，改成陣列的形式就可以了：

```
let students = try jsonDecoder.decode([Student].self, from: jsonData)
```

27

網路

27.1 URLSession 與 URLRequest

有時我們會需要與網路進行溝通，像是下載圖片、上傳檔案，或是與網路 API 進行請求，這時就必須透過 URLSession 進行協調。URLSession 可以透過 URL Request 來產生任務，透過執行任務可以與網路進行操作。

舉例來說，我們希望透過網路請求來下載某張圖片，當下載完成時，載入到 UIImageView 之中，因此我們開啓一個新的專案，並且於畫面中央加入一個 UIImageView，並且設置一個 UIButton，當點選按鈕時，會執行網路任務下載圖片。

圖 27.1　**設置基本的畫面**

接著你必須找到一個網路上的圖片網址，我們這邊的範例是使用以下的網址：[URL] https://i.imgur.com/ILR302C.jpg，有了網址後，我們先產生 URL 物件，輸入對應的 URL 字串，並且使用可選綁定進行解包：

```
if let url = URL(string: "https://i.imgur.com/ILR302C.jpg") {

}
```

接下來，我們就可以使用這個 URL 來產生 URLRequest，也就是 URL 請求，這個結構的建構子必須傳入 URL 來建立：

```
let urlRequest = URLRequest(url: url)
```

有了 URLRequest 之後，我們就可以透過 URLSession 來產生網路任務，這邊我們要使用 URLSession 預設的 Session，並且執行 dataTask 函式來產生對應的任務：

```
let task = URLSession.shared.dataTask(
    with: urlRequest,
    completionHandler: { (data, response, error) in

})
```

這邊看起來有點複雜，我們可以將它拆開來看。首先存取系統預設的 Session，這邊我們透過 URLSession 內的 shared 來取得對應的實體：

```
URLSession.shared
```

接下來，透過這個 Session 來執行 dataTask 函式，這個函式需要傳入兩個參數：

● with: URLRequest：這個任務要執行的 URLReqeust。

● completionHandler: (Data?, URLResponse?, Error?)：任務執行完成時會執行的 Closure，並且會回傳該任務對應的 Data（資料）、URLResponse（回應）、Error（錯誤），三個選項都是可選型別。

我們知道這兩個參數的意義後，可以針對 completionHandler 來進行處理。假設網路任務請求成功，會回傳對應的 Data（資料），這個範例的資料就是圖片，因此我們進行可選綁定來嘗試解包，如果有資料代表請求成功，將它轉換成 UIImage：

```
let task = URLSession.shared.dataTask(
    with: urlRequest,
    completionHandler: { (data, response, error) in
        if let data = data {
            let image = UIImage(data: data)
            self.imageView.image = image
        }
})
```

如此一來，我們定義完了任務，接著你要執行任務：

```
task.resume()
```

當你實際執行專案，並且按下「下載」的按鈕，應該會產生此錯誤，且是紫色的。

```
class ViewController: UIViewController {

    @IBOutlet var imageView: UIImageView!

    @IBAction func buttonTapped(_ sender: Any) {
        if let url = URL(string: "https://i.imgur.com/ILR302C.jpg") {
            let urlRequest = URLRequest(url: url)
            let task = URLSession.shared.dataTask(
                with: urlRequest,
                completionHandler: { (data, response, error) in
                    if let data = data {
                        let image = UIImage(data: data)
                        self.imageView.image = image    ⚠ UIImageView.image must be used from main thread only
                    }
            })
            task.resume()
        }
    }
}
```

圖 27.2　錯誤訊息

　　這個錯誤訊息告知我們：「不能於非 Main Thread 中進行 UIImageView.image 的操作」，這邊引進了一個新的概念：「執行緒」（Thread），App 於執行時其實有許多個執行緒一起運作的，而 Main Thread 為主要的執行緒，所有的 UI 畫面的繪製與操作都必須於主執行緒上執行，但網路的部分則不同，網路的任務是位於非主執行緒運作的，會這樣設計是因為假設目前要下載一個十分大的檔案，如果該任務是位於主執行緒來執行的話，那麼整個 App 會因為主執行緒被佔據，因此會卡住一陣子，這麼一來，對使用者體驗會十分糟糕，因此費時或網路相關操作會於其他子執行緒中執行。

　　所以我們要修改完成時的 Closure，將該區塊的執行緒指定回主執行緒，如此一來才能對畫面元件進行修改，可以透過 DispatchQueue 來定義主執行緒的執行區域：

```
DispatchQueue.main.async {

}
```

　　這個區塊就是主執行緒的區塊，DispatchQueue 是 GCD 提供的一個類別，用於操作主執行序與次執行序的任務管理，我們會於後面的章節做詳細說明，這邊可以直接使用即可：

```
DispatchQueue.main.async {
    let image = UIImage(data: data)
    self.imageView.image = image
}
```

　　如果一切正常，那麼你點選按鈕後就會進行圖片下載的任務，最後顯示於 UIImage View 之上。

下載圖片

圖 27.3　**執行結果**

　　這邊我們附上完整的程式碼：

```
class ViewController: UIViewController {

    @IBOutlet var imageView: UIImageView!

    @IBAction func buttonTapped(_ sender: Any) {
        if let url = URL(string: "https://i.imgur.com/ILR302C.jpg") {
            let urlRequest = URLRequest(url: url)
            let task = URLSession.shared.dataTask(
                with: urlRequest,
                completionHandler: { (data, response, error) in
                    if let data = data {
                        DispatchQueue.main.async {
                            let image = UIImage(data: data)
                            self.imageView.image = image
                        }
                    }
                })
            task.resume()
        }
    }

}
```

　　這邊一共使用了幾個新的東西：

● **URLRequest**：用於配置網路請求的結構，你必須設置 URL。

- URLSession：用於產生 URLSessionTask 的類別，你可以存取 shared 來取得預設的 Session，接著傳入 URLRequest 或 URL 來產生對應的任務（URLSessionTask）。

- URLSessionTask：URLSession 的任務，可以透過 resume 來執行任務。

當任務執行結束後，會觸發 completionHandler 這個 Closure，你可以在這邊處理網路任務的結果，如果要進行 UI 操作，必須轉換成主執行緒。

27.2 HTTP Method

與網路 API 進行溝通時，有可能會依照不同的 HTTP Method 來進行不同的操作。HTTP Method 是用於定義特定操作的請求方法，一般直接使用網址進行請求，則是透過 GET 方法。在上面的例子中，我們下載圖片時，其實本質就是透過 GET 方法來進行操作。

接下來我們介紹常見的 HTTP Method：

- GET：用於請求取得特定資源，使用 GET 時只會取得資料。

- POST：用於提交特定資源，通常會改變伺服器的狀態。

- PUT：用於新增或完整更新資料。

- PATCH：用於部分更新。

- DELETE：用於刪除資料。

此外，對網路請求時，有時我們可能會需要夾帶一些參數，如同 Swift 呼叫函式一樣，因此接下來我們來學習如何夾帶參數。

練習與網路 API 進行請求時，我們可以利用以下的網站來練習：URL https://httpbin. org。這個網站可以提供了許多 API 網址可以讓我們進行呼叫練習。舉例來說，你可以展開 HTTP Methods 結構，這邊提供了常見的 HTTP Method 的 API 網址。

HTTP Methods Testing different HTTP verbs
DELETE /delete The request's DELETE parameters.
GET /get The request's query parameters.
PATCH /patch The request's PATCH parameters.
POST /post The request's POST parameters.
PUT /put The request's PUT parameters.

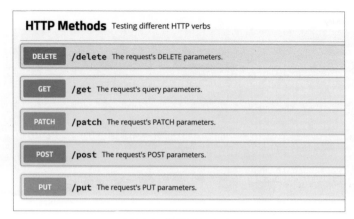

圖 27.4 HTTP Methods

這邊的基本 URL 是 URL https://httpbin.org，你於這個網址後方加上對應的路徑，就可以存取到以上的 API。舉例來說，我們要存取 GET 這個 API，那麼它的網址就是 URL https://httpbin.org/get，這個網站還有一個好處，你可以直接於該網站試著執行請求，可以即時看到結果，點選「Execute」按鈕就可以執行網路請求。

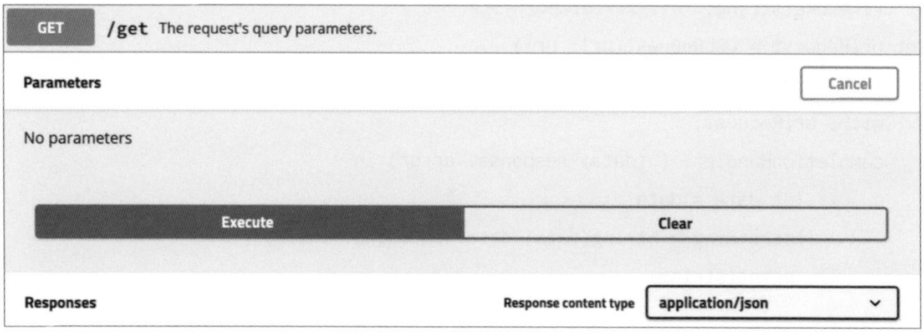

GET /get The request's query parameters.
Parameters
Cancel
No parameters
Execute
Clear
Responses
Response content type
application/json

圖 27.5 Execute

執行完成後，可以於下方的 Response Body 看到對應的結果，如圖 27.6 所示。

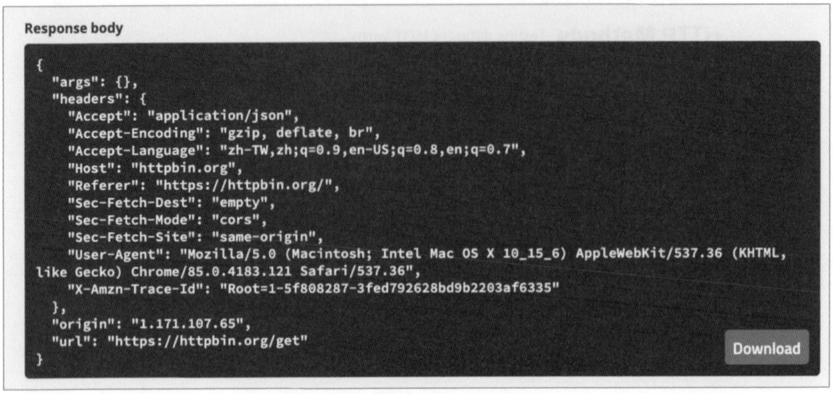

圖 27.6 **Response Body**

這個網站的請求結果有許多的資訊，主要的內容都是請求時的參數等，因此你可以透過 Response 來得知你的參數是否有夾帶成功，我們先讓 URLSessionTask 可以獲得一樣的資訊，這邊的資訊一樣會於成功的 Closure 中傳入，我們只需要將 Data 轉換成字串，就可以取得相同的資訊：

```
if let url = URL(string: "https://httpbin.org/get") {
    let urlRequest = URLRequest(url: url)
    let task = URLSession.shared.dataTask(
        with: urlRequest,
        completionHandler: { (data, response, error) in
            if let data = data,
                let string = String(data: data, encoding: .utf8) {
                print(string)
            }
    })
    task.resume()
}
```

這麼一來，這邊的結果就與網站相同，如圖 27.7 所示。

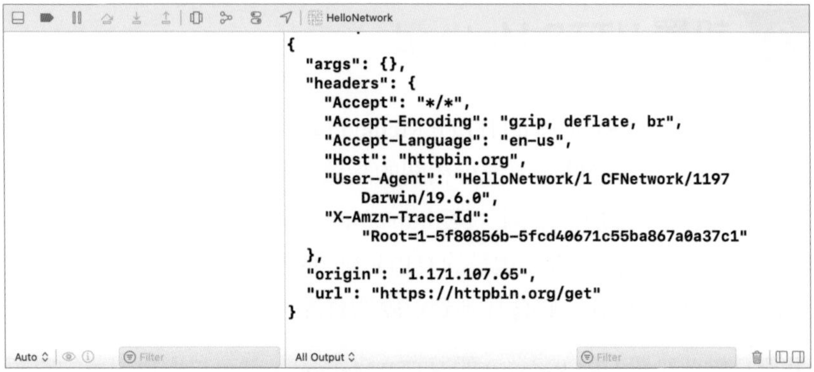
HelloNetwork
{
"args": {},
"headers": {
"Accept": "*/*",
"Accept-Encoding": "gzip, deflate, br",
"Accept-Language": "en-us",
"Host": "httpbin.org",
"User-Agent": "HelloNetwork/1 CFNetwork/1197 Darwin/19.6.0",
"X-Amzn-Trace-Id": "Root=1-5f80856b-5fcd40671c55ba867a0a37c1"
},
"origin": "1.171.107.65",
"url": "https://httpbin.org/get"
}
Auto
Filter
All Output
Filter

圖 27.7　**執行結果**

接著我們試著傳入參數，HTTP GET 要傳送參數其實十分簡單，你只需於網址後方增加上問號、參數名稱與內容，當有多個參數，則用「&」進行分割。舉例來說，我們要傳入兩個參數，name 與 age 分別是 Jerry 與 30，如圖 27.8 所示，那麼你只需要將網址改成URL https://httpbin.org/get?name=Jerry&age=30，如此你便可於 Response 中看到你所夾帶的參數。

```
"args": {
  "age": "30",
  "name": "Jerry"
},
```

圖 27.8　**夾帶參數**

此外，你可以透過 URLComponents 來幫你自動建立有夾帶參數的 URL，設置 queryItems 來定義你要傳送的參數，最後轉換成 URL，如此 URLComponents 會自動將 queryItems 轉換成對應的參數網址。

```
var urlComponents = URLComponents(string: "https://httpbin.org/get")!
urlComponents.queryItems = [
    URLQueryItem(name: "name", value: "Jerry"),
    URLQueryItem(name: "age", value: "30")
]
let url = urlComponents.url!
```

你應該會發現透過 GET 來夾帶參數其實十分危險，因為只需要透過網址，就可以得知你夾帶的參數為何，因此有關 GET 的 API 大部分都只是用於取得資訊而已。

27.3 設置 HTTP Method

在預設情況下，URLRequest 的 HTTP Method 為 GET，因此如果我們要呼叫不同的 HTTP Method 的話，我們必須進行相關的設置。舉例來說，我們要使用 POST 方法，首先將網址替換成對應的網址：⌸ https://httpbin.org/post，如果此時你直接執行執行程式，則會產生錯誤，因為預設的 HTTP Method 是 GET，而這個網址提供的是 POST、HTTP Method 錯誤，將會找不到對應的資源。

這邊我們只需要設置 URLRequest 的 HTTP Method，就可以取得對應的資源：

```
var urlRequest = URLRequest(url: url)
urlRequest.httpMethod = "POST"
```

如此一來，這個請求對應的 HTTP Method 就變成了 POST，就可以如期執行了。當然，如果你要指定其他的 HTTP Method 也是使用相同的方式：

```
urlRequest.httpMethod = "PUT"
urlRequest.httpMethod = "DELETE"
urlRequest.httpMethod = "PATCH"
```

接著我們可以試著傳遞參數，我們知道 GET 傳遞參數的方式是使用 URL 直接夾帶資訊，但是這麼做是不太安全的，因此除了 GET 以外的 HTTP Method，都不採用這種方式，而是夾帶於 HTTP Body 之中，而且大部分情況下這邊的資料會是 JSON。我們先建立一個要傳遞的資料：

```
let dictionary: [String: Any] = ["name" : "Jerry",
                                 "age" : 30]
```

接下來透過之前學過的 JSON 序列化，將這個字典轉換成 JSON Data，這邊我們省略 do-catch，因為我們很確定序列化的過程中不會產生任何錯誤，而直接使用 try! 來忽略錯誤：

```
let data = try! JSONSerialization.data(
    withJSONObject: dictionary,
    options: [])
```

如此我們便建置了要傳送的資料，只需將它設置到 URLRequest 內的 HttpBody 即可：

```
urlRequest.httpBody = data
```

最後，我們要設定這個請求傳遞的資料結構爲 JSON：

```
urlRequest.addValue("application/json",
                    forHTTPHeaderField: "Content-Type")
```

這麼一來，我們就可以試著執行程式。你可以透過 Response 確認你傳入的參數是否正確，我們會看到傳入的資料內有一段的 key 是 json，內容爲我們傳入的參數。

```
"json": {
  "age": 30,
  "name": "Jerry"
},
```

圖 27.9　JSON

如此一來，你應該對 HTTP Method 與如何傳遞參數有一定程度的瞭解了，這邊做個簡單的總結：

- 預設請求爲 GET，GET 的傳遞參數是直接於 URL 進行串接。

- 要更改 HTTP Method，你必須於 URLRequest 中設置。

- 非 GET 方法傳遞的參數，可以使用 JSON 來傳遞，設置於 HTTP Body。

27.4　超時與取消請求

透過這幾個小節的練習，你應該知道如何進行網路請求，接著我們會繼續說明一些其他的設定，有時請求可能會超時（Time Out），意思是伺服器可能沒有回應，你可以透過設置來更改 URLRequest 的超時時間，這麼一來使用者就不會無止盡的等待伺服器回應，也許伺服器暫時停止回應，透過 Time Out 可以讓使用者提早結束網路等待：

```
urlRequest.timeoutInterval = 30
```

如果你想要取消網路任務的請求,那麼你可以對 URLSessionTask 呼叫此函式,如此就會取消網路請求:

```
task.cancel()
```

27.5 HTTP Status Code

有時我們在瀏覽網頁時會看到 404 Not Found,這邊的 404 其實就是 HTTP Status Code,代表找不到資源,HTTP 定義了一系列的代碼來代表各種狀態,其使用數字來分別,如下表所示。

HTTP Status Code 範圍	說明
100-199	資源回應。
200-299	成功回應。
300-399	重定向。
400-499	用戶端錯誤。
500-599	伺服器端錯誤。

URLSessionTask 其實會回傳對應的 HTTP Status Code,我們可以於執行結果的 Closure 將 Response 取出,進而得知目前的 HTTP Status Code 為何。我們要先將 Response 使用轉型,把它轉換成 HTTPURLResponse,如此就可以存取對應的狀態碼:

```
if let httpResponse = response as? HTTPURLResponse {
    print(httpResponse.statusCode)
}
```

在大部分情況下,Status Code 應該都會是 200,也就是成功回應,你可以依據這個狀態碼來確認這則網路請求是否正常。

27.6　UIActivityIndicatorView

UIActivityIndicatorView（活動指標視圖）是一個十分簡單的 UI 元件，用於表示目前正在處理某些事情時，可以使用它來告知使用者。舉例來說，我們的頁面若是需要網路請求結束才能展示的話，網路請求的過程中，就可以利用活動指標視圖來告知使用者當前正在處理網路事件。

活動指標視圖就是我們常見的旋轉進度條，你可以透過畫面建構器找到它。

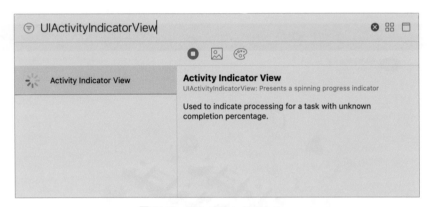

圖 27.10　**UIActivityIndicatorView**

你可以設定它的大小與顏色，並且決定是否要轉動，如圖 27.11 所示。

圖 27.11　**屬性設定**

此外，你也可以透過程式碼來啓動或結束轉動：

```
indicatorView.startAnimating()
indicatorView.stopAnimating()
```

整體來說，是一個十分簡單的 UI 元件，你可以於費時的網路任務中，透過它讓使用者知道目前程式持續運轉中，否則若完全沒反應，使用者非常有可能認爲 App 目前已經停止回應了。

27.7 資料開放平臺

網路上有許多平台提供免費資源給開發者進行免費的資料串接，進而附加更多的價值，你可以到這些網站中申請帳號，並且找尋有用的資源，讓你的 App 更加豐富。

◈ 氣象資料開放平臺

中央氣象局（URL https://opendata.cwb.gov.tw/）提供台灣地區氣象預報與觀測相關資訊。

圖 27.12　氣象資料開放平臺

◈ 公共運輸整合資訊流通服務平台

由交通部提供的資訊平台（URL https://ptx.transportdata.tw/PTX/），主要資訊為台灣相關的交通資訊，像是飛機、高鐵、捷運與公車等相關時刻表以及各式資訊。

圖 27.13　公共運輸整合資訊流通服務平台

◆ 政府資料開放平臺

　　由國家發展委員會提供之平台（URL https://data.gov.tw/），資料種類包羅萬象，有不同的分類。

圖 27.14　政府資料開放平臺

　　通常來說，政府機構會提供許多資料開放平臺給開發者，進而創造更多的附加價值。你可以於搜尋網站中搜尋「Open Data」，便有更多相關的平臺提供選擇，透過這些平台提供的資料來練習，或者進行 App 的開發。

28
CHAPTER

通知中心

28.1 通知中心

「通知中心」（NotificationCenter）是用於廣播資訊到所有已註冊的觀察者，舉一個生活上的例子來說，你關注了某一個粉絲團，對於粉絲團來說，你就是已註冊的觀察者，當粉絲團發送資訊時（像是發表了一篇新的文章），這時你就會收到對應的資訊。

我們可以透過存取預設的通知中心，並且增加觀察者與對應的函式：

```
// 預設的 NotificationCenter
NotificationCenter.default
```

接下來可以透過此函式來加入成為觀察者：

```
addObserver(_ observer: Any,
           selector aSelector: Selector,
           name aName: NSNotification.Name?,
           object anObject: Any?)
```

這個函式一共需要四個參數：

● observer：要成為觀察者的對象。

● aSelector：一個 Selector，當收到通知時會執行選擇器指定的函式。

● aName：通知的名稱。

● anObject：用於是否接收特定物件的通知，若設定為 nil，就是全部物件發出的通知都會接收。

你比較要在乎的只有前三個，observer 通常是填 self，也就是呼叫這個函式的對象；selector 指定一個你想執行的函式；name 的部分則要決定要註冊哪個通知發送名稱。舉例來說，我們隨便命名一個名稱：

```
NSNotification.Name(rawValue: "QQ")
```

我們可以實際於專案中試試看，開啓一個專案後，於 ViewController 中增加以下的程式碼：

```swift
class ViewController: UIViewController {

    override func viewDidLoad() {
        super.viewDidLoad()
        NotificationCenter.default.addObserver(
            self,
            selector: #selector(myFunc),
            name: NSNotification.Name("QQ"),
            object: nil)
    }

    @objc func myFunc() {
        print("Hello")
    }

}
```

對於以上的程式碼，我們於 viewDidLoad() 中，將 ViewController 的實體加入到通知中心中，我們告知中心要成為名稱為 QQ 這個通知的觀察者，當這個觀察者發送訊息時，要觸發 myFunc 這個函式。

28.2 發送通知

我們學會了如何註冊為觀察者，接下來示範如何發送通知給所有觀察者。一樣是透過預設的通知中心來進行通知的發送：

```swift
post(name aName: NSNotification.Name,
     object anObject: Any?,
     userInfo aUserInfo: [AnyHashable : Any]? = nil)
```

這個函式一共需要三個參數：

● aName：對哪個名稱的通知進行發送。

● anObject：發送通知的物件，若註冊通知的觀察者有特別指定，就必須設定，不然設定為 nil 即可。

● aUserInfo：如果你發送通知後，接收通知的函式想要獲得一些參數的話，可以透過此參數設定，若是不需要則設定為 nil。

我們可以於畫面中加入一個按鈕，並且設置 IBAction，當點選按鈕時發送通知：

```
@IBAction func buttonTapped(_ sender: Any) {
    NotificationCenter.default.post(
        name: NSNotification.Name(rawValue: "QQ"),
        object: nil)
}
```

實際執行專案後，你可以試著點選按鈕，接著觸發發送通知，因此會執行對應的函式，於終端機中印出 Hello。

我們曾提過發送通知時，所有註冊成觀察者的對象都會接收到通知，我們可以試著建立一個類別，於建構子註冊通知，接著一樣點選按鈕後，看是否會收到通知：

```
class MyClass {

    init() {
        NotificationCenter.default.addObserver(
            self,
            selector: #selector(hello),
            name: NSNotification.Name(rawValue: "QQ"),
            object: nil)
    }

    @objc func hello() {
        print(" 哈囉 !")
    }

}
```

接著於 ViewController 中，增加一個全域變數，並且賦值為 MyClass 的實體：

```
let myClass = MyClass()
```

此時執行專案後按下按鈕，會發現同時印出了「Hello」與「哈囉!」兩個文字，因為目前註冊成 QQ 這個通知名稱的觀察者，一共有兩個，分別是 ViewController 與 MyClass 兩個，當發送通知時，兩個觀察者都會接收到訊息，而去觸發對應的函式。

28.3 通知名稱

　　透過以上的例子，我們可以知道發送通知最重要的就是通知名稱，當發送通知時，所有註冊成爲該通知名稱的觀察者都會接收到對應的訊息，因此你的名稱最好是獨一無二的，如果名稱取得十分簡單，有可能會接收到其他人傳送的訊息，原生也有一些通知可以接收，如果你的名稱剛好與原生的通知相符，可能會與你期望的結果不太相同。

　　通知的命名要獨一無二，比較常見的命名是與專案 Bundle ID 相同的格式，Bundle ID 通常會依照你的公司名稱或工作室名稱來命名：

```
com. 公司名稱 . 專案名稱
```

　　因此我們的通知可以遵循以上的命名，於專案命稱後面，再命名對應的辨識名稱：

```
com. 公司名稱 . 專案名稱 . 辨識名稱
```

　　舉例來說，公司名稱若爲 dolphin，專案名稱爲 ToDoList，那麼 Bundle ID 很有可能會命名成這個樣子：

```
com.dolphin.todolist
```

　　接著如果你想要於使用者登入時，通知所有註冊想知道使用者登入的觀察者們，你可以將通知名稱命名爲：

```
com.dolphin.todolist.userlogin
```

　　這麼一來，你的通知名稱算是十分獨一無二，比較難與其他或原生通知撞名。

　　雖然目前這樣我們可以避免撞名，但是因爲字串必須透過手打才能宣告，這麼一來，會有打錯字的風險，不管是註冊觀察者或發送訊息，都必須手動打通知名稱，若是打錯字就可能會發送錯誤的通知或收不到對應的通知，因此我們可以透過擴展（extension），將 Notification.Name 增加通知名稱：

```
extension Notification.Name {
    static let userLogin = Notification.Name("com.dolphin.todolist.userlogin")
}
```

這麼一來，在使用上就可以避免打錯字：

```
NotificationCenter.default.post(
    name: .userLogin,
    object: nil)
```

你只需要於輸入 Notification.Name 的位置，輸入「.」，Xcode 就會將所有定義的 Name 列出來，不過裡面會有許多原生所定義的名稱，因此你最好多輸入一些文字，讓 Xcode 篩選出你想要的選項。

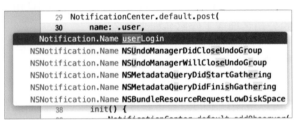

圖 28.1　選擇定義的通知名稱

28.4 移除觀察者

因為通知的發送是給所有觀察者的，因此你應該要於頁面結束或不需要再接受通知時移除觀察者，你可以透過以下的語法來移除：

```
removeObserver(_ observer: Any)
removeObserver(_ observer: Any, name aName: NSNotification.Name?, object anObject: Any?)
```

第一種作法是將這個觀察者的所有通知都移除，第二個則是將特定名稱與物件的通知移除，可以依照你的需求使用。以 ViewController 來說，你可以於頁面結束時呼叫移除通知：

```
override func viewDidDisappear(_ animated: Bool) {
    super.viewDidDisappear(animated)
    NotificationCenter.default.removeObserver(self)
}
```

28.5　發送參數給觀察者

　　有時我們會使用通知將參數發送給觀察者，主要是發送通知時，利用 userInfo 這個參數發送。首先你必須將觀察者接收到的通知改成有接收參數的形式，並且資料型態為 Notification：

```
@objc func myFunc(notification: Notification) {

}
```

　　註冊成觀察者的 selector 也必須進行修改：

```
selector: #selector(myFunc(notification:))
```

　　如此一來，你所註冊的函式就會變成傳入了一個 Notification 的函式，我們可以於發送時將你想傳送的資料夾帶在 userInfo 之中：

```
let userInfo: [String: Any] = ["name": "Jerry", "age": 30]
NotificationCenter.default.post(
    name: .userLogin,
    object: nil,
    userInfo: userInfo)
```

　　最後我們可以將 userInfo 從 notification 之中取出：

```
@objc func myFunc(notification: Notification) {
    if let userInfo = notification.userInfo,
       let name = userInfo["name"] as? String,
       let age = userInfo["age"] as? Int {
      print("name = \(name)")
      print("age = \(age)")
    }
}
```

資料儲存

在許多情況下，我們可能會需要讓 App 有儲存資料的功能，像是儲存使用者資訊之類的，本章我們會介紹如何使用 iOS 的資料儲存機制。

29.1 UserDefaults

UserDefaults（使用者預設資料庫）是一個十分簡單的資料儲存機制，你可以透過 key-value 來儲存資料到 App 之內。

你可以透過該類別變數取得預設的 UserDefaults 實體：

```
let userDefaults = UserDefaults.standard
```

我們通常不會自己產生一個 UserDefaults，而是透過預設的 UserDefaults 實體來存取相關的屬性。

使用的方法也十分簡單，假設我們要儲存整數到我們的 App 中，你只需要呼叫以下的函式，將值放到參數內，並且設置對應的 Key：

```
UserDefaults.standard.setValue(30, forKey: "Age")
```

取出時則需要依照當初儲存的資料型態，搭配對應的 Key 來取出：

```
let age = UserDefaults.standard.integer(forKey: "Age")
```

UserDefaults 提供了各種資料型態的儲存，如圖 29.1 所示。

```
Setting Default Values    func set(Any?, forKey: String)
                             Sets the value of the specified default key.

                          func set(Float, forKey: String)
                             Sets the value of the specified default key to the specified float value.

                          func set(Double, forKey: String)
                             Sets the value of the specified default key to the double value.

                          func set(Int, forKey: String)
                             Sets the value of the specified default key to the specified integer value.

                          func set(Bool, forKey: String)
                             Sets the value of the specified default key to the specified Boolean value.
```

圖 29.1　**儲存資料型態**

你可以依照不同的需求來儲存不同的資料：

```
UserDefaults.standard.setValue(30, forKey: "Age")
UserDefaults.standard.setValue("Jerry", forKey: "Name")
UserDefaults.standard.set(["QQ", "JJ"], forKey: "Array")
UserDefaults.standard.set(["A": "A"], forKey: "Dictionary")
```

　　如果你的測試環境是使用模擬器的話，那麼你可以於模擬器資料夾內，看到 App 內儲存的檔案是以怎麼樣的形式儲存的。

　　你可以透過此語法來得知該 App 目前的路徑為何：

```
print(NSHomeDirectory())
```

　　接著你實際執行程式時，就會於終端機中印出對應的路徑，接著你可以開啟 Finder，並且於上方的列表中選擇「前往→前往檔案夾」，並且將路徑貼上後前往。

圖 29.2　**前往檔案夾**

　　進入後我們繼續往下走，點選「Library → Preferences」。

圖 29.3　**Preferences**

你會在這個地方發現一個 Plist 檔案，這個檔案就是 UserDefault 儲存資料的位置，你可以將這個檔案打開來看，可發現我們透過程式碼儲存的資料都在這裡面了。

Key	Type	Value
▼ Root	Dictionary	(5 items)
▼ Dictionary	Dictionary	(1 item)
A	String	A
Name	String	Jerry
Age	Number	30
▼ PetName	Array	(2 items)
Item 0	String	QQ
Item 1	String	JJ
▼ Array	Array	(2 items)
Item 0	String	QQ
Item 1	String	JJ

圖 29.4　UserDefaults.plist

UserDefaults 使用起來十分簡單，但不推薦儲存太過複雜或者重要的資訊，因為這整個檔案本質上就如同一個 Dictionary 一樣，如果儲存過多的資料，那麼會對效能有一定的影響。此外，UserDefaults 儲存的資料十分容易被取得，因此如果儲存太過重要的資訊，那麼對使用者的安全性保障會降低。

29.2　透過 Bundle 讀取檔案

有時我們可能會將檔案預先放到我們的專案之中，接著將檔案讀取出來使用。舉例來說，我們可以透過文字編輯器新增一個純文字檔，接著你可以於這個文字檔中新增一些文字，這邊我們新增有關出師表的內容當範例。

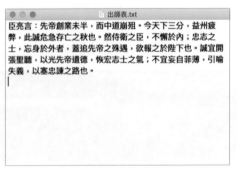

圖 29.5　出師表

接下來，將這個檔案透過拖曳加入到我們的專案之中。

出師表.txt
HelloLoadFile
HelloLoadFile
AppDelegate.swift
SceneDelegate.swift
ViewController.swift
出師表.txt
Main.storyboard
Assets.xcassets
LaunchScreen.storyboard
Info.plist
Products
HelloLoadFile 〉 HelloLoadFile 〉 出師表.txt 〉 No Selection
1 臣亮言：先帝創業未半，而中道崩殂。今天下三分，益州疲弊，此誠危急存亡之秋也。然侍衛之臣，不懈於內；忠志之士，忘身於外者，蓋追先帝之殊遇，欲報之於陛下也。誠宜開張聖聽，以光先帝遺德，恢宏志士之氣；不宜妄自菲薄，引喻失義，以塞忠諫之路也。
2

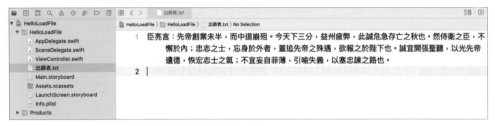

圖 29.6 **加入到專案之中**

如此這個文字檔就會放入到你的 App 之中，接著我們可以透過程式碼將這個檔案的內容讀取出來。我們要先取得該檔案的路徑位置，因爲這個檔案是透過專案加入的，因此會存放於 Bundle 之內：

```
let path = Bundle.main.path(forResource: "出師表", ofType: "txt")
```

透過此函式取得的路徑位置是可選型別，因此我們要使用時要進行解包或可選綁定，確定路徑位置之後，我們就可以將其內容透過 String 提供的建構子，傳入對應的檔案路徑，並且捕捉可能的錯誤：

```
do {
    if let path = Bundle.main.path(forResource: "出師表", ofType: "txt") {
        let content = try String(contentsOfFile: path)
        print(content)
    }
} catch {
    print(error.localizedDescription)
}
```

如果一切正常，你應該可以於終端機中看到檔案的文字內容。

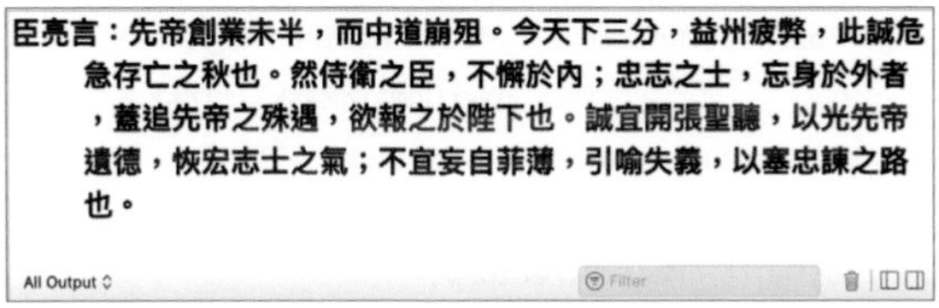

臣亮言：先帝創業未半，而中道崩殂。今天下三分，益州疲弊，此誠危急存亡之秋也。然侍衛之臣，不懈於內；忠志之士，忘身於外者，蓋追先帝之殊遇，欲報之於陛下也。誠宜開張聖聽，以光先帝遺德，恢宏志士之氣；不宜妄自菲薄，引喻失義，以塞忠諫之路也。
All Output
Filter

圖 29.7 **輸出結果**

接著你可能會想我們是否可以對此檔案進行修改,答案是不行的,因為這個檔案位於 App 的 Bundle 資源中,只能讀取沒辦法修改。

29.3　存取 Document 資料夾的檔案

由於 Bundle 內的檔案沒辦法修改,因此如果你的檔案是可以修改的,那麼你可以將它存放於 Document 資料夾之中。首先我們透過 FileManager 取得對應的路徑位置:

```
let url = FileManager.default.urls(for: .documentDirectory,
                                   in: .userDomainMask).first
```

接著我們可以使用此路徑來對該資料夾進行操作。

● 新增資料夾

如果你需要於該資料夾底下新增其他的資料夾,那麼你可以使用此函式:

```
FileManager.default.createDirectory(
    at: url,
    withIntermediateDirectories: true,
    attributes: nil)
```

這個函式需要帶入三個參數:

- at: URL:路徑位置。

- createIntermediates: Bool:是否要遞迴建立所有不存在的資料夾。

- attributes:其他參數。

假設我們想建立一個名為「Hello」的資料夾,那麼我們的程式碼可以這樣寫:

```
if let url = FileManager.default.urls(for: .documentDirectory,
                                      in: .userDomainMask).first {
    let directoryURL = url.appendingPathComponent("Hello")
    do {
        try FileManager.default.createDirectory(
            at: directoryURL,
            withIntermediateDirectories: true,
```

```
                attributes: nil)
    } catch {
        print(error.localizedDescription)
    }
}
```

這邊一共做了以下幾件事：

● 取得 Document 的資料夾路徑的 URL。

● 將路徑增加 Hello，代表我們要新增一個資料夾。

● 透過 createDirectory 函式新增此資料夾，並透過 do-catch 捕捉可能的例外。

　如果你是透過模擬器來練習，一樣可以透過 NSHomeDirectory 取得 App 路徑，並且可以找到 Document 資料夾，看看新增是否有成功。

圖 29.8　新增 Hello 資料夾

新增檔案

　與新增資料夾十分類似，一樣要先取得 Document 的路徑位置，接著將要新增的檔案名稱與副檔名填入，最後透過 FileManager 來建立檔案，這邊有一些步驟與新增資料夾不同，需要特別注意。

```
if let url = FileManager.default.urls(for: .documentDirectory,
                                      in: .userDomainMask).first {
    let path = url.path.appending("/Hello.txt")
    let content = "Hello World!"
    let data = content.data(using: .utf8)
    FileManager.default.createFile(atPath: path,
                                   contents: data,
                                   attributes: nil)
}
```

新增檔案的步驟如下：

- 取得 Document 的資料夾路徑的 URL。

- 將 URL 的 path 取出，並且增加我們要新增的檔案與副檔名名稱。

- 將要儲存的內容轉換成 data，並使用 uft8 進行編碼。

- 透過 createFile 來新增檔案，並且儲存我們的資料。

這邊的 createFile 並不會拋出例外，因此不需要使用 do-catch 來捕捉。

◉ 複製、刪除、移動

FileManager 也有提供這三個函式，你只需要使用這些函式即可：

```
// 複製
try FileManager.default.copyItem(atPath: path, toPath: newPath)
// 移動
try FileManager.default.moveItem(atPath: path, toPath: newPath)
// 刪除
try FileManager.default.removeItem(atPath: path)
```

◉ 寫入

上一個小節提過如何讀取文字內容，我們一樣可以透過 String 來寫入檔案內容：

```
let text = "Hello World"
try text.write(toFile: path, atomically: true, encoding: .utf8)
```

這麼一來，檔案的內容就會是新的資訊了。

我們可以將預設資料存放於 Bundle 內，接著透過複製，將 Bundle 的預設資料轉移到 Document 之中，這麼一來就可以進行修改與調整。舉例來說，我們於 Bundle 中增加一個 Hello.txt，其內容為 Hello。

圖 29.9　Hello.txt

接著我們開始撰寫程式碼，首先我們先確認這個檔案是否存在於 Document 之中，我們可以透過此函式來得知：

```
FileManager.default.fileExists(atPath: path)
```

如果不存在的話，則將 Bundle 內的 Hello.txt 複製到該位置：

```
if !FileManager.default.fileExists(atPath: path) {
    // 檔案不存在
    do {
        // 將 Bundle 內的 Hello.txt 複製到 Document 資料夾內
        let bundlePath = Bundle.main.path(forResource: "Hello",
                                          ofType: "txt")!
        try FileManager.default.copyItem(atPath: bundlePath,
                                         toPath: path)
    } catch {
        print(error.localizedDescription)
    }
}
```

如此我們就可將 Bundle 內預設的內容轉移到 Document 內，便可以進行修改等操作，只要透過 fileExists 確認檔案是否存在即可。

29.4　CoreData

UserDefaults 與檔案如果無法滿足你的儲存資料的需求，那麼你可以考慮使用 CoreData，CoreData 是一套用於儲存資料的框架，它的底層是使用 SQLite 進行資料庫的存取，但是 CoreData 簡化了資料庫的處理，因此你不需要了解 SQL 語法就可為你的 App 建立與使用資料庫。

接下來我們說明如何使用 CoreData。這邊我們開啟一個專案，並且勾選「使用 CoreData」選項。

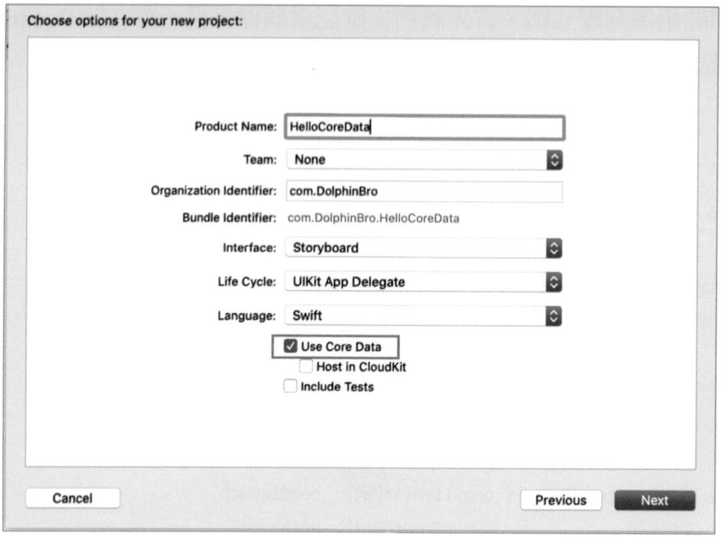

圖 29.10　使用 Core Data

勾選這個選項後，Xcode 會自動幫你產生對應的檔案，你的專案應該會多一個你的專案名稱 .xcdatamodeld 的檔案。

圖 29.11　HelloCoreData.xcdatamodeld

接著我們新增一個 Entity，你可以將目光移到最下方的區塊，這邊有一個「Add Entity」的按鈕。

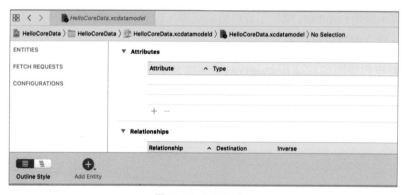

圖 29.12　Add Entity

　　新增後，將這個 Entity 命名為「Student」，我們希望它儲存的內容是學生相關的資料，你可以將 Entity 想像成資料表，接著我們定義這個資料表要儲存的屬性有哪些，因此我們將目光移到最上面的 Attributes，這邊的欄位代表這個資料表要儲存的屬性，你可以點選加號按鈕進行新增。

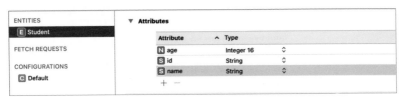

圖 29.13　定義屬性

　　這邊我們定義了三個屬性：年齡（age）、學號（id）、姓名（name），代表我們的 Student 資料表會儲存這三個屬性以及各自的資料型態，接著你可以先建置專案，讓 Xcode 自動產生所需要的檔案，按下 command + B 鍵，或者透過工具列區塊執行建置檔案。

圖 29.14　建置專案

　　如此一來，Xcode 就會依據你建置的 Entity 建立所需的類別，但是這個檔案你沒辦法透過專案目錄看到，卻可以於程式碼中使用。

　　接著我們就可以來操作 CoreData，首先我們要取得 Data Model 的 context（上下文），這部分因為我們於建立專案時有勾選「使用 CoreData」，因此 Xcode 自動增加對應的程式碼到 AppDelegate.swift 之中。

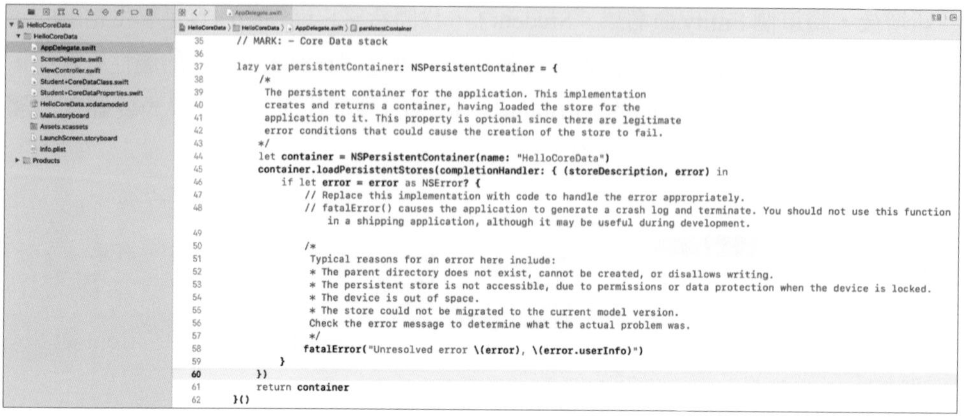

圖 29.15　CoreData 相關程式碼

　　因此，我們可以透過存取 AppDelegate 內的 PersistentContainer，接著取得對應的 Context：

```
// 取得 AppDelegate 實體
let appDelegate = UIApplication.shared.delegate as? AppDelegate
// 取得 PersistentContainer
let persistentContainer = appDelegate?.persistentContainer
// 取得 Context
let context = persistentContainer?.viewContext
```

　　如此一來，我們就取得 Context 了，要注意這邊都是可選型別，因此你可以透過可選綁定將這三個值轉換成一般的型態，接下來我們就可以透過 Context 進行資料庫的相關操作。

◈ 新增

　　我們透過 NSEntityDescription 來產生一個新增的物件，此外你要記得 import CoreData，才能使用 CoreData 的相關語法：

```
import CoreData
```

　　確定有 import 後，就可以將此語法加入：

```
let student = NSEntityDescription.insertNewObject(
    forEntityName: "Student",
    into: context) as? Student
```

這邊一共需要兩個參數，一個是 Entity 的名稱，另一個則是我們剛才獲取的 Context，最後將這個物件轉型成我們定義的 Student，如此我們就可以設置要儲存到資料庫內的資料：

```
student.name = "Jerry"
student.age = 30
student.id = "110123001"
```

最後，我們可以進行存檔，將這筆資料儲存到 CoreData 之中，透過 Context 來執行存檔的函式，並且捕捉可能的例外：

```
do {
    try context.save()
} catch {
    print(error.localizedDescription)
}
```

我們提過 CoreData 的底層還是使用 SQLite 進行資料庫的管控，如果你是透過模擬器進行練習的話，那麼你可以透過 NSHomeDirectory 取得 App 路徑，接著可以到「Library → Application Support」資料夾中找到我們的檔案。

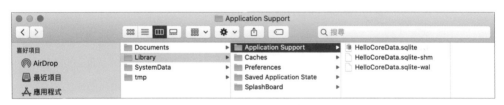

圖 29.16　**SQLite 檔案**

因此你可以透過讀取 SQLite 的工具來查看目前資料庫的內容，像是 DB Browser For SQLite 之類的免費工具，開啟後你應該可以看到剛才新增的內容。

圖 29.17　**資料庫內容**

這個階段的完整程式碼如下：

```swift
import UIKit
import CoreData


class ViewController: UIViewController {

    override func viewDidLoad() {
        super.viewDidLoad()
        if let appDelegate = UIApplication.shared.delegate as? AppDelegate {
            let persistentContainer = appDelegate.persistentContainer
            let context = persistentContainer.viewContext

            if let student = NSEntityDescription.insertNewObject(
                forEntityName: "Student",
                into: context) as? Student {

                student.name = "Jerry"
                student.age = 30
                student.id = "110123001"
                do {
                    try context.save()
                } catch {
                    print(error.localizedDescription)
                }
            }
        }
    }

}
```

到這邊你應該對使用 CoreData 有一些程度的了解，我們稍微總結一下步驟：

- 建置專案時勾選「Use Core Data」。

- 建立 Entity 與設置相關屬性。

- 寫程式之前，透過 command + B 鍵建置專案，讓 Xcode 產生對應的類別。

- 取得 AppDelegate 內的 PersistentContainer。

- 透過 PersistentContainer 取得對應的 Context。

- 透過Context來操作資料庫。

我們曾提到Xcode會透過建置專案自動產生對應的類別,但是你無法對這個類別做其他客製化而只能使用,這邊我們會說明如何將Entity的類別加入到我們的專案之中。

首先回到設計Entity的畫面之中,並且於屬性視窗將Codegen的選項改成「Manual/None」,代表我們要手動建立類別。

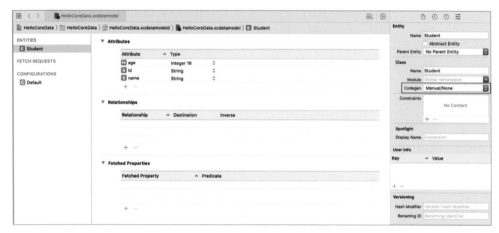

圖 29.18 **設置 Codegen**

接著我們透過工具列來幫助我們產生對應的類別。

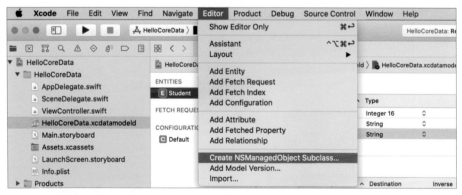

圖 29.19 **Create NSManagedObject Subclass**

這邊你必須特別注意的是,你的視窗類別一定要在設計資料庫的頁面,否則工具列不會將這個選項顯示出來。

選擇你的 Data Model，如圖 29.20 所示。

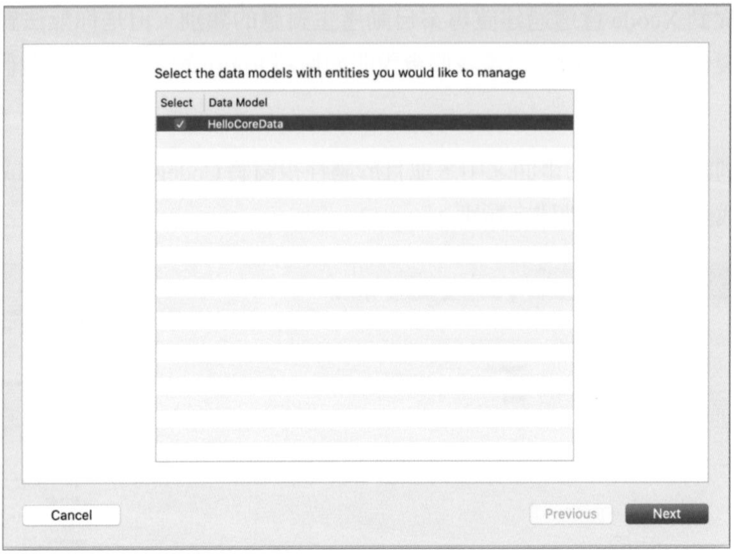

圖 29.20　**Data Model**

選擇你要建置的 Entity，如圖 29.21 所示。

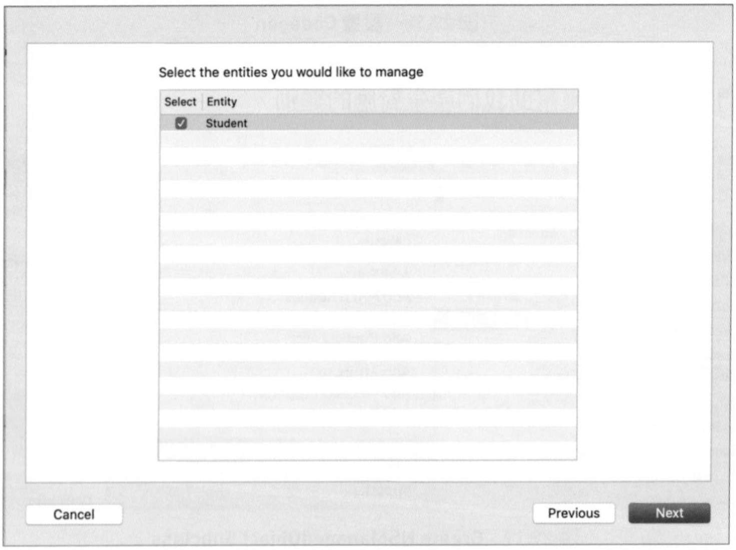

圖 29.21　**Entity**

如此一來，Xcode 將會產生對應的類別到你的專案之中。

> ▢ Student+CoreDataClass.swift
> ▢ Student+CoreDataProperties.swift

圖 29.22　**Student**

這麼一來，你就可以為它們增加額外的函式等，這兩種方法都可以讓你產生 Entity 對應的類別，你可以依據需求決定要使用哪種方法。

接著，我們繼續說明有關 CoreData 的方法：

◖ 讀取

要讀取 CoreData 內的資料，你也是需要透過 viewContext 才能進行操作，這邊一樣透過 AppDelegate 內的程式碼來取得對應的 Context：

```swift
if let appDelegate = UIApplication.shared.delegate as? AppDelegate {
    let persistentContainer = appDelegate.persistentContainer
    let context = persistentContainer.viewContext

}
```

接著，你必須建立一個請求，並且輸入要搜尋的資料表名稱：

```swift
let request = NSFetchRequest<NSFetchRequestResult>(entityName: "Student")
```

接著你就可以試著使用該請求來獲取資料，透過 viewContext 內的 fetch 函式，並且傳入剛才產生的請求，就會搜尋出對應的結果，別忘了進行轉型與捕捉可能的錯誤：

```swift
do {
    let students = try context.fetch(request) as? [Student]
} catch {
    print(error.localizedDescription)
}
```

如此一來，你就可以查找出該資料表內全部的資料，由於有可能是多筆，因此預設的格式為陣列，如果你想要於搜尋時就設置某些條件，那麼你可以使用 NSPredicate 來進行條件的設置。舉例來說，我們想查找出的內容為 age >= 30 以上的學生資料：

```
let predicate = NSPredicate(format: "age >= 30")
request.predicate = predicate
```

這樣一來，進行 Fetch 時就會依照你的條件來進行篩選，你可以依據需求決定要如何設置你的條件。

當然，如果你覺得該語法你不熟悉，你也可以將全部資料取出後，接著透過陣列的篩選語法來整理資料。

◉ 修改

要修改資料，你必須先透過搜尋將要修改的內容取出，接著進行修改，最後保存。舉例來說，我們想取出 Jerry 這筆資料，並且將他的年齡改成 31 歲。

設置搜尋條件為名稱「Jerry」：

```
let predicate = NSPredicate(format: "name = 'Jerry'")
request.predicate = predicate
```

透過 fetch 把對應的資料搜尋出來，並且進行修改，最後進行保存：

```
do {
    if let students = try context.fetch(request) as? [Student],
       let jerry = students.first {
        jerry.age = 31
        // 保存
        try context.save()
    }
} catch {
    print(error.localizedDescription)
}
```

如此一來，該筆資料就會將年齡改成 31 歲。

◉ 刪除

刪除資料與更新資料十分類似，你必須先搜尋出想要刪除的資料，我們一樣拿 Jerry 這個例子來說明，使用一樣的條件就可以搜尋出 Jerry 這筆資料：

```
let request = NSFetchRequest<NSFetchRequestResult>(entityName: "Student")
let predicate = NSPredicate(format: "name = 'Jerry'")
request.predicate = predicate

do {
    if let students = try context.fetch(request) as? [Student],
        let jerry = students.first {

    }
} catch {
    print(error.localizedDescription)
}
```

接著我們一樣得透過 viewContext 來進行操作，我們呼叫 delete 函式，並且將你要刪除的資料放入其中，最後別忘記保存資料：

```
context.delete(jerry)
try context.save()
```

如此一來，你應該對操作 CoreData 有一定程度的理解了，簡單來說，所有的操作都得透過 viewContext 來進行。由於每個操作都有失敗的可能性，因此要進行 do catch 進行錯誤捕捉。最後要注意的是，使用時有可能因為輸入錯字，而導致操作錯誤。

30

CHAPTER

計時器與多執行緒

30.1 Timer

Timer（計時器）是經過一定時間間隔後觸發的計時器，如果你需要固定時間執行固定的任務，就可以使用 Timer 來達成，像是倒數計時等。

我們可以建立一個專案，並且建立一個全域變數，資料型態為 Timer，且設置為可選型別：

```
var timer: Timer?
```

接著於 viewDidLoad 時將這個 Timer 排入到進程之中，這邊有許多的參數必須輸入：

- timeInterval: TimeInterval：間隔秒數。

- target: Any

- action: Selector：要執行的函式目標與函式。

- userInfo: Any?：夾帶於 Timer 內的參數。

- repeats: Bool：是否要重複執行。

因此我們要先設置一個當 Timer 觸發時的函式：

```
@objc func sayHello(timer: Timer) {
    print("Hello")
}
```

這麼一來，我們就可以設置 Timer 了：

```
override func viewDidLoad() {
    super.viewDidLoad()
    timer = Timer.scheduledTimer(
        timeInterval: 1,
        target: self,
        selector: #selector(sayHello(timer:)),
        userInfo: nil,
        repeats: true)
}
```

一切都設定完成後，你可以試著執行專案，接著你會於終端機中看到每隔一秒就輸出一次 Hello。

圖 30.1　**透過 Timer 輸出的資料**

如果你需要將 Timer 停止，那麼你可以呼叫 invalidate，將它終止執行：

```
timer?.invalidate()
```

這邊要特別小心，如果你於 UIViewController 等頁面使用 Timer，那麼要在離開頁面的函式中將 Timer 停止，否則 Timer 會一直於背景中執行，進而產生不可預期的錯誤：

```
override func viewDidDisappear(_ animated: Bool) {
    super.viewDidDisappear(animated)
    timer?.invalidate()
}
```

我們有提到可以透過 userInfo 將資料傳入到執行的函式之中，你可以將內容使用字典來包裝，這麼一來你就可以一口氣傳遞許多資訊：

```
let userInfo: [String: Any] = ["name": "Jerry", "age": 30]
timer = Timer.scheduledTimer(
    timeInterval: 1,
    target: self,
    selector: #selector(sayHello(timer:)),
    userInfo: userInfo,
    repeats: true)
```

取出資訊：

```
if let userInfo = timer.userInfo as? [String: Any],
    let name = userInfo["name"] {
```

```
    print("Hello \(name)")
}
```

如此你應該對如何使用 Timer 有一定程度的瞭解了，如果你有需要重複執行的任務，那麼就可以使用 Timer 來達成任務。

接下來提供另外一個例子，假設我們要倒數計時 10 秒，每經過一秒都會更改 UILabel 的文字內容，時間到時將 UILabel 顯示的文字改成新年快樂，首先你必須增加一個 UILabel，並且設置對應的 IBOutlet：

```swift
@IBOutlet var infoLabel: UILabel!
```

接著我們可以設置倒數計時的函式，你必須提供一個變數來記錄現在還剩下幾秒，每執行一次函式會減少一秒，當秒數歸零時停止 Timer，並且更改 UILabel 的內容：

```swift
class ViewController: UIViewController {
    @IBOutlet var infoLabel: UILabel!
    var seconds = 10
    var timer: Timer?

    override func viewDidLoad() {
        super.viewDidLoad()
        timer = Timer.scheduledTimer(
            timeInterval: 1,
            target: self,
            selector: #selector(countdown(timer:)),
            userInfo: nil,
            repeats: true)
    }

    @objc func countdown(timer: Timer) {
        seconds -= 1
        if seconds == 0 {
            // 時間到
            infoLabel.text = "新年快樂"
            timer.invalidate()
        } else {
            infoLabel.text = "\(seconds)"
```

```
        }
    }

}
```

這麼一來，將會倒數計時 10 秒鐘，每間隔一秒將會觸發一次該函式，並且將剩餘秒數減少，當剩餘秒數爲 0 時停止 Timer，並且更改成「新年快樂」。

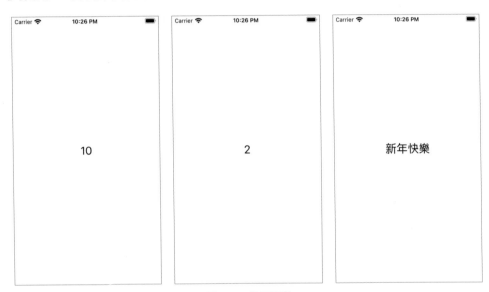

圖 30.2　**執行過程**

30.2　GCD

我們在第 27 章提過 App 擁有多執行緒，網路的操作必須於非主執行緒中執行，而 UI 相關的操作則是必須於主執行緒進行操作，GCD（Grand Central Dispatch）是蘋果提供的一套用於處理分派多執行緒任務操作的架構。

GCD 是採用 Queue 來排定代辦工作，採用先進先出（FIFO）的特性進行管控，也就是先排定的工作先執行，我們可以透過以下的建構子，輸入對應的辨識碼來產生 Queue：

```
let queue = DispatchQueue(label: "MyQueue")
```

接下來，我們必須說明以下概念：

⬡ 同步（Synchronous）

同步執行模式中，程式執行時，直到任務結束前都不會離開該區塊，簡單來說，一般情況下函式的執行其實就是同步的，由上而下，執行完才會執行下一個任務。

⬡ 非同步（Asynchronous）

與同步不同，非同步任務於程式執行時，這個函式區塊並不會等待裡面的內容完成，因此非同步模式並不會於任務執行完成，才接著執行下一個任務。

舉例來說，我們透過 Queue 來建立同步模式的任務區塊：

```
let queue = DispatchQueue(label: "MyQueue")
queue.sync {
    for _ in 1...3 {
        print("A")
    }
}


for _ in 1...3 {
    print("B")
}
```

因為我們建立的是同步模式，因此這邊的結果應該會如下：

```
A
A
A
B
B
B
```

同步模式的情況下，程式碼會依序執行，先執行完 Queue 所建立的任務後，才會接續後面的程式執行。

接下來我們可以試著將模式改成非同步（Asynchronous），非同步的任務區塊會開啟一條新的執行緒，因此後續的程式碼區塊並不需要等待任務完成，會一併執行：

```
let queue = DispatchQueue(label: "MyQueue")
queue.async {
    for _ in 1...3 {
        print("A")
    }
}

for _ in 1...3 {
    print("B")
}
```

30

　因此這次的輸出結果將會每次都不太一樣，由於輸出 A 與輸出 B 的迴圈是同時執行的，所以結果將會與同步執行不相同。

　這邊我們學會了透過辨識碼來建立 Queue，並且可以建立不同模式的任務區塊：

```
// 同步
queue.async {
    // 任務區塊
}
// 非同步
queue.sync {
    // 任務區塊
}
```

⬡ DispatchQoS

　DispatchQoS 是用於定義該 Queue 的優先順序，透過上面的例子可知道 Queue 有分同步與非同步。非同步的情況下，會依照 DispatchQoS 來決定哪個 Queue 的內容先執行，一共有六個優先級，先後順序的排序如下：

- userInteractive

- userInitiated

- default

- utility

- background

- unspecified

Queue 的種類

Queue 的種類有分 Serial（序列）與 Concurrent（串列）兩種：

- Serial：序列代表 Queue 內的工作是依照順序執行的，一次只執行一個，當該任務完成後，才會繼續執行一個。
- Concurrent：串列代表佇列內的工作是同時執行的，因此不需要等待上一個任務完成，才會繼續執行，而串列任務沒辦法預期哪個任務先被完成。

預設建立的 Queue 為 Serial，也就是任務會依序執行：

```
let queue = DispatchQueue(label: "MyQueue")

queue.async {
    for _ in 1...10 {
        print("A")
    }
}
queue.async {
    for _ in 1...10 {
        print("B")
    }
}
queue.async {
    for _ in 1...10 {
        print("C")
    }
}
```

執行結果為 A、B，最後才是 C，依照任務建立順序執行。

接著，我們試著建立 Concurrent 的 Queue，並且執行任務：

```
let queue = DispatchQueue(label: "MyQueue",
                          attributes: .concurrent)

queue.async {
    for _ in 1...10 {
        print("A")
    }
}
```

```
queue.async {
    for _ in 1...10 {
        print("B")
    }
}
queue.async {
    for _ in 1...10 {
        print("C")
    }
}
```

這時你會發現每次執行的結果都不一樣，而每個任務都會同時執行，但是結束的時間點並不保證是哪個任務先。

這邊稍微總結一下：

● 同步與非同步：代表是否會等待任務完成。

● Serial 與 Concurrent：代表是否會同時執行任務。

● DispatchQoS：優先順序。

DispatchGroup

你可以透過 DispatchGroup 來管理各個 Queue，當你有多個任務同時要執行，又想知道所有任務執行結束的時間點時，你就可以使用 DispatchGroup 來管理。舉例來說：

```
let group = DispatchGroup()

let queue1 = DispatchQueue(label: "MyQueue")
queue1.async(group: group) {
    print(" 執行任務 1")
    sleep(5)
    print(" 任務 1 完成 ")
}

let queue2 = DispatchQueue(label: "MyQueue")
queue2.async(group: group) {
    print(" 執行任務 2")
    sleep(3)
```

```
    print(" 任務 2 完成 ")
}

group.notify(queue: .main) {
    print(" 任務都執行完成了 ")
}
```

　　你可以於建立 Queue 的任務時，增加一個參數代表要加入到 Group 之中，當所有的 Group 內的任務都執行完成後，會執行 Group 內的 notify 區塊，代表你要通知哪個 Queue。這邊我們透過 sleep 假裝費時的任務，任務 1 與任務 2 會同時進行，當兩個任務完成後，會通知 Group 任務都完成了。

　　Group 對處理非同步任務十分重要，也許你有多個網路下載的請求，當請求全部完成後，要通知主執行緒更改 UI，就可以依照上面的寫法來當範例。

第三方套件管理工具

網路上有許多熱心開發者會將程式碼封裝成套件（Framework）給大家使用，像是客製化畫面、網路相關的處理、資料存取的處理等，我們可以透過使用這些套件來加速軟體開發的速度，也能透過觀看套件原始碼來學習大神們的程式思維，因此學習如何使用套件也是開發 App 十分重要的工作。

GitHub（URL http://github.com）是透過 Git 進行版本控制的原始碼代管服務平台，也是最多人分享開源程式碼的地方，我們可以於 GitHub 網站中搜尋到許多 iOS 套件，可以直接將相關程式碼直接複製到專案進行使用，但是這不是一個太聰明的作法，若是套件改版了，或者想要替換套件的使用，都必須手動進行更新與刪除，因此我們可以使用套件管理工具來提升使用套件的效率。

31.1 Cocoapods 簡介與安裝

Cocoapods（URL http://cocoapods.org）是使用 Ruby 開發的一個管理套件的工具，也是開發 iOS 中最常見的管理套件工具，基本上大部分的開源套件都支援 Cocoapods 進行管控，Objective-C 與 Swift 都可以使用，如果你只想學一套管理套件的工具，那麼 Cocoapods 就是你的唯一選擇，我們可以透過上述網址前往 Cocoapods 的官方網站學習如何安裝。

安裝 Cocoapods 時，首先你必須開啓終端機（terminal），並於終端機中輸入：

```
sudo gem install cocoapods
```

按下 Enter 鍵後，終端機會提示你輸入密碼。將密碼輸入完成後，按下 Enter 鍵就會開始安裝的程序，整個安裝的程序大概會花上幾十分鐘，等待完成後就可以開始使用。

圖 31.1 **安裝 Cocoapods**

31.2　試用 Cocoapods

　　我們可以試著開啓一個專案，並且隨意的命名，接著我們試著使用 IQKeyboard Manager 這個套件，這個套件是用於處理鍵盤向上滑動時，會蓋住輸入框的問題。舉例來說，我們有一個輸入框，當使用者點選後，鍵盤向上滑動展開，卻把輸入框遮起來了，這對使用者的體驗十分糟糕。

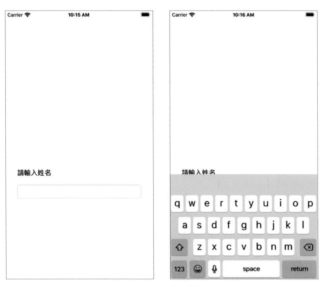

圖 31.2　鍵盤遮住輸入框

　　我們可以透過使用該套件來處理此問題，這個套件的詳細資訊可以參考下列網址：
URL https://github.com/hackiftekhar/IQKeyboardManager，透過網站的說明，我們得知透過 Cocoapods 安裝此套件，需要使用以下的指令：

```
pod 'IQKeyboardManagerSwift'
```

　　先透過終端機前往專案目錄，於終端機使用以下的指令前往目錄：

```
cd 目錄路徑
```

　　如果不知道專案目錄的話，可以透過以下的技巧前往，將終端機與專案資料夾同時開啓，接著輸入 cd 與空白，將專案資料夾直接拖曳到終端機視窗上。

圖 31.3　拖曳專案資料夾到終端機視窗

　　此時專案資料夾的路徑就會自動輸入到終端機之中，接著按下 Enter 鍵，就會前往專案資料夾了。接下來我們使用指令，讓 Cocoapods 建立所需要的檔案到我們的專案目錄之中，於終端機輸入以下的指令：

```
pod init
```

　　稍待片刻後，你的專案目錄應該會增加一個 Podfile 的文字檔，這個文字檔是 Cocoapods 用於管理專案需要使用哪個套件之用，我們將這個檔案打開，會看到以下的內容：

```
# Uncomment the next line to define a global platform for your project
# platform :ios, '9.0'

target 'CocoapodsTest' do
  # Comment the next line if you don't want to use dynamic frameworks
  use_frameworks!

  # Pods for CocoapodsTest

end
```

　　「#」符號代表的意思是註解，就如同 Swift 的「/」一樣，我們可以於 target xxx do end 中間的區塊加入我們要使用的套件，將 IQKeyboardManager 所得知的語法加入到其中，此時你的 Podfile 應該會像以下的樣子：

```
# Uncomment the next line to define a global platform for your project
# platform :ios, '9.0'

target 'CocoapodsTest' do
  # Comment the next line if you don't want to use dynamic frameworks
  use_frameworks!

  # Pods for CocoapodsTest
  pod 'IQKeyboardManagerSwift'

end
```

接著我們於終端機中輸入以下的指令，終端機的位置還是必須於專案目錄底下：

```
pod install
```

稍等片刻後，Cocoapods 就會將 IQKeyboardManager 下載，並且讓你的專案可以使用。安裝完畢後，你會發現專案目錄底下多了許多檔案，其中最大的變化就是多了一個 workspace，我們若是要使用 Cocoapods 來管理套件的話，未來的開發就必須得在 workspace 之上，我們若是開啓過往熟悉的 proj 檔來進行開發的話，你會發現有許多錯誤而沒辦法正常運作，但是不用太過擔心，只需要改開啓 workspace，一切就跟原本的相同了。

圖 31.4　**安裝完畢後的專案目錄**

接著我們開啓 workspace，你會發現左邊除了原本的專案外，多了一個 Pods 的專案，這就是 Cocoapods 用於管理套件的方法，透過 workspace 將專案與套件分開管理，我們點開 Pods 專案的 Pods 資料夾，會看到 IQKeyboardManager 資料夾，因爲我們剛才透過指令將此套件下載，並使用於我們的專案之中。

圖 31.5　**IQKeyboardManager**

　　我們試著使用這個套件，透過網站得知，我們只需要於 AppDelegate 中開啓 IQKeyboardManager，就可以處理鍵盤遮住輸入框的問題了，因此我們開啓 AppDelegate.swift，先將此套件透過 import，使 AppDelegate.swift 可以使用此套件，接著於 didFinishLaunchingWithOptions 中將 IQKeyboardManager 開啓，最終你的 AppDelegate.swift 應該會像以下的樣子：

```swift
import UIKit
import IQKeyboardManagerSwift

@UIApplicationMain
class AppDelegate: UIResponder, UIApplicationDelegate {

    func application(_ application: UIApplication, didFinishLaunchingWithOptions launchOptions:
[UIApplication.LaunchOptionsKey: Any]?) -> Bool {
        // 開啟 IQKeyboardManager
        IQKeyboardManager.shared.enable = true
        return true
    }

}
```

　　我們試著執行專案，你會發現神奇的事情發生了，原本會被遮住的輸入框，會自動往上推移了。

圖 31.6　**鍵盤不會蓋住輸入框**

　　這個套件還有提供許多功能，如果你想要讓使用者點選空白處自動收合鍵盤的話，可以增加以下的程式碼來開啓此功能：

```
IQKeyboardManager.shared.shouldResignOnTouchOutside = true
```

　　如此一來，你應該對使用 Cocoapods 有一些基本的認識了，如果要增加多個套件，只需要於 Podfile 之中增加 pod 後，再使用終端機進行安裝的指令即可。

　　如果你想要移除某個不想使用的套件，你只要在 Podfile 中移除該套件的 pod 後，接著於終端機進行安裝的指令，Cocoapods 就會自動將套件移除，但是程式碼的部分還是必須手動移除才可以。

31.3　Carthage 簡介與安裝

　　Carthage 是一款較新的管理套件工具，比起 Cocoapods，使用起來更加方便且輕巧，Carthage 也是一款使用 Swift 開發的管理套件工具，我們可以透過以下的網址前往 Carthage 的官方網站：URL https://github.com/Carthage/Carthage。

Carthage 一樣必須安裝後才能使用，根據官方的建議，我們可以使用 Homebrew 來進行安裝，透過以下網址前往 Homebrew 網站：URL https://brew.sh/。

根據 Homebrew 網站的安裝教學，我們於終端機中輸入此指令：

```
/bin/bash -c "$(curl -fsSL https://raw.githubusercontent.com/Homebrew/install/master/install.sh)"
```

你也可以直接透過 Homebrew 網站，複製該指令到終端機中進行安裝，安裝完成後，我們就可以使用 Homebrew 來安裝 Carthage，輸入以下指令安裝 Carthage：

```
brew install carthage
```

安裝完畢後，我們可以輸入以下指令，確認安裝是否成功：

```
carthage version
```

31.4 使用 Carthage

我們開啓一個新的專案來試試看，這邊我們一樣使用 IQKeyboardManager 這個套件來進行測試。新增完專案後，我們於專案目錄中增加一個文字檔，並且將檔案名稱命名為「Cartfile」，將此檔案開啓後，輸入套件方提供的安裝指令，IQKeyboardManager 所提供的指令如下：

```
github "hackiftekhar/IQKeyboardManager"
```

輸入完畢後進行存檔，接著開啓終端機前往專案目錄，並且輸入以下的指令，以讓 Carthage 進行下載並封裝套件，這邊必須等待一段時間完成：

```
carthage update
```

說明　如果你使用的套件有支援 macOS、tvOS、watchOS 的話，也會一併下載，你可以依照你的需求決定要下載哪個檔案，這樣可以比較省時。

- iOS

```
carthage update --platform iOS
```

- macOS

```
carthage update --platform macOS
```

- tvOS

```
carthage update --platform tvOS
```

- watchOS

```
carthage update --platform watchOS
```

安裝完畢後，你的專案會多出 Carthage 的資料夾，我們可以從裡面的 Build 資料夾中看到它編譯完成的 Framework。

圖 31.7　編譯完成的 Framework

接下來開啟我們的專案，並且於 Build Phases 增加一個 Run Script Phase。

圖 31.8　增加 Run Script Phase

接著將以下的內容複製到 Shell 之中：

```
/usr/local/bin/carthage copy-frameworks
```

Input Files 增加你的套件路徑：

```
$(SRCROOT)/Carthage/Build/iOS/IQKeyboardManagerSwift.framework
```

Output Files 也增加套件路徑：

```
$(BUILT_PRODUCTS_DIR)/$(FRAMEWORKS_FOLDER_PATH)/IQKeyboardManagerSwift.framework
```

Input 與 Output 基本上就只有最後一段 framework 名稱不同，其他就複製貼上就可以了，如果你有多個套件，記得每個都要加上 Input 與 Output。

此時你的 Run Script 檔案應該會像下列這個樣子。

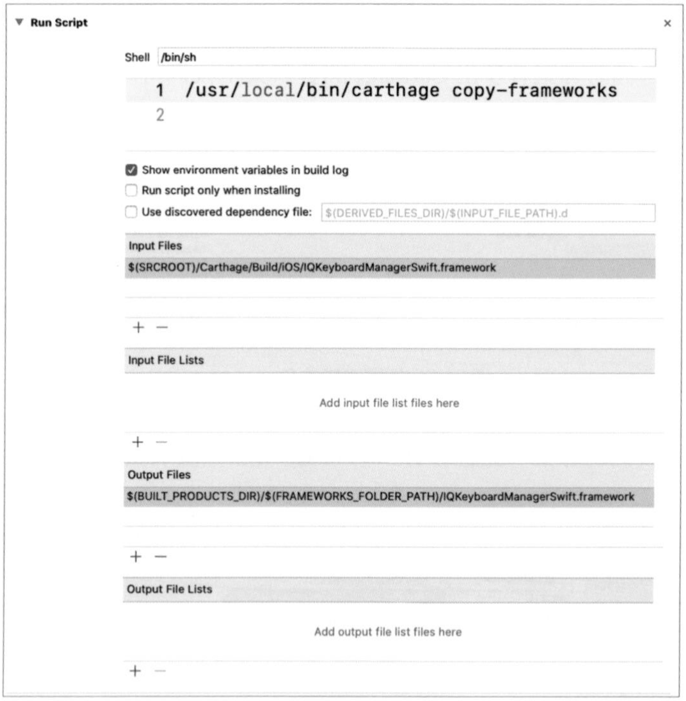

圖 31.9　**Run Script**

接下來我們可以將套件加入到專案之中了，點選「Targets → Build Phases → Link Binary With Libraries」。

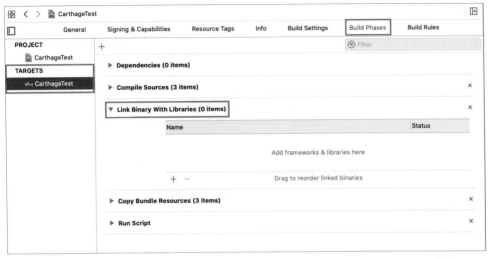

圖 31.10　設置 Link Binary With Libraries

接著點選「＋」按鈕，並選擇「Add Files」，到 Build 資料夾中選擇套件的 Framework 加入到專案之中。

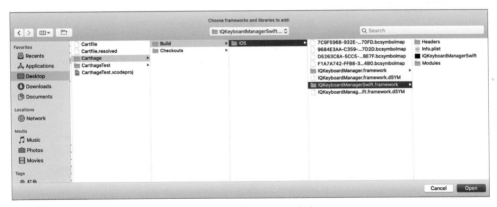

圖 31.11　選擇套件加入專案

圖 31.12　加入套件到專案之中

接下來，我們一樣試著使用看看這個套件，相關程式碼可以參考 Cocoapods 章節提供的程式碼，整體來說，Carthage 使用起來十分方便，不像 Cocoapods 一樣將專案使用 workspace 的形式管理，而是透過下載後打包成 framework，再加入到專案之中。

31.5 Swift Package Manager

SPM（Swift Package Manager）是由蘋果公司所提供的第三方套件管理工具，你不需要安裝任何額外的工具，透過 Xcode 就可以直接使用了。這邊我們一樣拿 IQKeyboardManager 這個第三方套件來當範例，首先新增一個專案後，你可以於專案設定中選擇「Swift Packages」來進行設定。

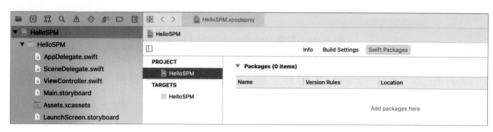

圖 31.13　設置 Swift Package

接下來，我們可以到第三方套件的說明頁面，正常來說，如果有支援 SPM 的話，會提供安裝的說明。

Installation with Swift Package Manager

Swift Package Manager(SPM) is Apple's dependency manager tool. It is now supported in Xcode 11. So it can be used in all appleOS types of projects. It can be used alongside other tools like CocoaPods and Carthage as well.

To install IQKeyboardManager package into your packages, add a reference to IQKeyboardManager and a targeting release version in the dependencies section in `Package.swift` file:

```
import PackageDescription

let package = Package(
    name: "YOUR_PROJECT_NAME",
    products: [],
    dependencies: [
        .package(url: "https://github.com/hackiftekhar/IQKeyboardManager.git", from: "6.5.0")
    ]
)
```

To install IQKeyboardManager package via Xcode

- Go to File -> Swift Packages -> Add Package Dependency...
- Then search for https://github.com/hackiftekhar/IQKeyboardManager.git

圖 31.14　**安裝說明**

我們得知安裝的方式要先輸入 Git 的網址，如圖 31.15 所示。

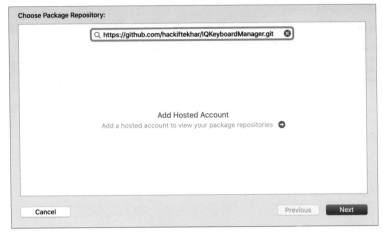

圖 31.15　**搜尋套件**

接著你可以選擇版本與分支，如圖 31.16 所示。

圖 31.16　**選擇版本**

　接下來，Xcode 將會安裝你所搜尋的套件到你的專案之中，此時你的專案應該會看到我們剛才新增的 IQKeyboardManagerSwift 這個套件。

圖 31.17　**安裝結果**

最後就可以於你想使用的頁面使用了，記得要 import 它：

```
import UIKit
import IQKeyboardManagerSwift

@UIApplicationMain
class AppDelegate: UIResponder, UIApplicationDelegate {

    func application(_ application: UIApplication, didFinishLaunchingWithOptions launchOptions:
[UIApplication.LaunchOptionsKey: Any]?) -> Bool {
        // 開啟 IQKeyboardManager
        IQKeyboardManager.shared.enable = true
        return true
    }

}
```

31.6　常用的第三方套件

下表介紹一些常用的第三方套件，你可以試著閱讀文件，接著使用看看，未來也許對你的專案會有幫助。

套件	網址	說明
Alamofire	URL https://github.com/Alamofire/Alamofire	用於處理網路請求。
Kingfisher	URL https://github.com/onevcat/Kingfisher	用於處理下載圖片。
Charts	URL https://github.com/danielgindi/Charts	用於繪製圖表。
SwiftyJSON	URL https://github.com/SwiftyJSON/SwiftyJSON	用於處理 JSON 資料。
SwiftLint	URL https://github.com/realm/SwiftLint	用於檢視程式碼撰寫風格。
Awesome Swift	URL https://github.com/matteocrippa/awesome-swift	整理了各種 Swift 套件的網站。

32

上架App

開發 App 的最終目標就是要上架到 App Store 提供給大家下載，透過先前的章節，你應該有能力開發出心目中的 App 了，你可以設置一些 App 目標來進行開發，最後上傳到 App Store 之中，當作學習 iOS App 開發的期末作業。

32.1 iOS 版本

iOS 每年都會更新一個版本，我們可以於專案設定中指定要支援的 iOS 版本，如果你完全沒設定的話，該專案就會預設為當前的最高版本，但是其實不太推薦設定這麼高的版本號，主要的原因是使用者不一定全部都更新了，低於你設定的版本號的使用者，將沒辦法透過 App Store 搜尋到你上架的 App。

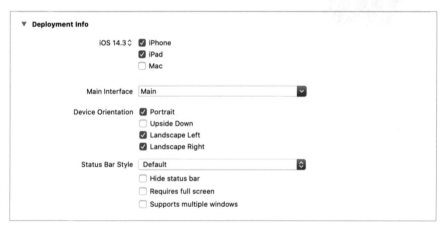

圖 32.1　設置 iOS 版本號與支援的設備

iPhone 的用戶算是十分給蘋果公司面子的，因此大部分的用戶都會選擇更新，這邊你可以選擇支援上一個版本的所有用戶，這麼一來就可以涵蓋大部分使用者，又能使用較新的內容，舉例來說，目前最新的版本為 iOS 14，因此你的新的 App 就可以設置為 iOS 13，大部分情況下，你只要設置前一個版本，通常就可以滿足 90% 以上的用戶。

如果你需要一些比較有利的證據，那麼你可以訪問蘋果的網站（ URL https://developer.apple.com/support/app-store/），來了解目前用戶裝置的 iOS 版本占比為何。

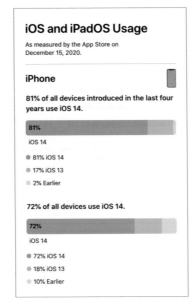

圖 32.2　用戶版本占比

　　如果你的程式碼用到較新的語法時，但是又得支援老用戶，這時你可以透過 #available 語法來指定特定區域的語法爲某個版本號以後才能使用。舉例來說，之前有提到 UIDatePicker 於 iOS 14 中增加了新的樣式，該語法就是 iOS 14 才可以使用的，如果你的專案支援 iOS 14 以前的話，又想存取該屬性的話，你就可以像以下的樣子來處理：

```
if #available(iOS 14.0, *) {
    datePicker.preferredDatePickerStyle = .inline
}
```

32.2　設置獨一無二的 Bundle Identifier

　　你必須爲你的 App 專案設置獨一無二的 Bundle Identifier，因爲要上架到 App Store 之中，這個辨識文字必須是唯一的，因此你必須小心設置，不能與其他的 App 重複，否則可能沒辦法上架。

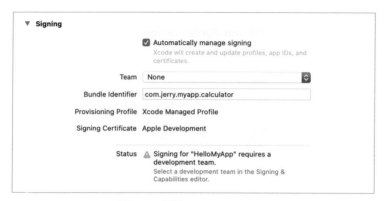

圖 32.3　設置 Bundle Identifier

32.3 ## 註冊 Apple Developer Program

　　如果要上架 App 的話，你必須要加入蘋果開發者計畫，可以存取以下的網站進行申請：URL https://developer.apple.com/programs/。

　　這邊要注意的是，你必須繳納 99 美金左右的費用，申請完帳號後，等個數天應該會收到蘋果公司的發票。

品項編號	產品編號	產品說明	出貨數量	單位價格 (不含加值稅)	金額 (不含加值稅)	加值稅 %	加值稅總額
000010	D4521G/A	APPLE DEVELOPER PROGRAM	1	3,238.00	3,238.00	5.00	162.00

圖 32.4　購買證明

　　你購買完成後，你存取開發者網站（URL https://developer.apple.com/）時，應該就可以使用對應的功能了。

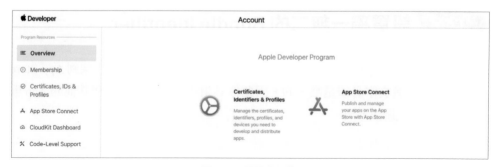

圖 32.5　開發者網站

你會發現畫面中央有兩個按鈕，分別是管理憑證與辨識碼的功能以及 App Store
Connect，這邊我們先選擇左邊的按鈕。如果你要上架 App，就必須要先於該網站註
冊，並且確定你所定義的辨識符號是獨一無二的。

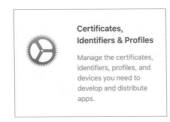

Certificates,
Identifiers & Profiles

Manage the certificates,
identifiers, profiles, and
devices you need to
develop and distribute
apps.

圖 32.6　**管理憑證**

接著我們選擇「Identifiers」，並且點擊加號按鈕。

 Developer

Certificates, Identifiers & Profiles

Certificates

Identifiers

Devices

Profiles

Keys

More

Identifiers ⊕

NAME	IDENTIFIER

圖 32.7　Identifiers

你會看到有許多選項可以選擇，這邊我們選擇「註冊 App IDs」，用於上架 App 之
用。

Certificates, Identifiers & Profiles

‹ All Identifiers

Register a new identifier

Continue

● **App IDs**
Register an App ID to enable your app, app extensions, or App Clip to access available services and identify
your app in a provisioning profile. You can enable app services when you create an App ID or modify these
settings later.

圖 32.8　App IDs

下一步，我們選擇種類爲「App」。

‹ All Identifiers

Register a new identifier   Back Continue

Select a type

| App | App Clip |

圖 32.9　**App**

最後，你要輸入該 App 的辨識符號以及描述。

‹ All Identifiers

Register an App ID   Back Continue

Platform   App ID Prefix
iOS, macOS, tvOS, watchOS   WCLU35J656 (Team ID)

Description   Bundle ID ● Explicit ○ Wildcard
MyApp   com.DolphinBro.MyApp

You cannot use special characters such as @, &, *, ', ", -, -.   We recommend using a reverse-domain name style string (i.e.,
                                  com.domainname.appname). It cannot contain an asterisk (*).

圖 32.10　**設置 Bundle ID**

32.4　App Store Connect

我們新增完 App ID 後，就可以前往 App Store Connect 網站（[URL] https://appstorec
onnect.apple.com/）進行上架前的設置，你可以存取以下的網站並登入開發者帳號。

這個網站是專門用於管理你的 App 的網站，你可以於這個網站上架 App，以及觀
看各種統計資料，例如：下載量以及使用者評價等。

圖 32.11　**App Store Connect**

接下來你選擇「我的 App」，這邊可以看到所有你上架的 App，我們可以選擇左上方的加號按鈕，來新增一個 App。

圖 32.12　新的 App

接著會彈出一個輸入框，你要輸入 App 名稱、主要語言，以及對應的套件辨識碼，也就是上一個章節我們新增的 App ID。

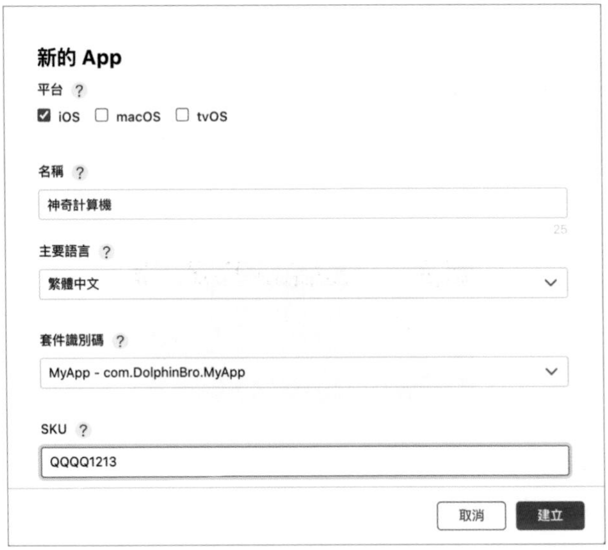

新的 App

平台　?

☑ iOS　☐ macOS　☐ tvOS

名稱　?

神奇計算機

25

主要語言　?

繁體中文

套件識別碼　?

MyApp - com.DolphinBro.MyApp

SKU　?

QQQQ1213

取消　建立

圖 32.13　建立新的 App

如此一來，即建立完成了，你可以看一下上架 App 需要哪些必要的資訊，可以先行填入，並且上傳一些截圖等。

圖 32.14　建置完成

32.5　於 Xcode 設置開發者帳號

接著你可以於 Xcode 之中設置開發者帳號了。開啓 Xcode 後，於左上方的選單中開啓。

圖 32.15　Preferences

選擇「Accounts」，並且點選加號按鈕來新增一個 Apple ID。

圖 32.16　設置 Apple ID

接著輸入正確的帳號與密碼,就可以於 Xcode 之中新增一個 Apple ID,如果一切正確,你應該可以看到你的帳號新增到 Xcode 之中了。

最後,你需要在你的專案設置中,將 Team 設置成你的開發者帳號。

圖 32.17　**設置開發者帳號**

接著,你可以試著將 App 安裝到你的 iOS 裝置之中,你的專案只要與開發者帳號關聯起來後,就可以安裝到 iOS 裝置之中。於選擇裝置的地方,選擇你的 iOS 實體裝置。

圖 32.18　**設置實體裝置**

如果是第一次使用實體裝置來測試 App,Xcode 應該會需要你註冊手機,讓手機的裝置代碼加入到你的開發者帳號之中,如此一來就可以安裝 App 到你的手機之中了。

32.6 設置屬於你的 icon

要上架 App 前，你必須要先設置 icon，我們點開專案內的 Assets.xcassets，會發現有一個選項為「AppIcon」，並且有各種不同的 Size 提供你設置。

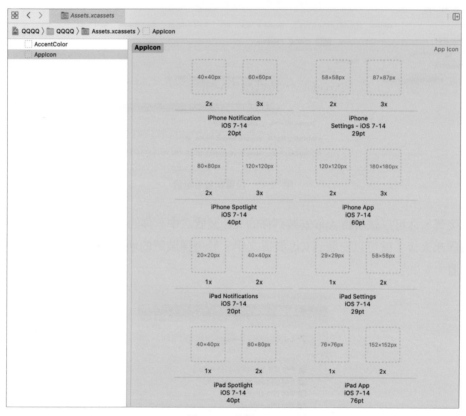

圖 32.19　設置 icon

你必須將這些 icon 設置後才可以上架，你可使用繪圖軟體進行設計，但你會發現有太多解析度的圖片要放置了，這邊有一個相對方便的方法，有一個網站（URL https://makeappicon.com/）只需要提供最高解析度的圖片，網站就會自動縮放所有需要的圖片，並且郵寄給你，算是一個十方方便的網站。

這個網站說你只需要提供 1546×1536 的圖片，就可以自動產生出所有需要的圖片，算是十分有效率的一個處理方式。

32.7　透過 Archive 打包 App

當設置完開發者帳號與 icon 後，並且確定沒有 Bug 後，你就可以使用 Xcode 來打包 App。首先你必須將運行環境修改成 Any iOS Device。

圖 32.20　**設置為 Any iOS Device**

下一步選擇上方的「Product」，再選擇「Archive」。

圖 32.21　**Archive**

等待數分鐘後，你應該可以看到以下的畫面，這邊就是你 Archive 的 App，你可以依據版本號與日期區別是何時打包的。

圖 32.22　**封存完成**

接著我們選擇「Distribute App」，然後有數個選項，我們選擇第一個，將這個打包的 App 上傳到 App Store Connect 之中。

圖 32.23　上傳到 App Store Connect

基本上，你只需要一直按「Next」按鈕，等待片刻後，應該就可以上傳成功，如同以下的畫面。

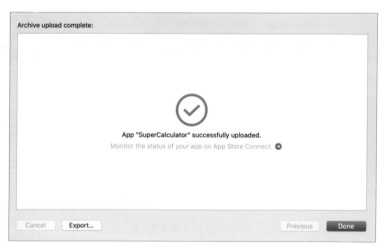

圖 32.24　上傳成功

最後，我們回到 App Store Connect 之中，稍待片刻後，我們可以選擇建置版本，將剛才上傳的 App 成為我們要送審的 App 內容。

iOS App 2.3

版本資訊

建置版本 ⊕

請使用其中一項工具，來上傳您的建置版本。查看上傳工具

提交 App 之前請先選取建置版本

圖 32.25　**建置版本**

新增建置版本

建置版本	版本	提供輕巧 APP
◉ 🔲　1	2.3	否

取消　　完成

圖 32.26　**新增建置版本**

　　最後，如果你上傳的 App 還有一些問題，想要進行改版，你必須變更版本號或者是建置號，才能進行上傳。

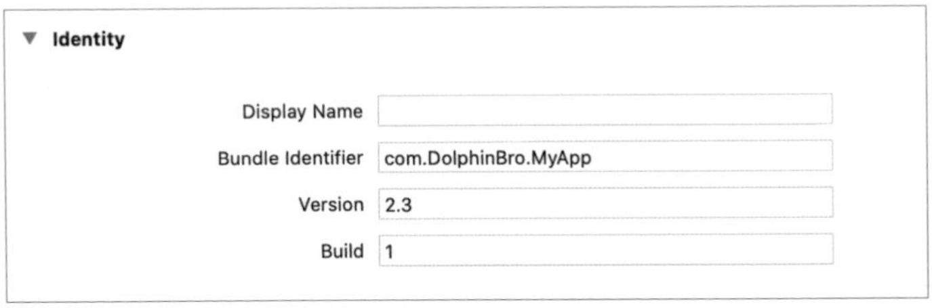

▼　**Identity**

Display Name	
Bundle Identifier	com.DolphinBro.MyApp
Version	2.3
Build	1

圖 32.27　**版本號與建置號**

讀者回函

讀 者 回 函

感謝您購買本公司出版的書，您的意見對我們非常重要！由於您寶貴的建議，我們才得以不斷地推陳出新，繼續出版更實用、精緻的圖書。因此，請填妥下列資料(也可直接貼上名片)，寄回本公司(免貼郵票)，您將不定期收到最新的圖書資料！

購買書號： 書名：

姓　　名：＿＿＿＿＿＿＿＿＿＿＿＿＿＿＿＿＿＿＿＿＿＿＿

職　　業：□上班族　　□教師　　□學生　　□工程師　　□其它

學　　歷：□研究所　　□大學　　□專科　　□高中職　　□其它

年　　齡：□10~20　□20~30　□30~40　□40~50　□50~

單　　位：＿＿＿＿＿＿＿＿＿＿　部門科系：＿＿＿＿＿＿＿＿

職　　稱：＿＿＿＿＿＿＿＿＿＿　聯絡電話：＿＿＿＿＿＿＿＿

電子郵件：＿＿＿＿＿＿＿＿＿＿＿＿＿＿＿＿＿＿＿＿＿＿＿

通訊住址：□□□＿＿＿＿＿＿＿＿＿＿＿＿＿＿＿＿＿＿＿＿

您從何處購買此書：

□書局＿＿＿＿　□電腦店＿＿＿＿＿　□展覽＿＿＿＿＿　□其他＿＿＿＿

您覺得本書的品質：

內容方面：　□很好　　　□好　　　　□尚可　　　　□差

排版方面：　□很好　　　□好　　　　□尚可　　　　□差

印刷方面：　□很好　　　□好　　　　□尚可　　　　□差

紙張方面：　□很好　　　□好　　　　□尚可　　　　□差

您最喜歡本書的地方：＿＿＿＿＿＿＿＿＿＿＿＿＿＿＿＿＿＿＿＿

您最不喜歡本書的地方：＿＿＿＿＿＿＿＿＿＿＿＿＿＿＿＿＿＿＿

假如請您對本書評分，您會給(0~100分)：＿＿＿＿＿＿分

您最希望我們出版那些電腦書籍：

請將您對本書的意見告訴我們：

您有寫作的點子嗎？□無　　□有　專長領域：＿＿＿＿＿＿

廣　告　回　函
台灣北區郵政管理局登記證
北 台 字 第 4 6 4 7 號
印 刷 品 · 免 貼 郵 票

221

博碩文化股份有限公司　產品部

台灣新北市汐止區新台五路一段112號10樓A棟